Wasserstoff auf dem Weg zur Elektromobilität

André Martin · Werner Tillmetz

Wasserstoff auf dem Weg zur Elektromobilität

Vom Pionier zum Schlusslicht – die deutsche Industrie auf dem Weg in die Zweitklassigkeit?

2. Auflage

 Springer

André Martin
Idstein, Deutschland

Werner Tillmetz
Lindau, Deutschland

ISBN 978-3-658-49230-4   ISBN 978-3-658-49231-1   (eBook)
https://doi.org/10.1007/978-3-658-49231-1

Die Deutsche Nationalbibliothek verzeichnet diese Publikation in der Deutschen Nationalbibliografie; detail-lierte bibliografische Daten sind im Internet über https://portal.dnb.de abrufbar.

Springer ist ein Imprint der eingetragenen Gesellschaft Springer Fachmedien Wiesbaden GmbH und ist ein Teil von Springer Nature.
Die Anschrift der Gesellschaft ist: Abraham-Lincoln-Str. 46, 65189 Wiesbaden, Germany

Wenn Sie dieses Produkt entsorgen, geben Sie das Papier bitte zum Recycling.

Vorwort der Autoren

Bei der Erstauflage des Buches vor vier Jahren hatten wir die Absicht, unsere persönlichen Erlebnisse aus 30 Jahren Engagement für Wasserstoff und Brennstoffzellen zu schildern. Vieles, was wir erlebt hatten, und viele Widerstände, die wir überwinden mussten, folgten typischen Mustern im Umgang mit Innovationen in Deutschland und stehen exemplarisch für ähnliche Vorgänge in der gesamten Industrie. Bereits damals hatten wir einen Bogen von der Technologie über wirtschaftliche Rahmenbedingungen und Organisationsstrukturen bis hin zum politischen Umfeld gespannt, die alle in ihrer jeweils sehr speziellen Wirkung Einfluss auf Erfolg oder Scheitern von Innovationen nehmen.

Jetzt, vier Jahre später, kommen wir als Beobachter und Akteure des Innovationsgeschehens zu dem Schluss, dass viele der positiven Ansätze und hoffnungsvollen Entwicklungen, die wir damals beobachteten, verzögert oder aufgegeben wurden oder sogar durch äußere Einflüsse gescheitert sind. Wir müssen zur Kenntnis nehmen, dass ideologische Politikkonzepte und strategische Konzeptlosigkeit der Autoindustrie daran einen großen Anteil haben.

Die politische Agenda hat sich von marktwirtschaftlichen Prinzipien entfernt. Die europäische, im Verein mit der deutschen Politik betreibt planwirtschaftliches Mikromanagement in der Technologieentwicklung, ohne auf ernsthaften Widerstand der Industrie zu stoßen. Das gesamte Energiesystem und die Mobilität sollen disruptiv transformiert werden, um das politische Ziel von Nettonullemissionen zu erreichen, ohne dass eine schlüssige Strategie oder auch nur das dafür nötige systemische Verständnis zu erkennen sind. Die deutsche Wirtschaft wird als Versuchslabor benutzt. Die krisenhaften Folgen sind inzwischen überall zu sehen.

Wir haben uns deshalb entschlossen, unsere damalige Analyse zu aktualisieren, zu vertiefen und zu erweitern. Zu diesem Zweck haben wir ein neues Kapitel an den Anfang des Buches gestellt, in dem die systemischen Zusammenhänge zwischen emissionsfreier Mobilität und den erneuerbaren Energien im Energiesystem beschrieben werden, die einer schlüssigen Gesamtstrategie zugrunde liegen müssen. In einem weiteren neuen Kapitel beschäftigen wir uns mit einem mehrdimensionalen Technologievergleich, in dessen Zentrum die batterieelektrische und die brennstoffzellenelektrische Mobilität stehen. Wir zeigen, wie mit vermeintlichen Fakten, fehlerhaften Wirkungsgradbetrachtungen und gesetzgeberischen Finten Politik gemacht wird, Risiken bagatellisiert und Innovationspotenziale ignoriert werden. In der strategischen Analyse am Schluss des Buches leiten wir daraus Folgerungen ab und entwickeln Überlegungen, wie es besser gemacht werden sollte. Entsprechend umfangreicher und tiefgründiger fällt auch dieses Kapitel aus.

Wir verfolgen mit unseren Überlegungen nicht die Absicht zu beweisen, dass der eingeschlagene Weg der Transformation des Energiesystems und der Mobilität der einzig mögliche oder denkbare ist, denn nichts ist alternativlos. Wir betrachten das politische Projekt in seinen inneren Zusammenhängen, arbeiten die dafür maßgeblichen Elemente und Einflüsse heraus und suchen nach Wegen, diese effizienter zu kombinieren. Im Zentrum unserer Analyse steht dabei die Innovationskraft und Wettbewerbsfähigkeit der deutschen Industrie als Grundlage für den Wohlstand aller Bürger. Wir brauchen eine neue Leistungsethik, die diejenigen belohnt, die Anstrengungen nicht scheuen und Risiken eingehen, um den nächsten Schritt in der Entwicklung zu tun, so der Schlusssatz des Buches. Die Vergabe des Nobelpreises für Wirtschaftswissenschaften 2025 an drei Innovationsforscher zur Bedeutung der kreativen Zerstörung für erfolgreiche Volkswirtschaften ist eine schöne Bestätigung unserer Analysen.

Wir wünschen allen Leserinnen und Lesern eine hoffentlich erhellende und interessante Lektüre.

Werner Tillmetz
André Martin

Inhaltsverzeichnis

1

Die wichtigsten Fakten zur Energie- und Mobilitätswende

Die Fakten zusammengestellt von Werner Tillmetz

1.1 Unsere Energieversorgung heute

„Die Physik lässt sich nicht verbiegen." Dieser Spruch könnte auch von Albert Einstein stammen. Tatsächlich hatte ein Kollege diese Aussage in der ersten Hälfte der 1990er-Jahre immer wieder genutzt, um die vielen Widerstände zur Brennstoffzelle im Daimler-Management zu kontern. Zu dieser Zeit wusste kaum jemand, was eine Brennstoffzelle ist, geschweige denn wie sie funktioniert. Aber fast alle wussten mit Sicherheit, dass sie in Fahrzeugen nie funktionieren würde. Heute, 30 Jahre später, kennen zwar die meisten unserer Zeitgenossen die Brennstoffzelle oder könnten sich im Internet sehr einfach zu jedem Detail informieren, aber die öffentliche Meinung ist immer noch sehr vorbelastet und fast alle deutschen Fahrzeugkonzerne sind weiterhin sehr zurückhaltend gegenüber Wasserstoff. Die einzigen Ausnahmen sind BMW und Bosch, als weltweit größter Zulieferer, die sich seit einigen Jahren stark engagieren.

In der Schilderung unserer Erlebnisse in der ersten Ausgabe hatten wir nur einige wenige technische Details einfließen lassen. Seit der Veröffentlichung des Buches wurde uns immer mehr bewusst, dass trotz weltweiter und intensiver Beschäftigung der Gesellschaft mit der Energie- und Mobilitätswende Fakten eine untergeordnete Rolle spielen. Selbst wissenschaftliche Analysen gehen häufig von unrealistischen Annahmen aus, die dann

A. Martin und W. Tillmetz, *Wasserstoff auf dem Weg zur Elektromobilität*, https://doi.org/10.1007/978-3-658-49231-1_1

zwangsläufig zu falschen Schlussfolgerungen führen. Ein markantes Beispiel ist die Annahme, dass der grüne Strom zu jeder Zeit in der erforderlichen Menge aus dem Netz kommt. Politik und sogar Konzernlenker lassen sich von solchen Studien, aber auch sehr stark von Stimmungen und modischen Trends beeinflussen. Gleichzeitig sind die deutschen und europäischen Regelwerke im Energie- und Mobilitätsbereich so komplex geworden, dass sie nur noch von sehr wenigen Experten verstanden werden, die dazu fachübergreifend nicht abgestimmt sind und primär die Interessen der eigenen Organisationen vertreten. Damit wird auch ein fundierter öffentlicher Diskurs fast unmöglich und der Verbreitung von wenig hilfreichem Halbwissen Tür und Tor geöffnet.

Aus diesen Gründen haben wir uns entschlossen, in einem vorangestellten Kapitel die wesentlichen Aspekte der Energieversorgung und der Antriebstechnologien der Zukunft einfach, nachvollziehbar und ganzheitlich zu erklären. Dazu gehören auch einige ergänzende Aspekte der Geopolitik und des Innovationsmanagements, um das weltweite Geschehen zum Thema einordnen zu können.

Die Mobilität und der Transport von Gütern sind seit jeher an die Verfügbarkeit von Energie gekoppelt. Jahrtausende lang wurde die Mobilität durch Biomasse in Form von Hafer als Pferdefutter, Wind für den Antrieb von Segelschiffen und menschliche Kraft geprägt. Mit der Erfindung der Dampfmaschine im 18. Jahrhundert und der flächendeckenden Verfügbarkeit von Kohle begann eine neue Ära der Mobilität: Eisenbahnen und Dampfschiffe ermöglichten einen schnelleren und einfacheren Transport von Gütern und Menschen über weite Strecken. Kraftstoffe auf Erdölbasis und Fahrzeuge mit Verbrennungsmotoren traten zu Beginn des letzten Jahrhunderts ihren Siegeszug an. Namen wie John D. Rockefeller, Henry Ford oder Gottfried Daimler und Carl Benz stehen für den Beginn einer Erfolgsgeschichte, die den globalen Verkehrssektor bis heute prägt. Der wirtschaftliche Aufschwung, insbesondere nach dem Zweiten Weltkrieg, der bis heute anhält, ist eng mit fossilen Brennstoffen und Verbrennungsmotoren verbunden. Beides hat den Industriestaaten viel Wohlstand gebracht, aber auch China im letzten Jahrzehnt zum weltweit größten Hersteller von Fahrzeugen mit Verbrennungsmotoren der Welt werden lassen. Abb. 1.1 zeigt den damit verbundenen, kontinuierlich und rasant steigenden Verbrauch von Erdöl, der inzwischen jährlich weltweit 54.000 TWh erreicht hat. Die tägliche Produktion und der tägliche Verbrauch von Rohöl liegen heute bei rund 100 Mio. Barrel. Bei einem Handelspreis von 80 US$ pro Barrel wechseln allein für Rohöl jeden Tag rund 8 Mrd. US$ den Besitzer. Für die gesamte Wertschöpfungskette bis zu Benzin oder Diesel ist es etwa das Dreifache. Das ist ein

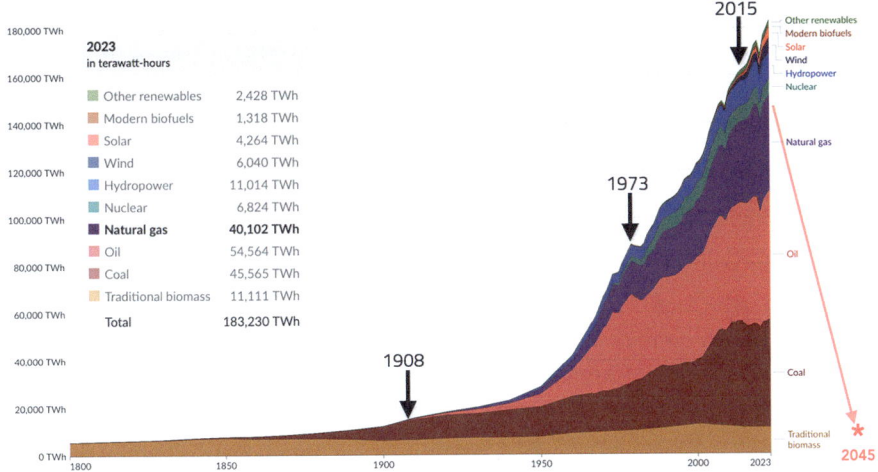

Abb. 1.1 Historische Entwicklung des Primärenergieverbrauchs mit einigen wichtigen Meilensteinen: 1908 begann Henry Ford mit der Massenproduktion von Autos, 1973 fand die erste Ölkrise statt und 2015 wurde das Pariser Klimaschutzabkommen unterzeichnet. Roter Pfeil: Ziel für eine CO_2-neutrale Stromversorgung in Deutschland (die Zahlen für Sonnen- und Windstrom in dieser Grafik basieren auf der Substitutionsmethode, um sie mit der heutigen Stromerzeugung in thermischen Kraftwerken mit einem Wirkungsgrad von 40 % vergleichbar zu machen; d. h., die tatsächlich installierten Kapazitäten an Sonnen- und Windstrom sind um den Faktor 2,5 niedriger). (Quelle: Our World in Data)

Hinweis auf den enormen wirtschaftlichen Wert und die damit verbundene Macht der Industrie, die hinter den fossilen Brennstoffen und deren Verwendung steht.

Die unterschiedlichen physikalischen Einheiten, die üblicherweise für die verschiedenen Energieträger verwendet werden, machen eine vergleichende Bewertung fast unmöglich. Ein Diagramm (Abb. 1.1), das alle Energieträger mit der gleichen physikalischen Einheit (Terawattstunden, TWh) vergleicht, ist hier sehr hilfreich.

Auch die beiden anderen dominierenden Energieträger – ebenfalls fossile Brennstoffe – sind eng mit der Fahrzeugindustrie verbunden: Kohle für die Stahl- und Stromerzeugung sowie Erdgas für die Wärmeerzeugung (Industrieprozesse, Gebäudeheizung) und Herstellung chemischer Produkte (z. B. Kunststoffe). In diesem Zusammenhang sind auch die rund 100 Mio. Tonnen Wasserstoff (3300 TWh) zu nennen, die jährlich vor allem aus Erdgas, aber auch aus Erdöl und Kohle erzeugt werden. Wasserstoff wird heute vor allem für die Herstellung von Kunstdünger und die Veredelung von Kraftstoffen benötigt.

Insgesamt basieren aktuell rund 75 % der weltweiten Primärenergieversorgung (oder 85 % ohne Anwendung der Substitutionsmethode) auf
fossilen Energieträgern und den damit verbundenen CO_2-Emissionen
(Abb. 1.1). In Deutschland bestimmen Kohle, Erdöl und Erdgas die Energieversorgung zu rund 78 %. In den 27 Mitgliedstaaten der Europäischen
Union (EU-27) sind es 69 % und in der Schweiz, die reich an Wasser- und
Kernkraft ist, sind es rund 50 %. Zwei sehr wichtige Aspekte sollen hier her-
vorgehoben werden: Fossile Energieträger werden heute fast vollständig und
kontinuierlich (Tag für Tag) von den meisten Ländern der Welt importiert.
In Deutschland sind es 70 % der insgesamt benötigten Energie (Abb. 1.2).
Im Verkehrssektor ist Deutschland fast vollständig auf Energieimporte angewiesen. Diese festen, flüssigen oder gasförmigen Energieträger sind leicht zu
lagern. Das ermöglicht die schnelle und problemlose Betankung von Fahrzeugen mit der benötigten Menge Kraftstoff zu jedem beliebigen Zeitpunkt.
Die notwendige Infrastruktur, vom Schiffs-, Bahn- oder Lkw-Transport über

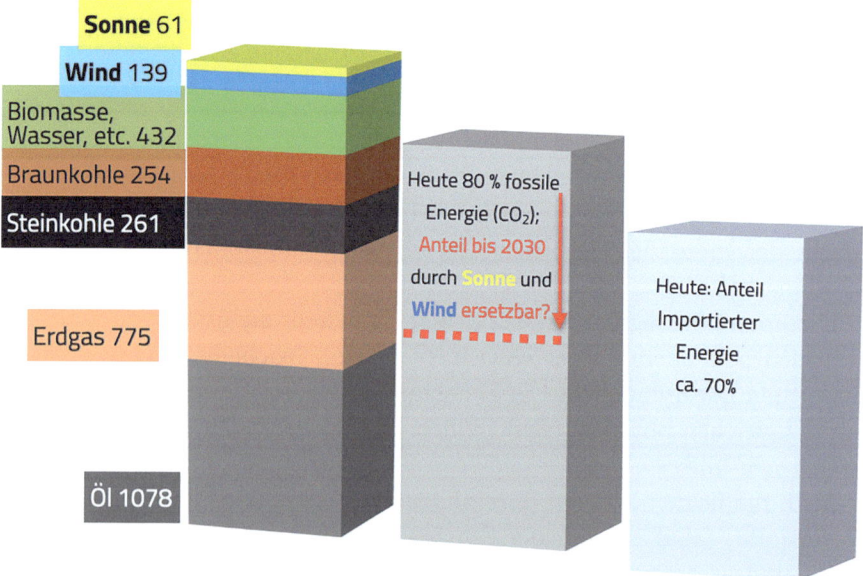

Abb. 1.2 Anteile zur Primärenergieversorgung in Deutschland in Terrrawattstun-
den (TWh) und Anteil fossiler und importierter Energie. Roter Pfeil: politisches Ziel
für den Ersatz des fossilen Energieverbrauchs bis 2030 durch Sonne und Wind; eigene
Darstellung, Zahlen für 2023. (Quelle: UBA 2023)

Pipelines bis zu den Tankstellen, wurde über Jahrzehnte mit großem Aufwand optimiert und ist heute flächendeckend voll funktionsfähig.

Die Speicherung von Strom ist dagegen alles andere als einfach. Aufgrund der geringen Energiedichte und aus wirtschaftlichen Gründen ist die Speicherung in Batterien auf wenige Stunden des Energiebedarfs beschränkt. Dass die Energiedichte des sehr einfach zu speichernden Benzins etwa 40-mal höher ist als die einer modernen Batterie, ist ein Hinweis auf die technologischen Grenzen der Stromspeicherung. Darüber hinaus gibt es heute nur wenige Alternativen, wie die Speicherung von Strom in Pumpspeicherkraftwerken. Diese sind jedoch auf geografisch geeignete Regionen beschränkt und können in Deutschland kaum weiter ausgebaut werden. Die einzige realistische Option für große Energiemengen ist Wasserstoff, der deshalb künftig eine entscheidende Rolle bei der Energiespeicherung spielen wird.

Abb. 1.1 zeigt deutlich, wie gering der tatsächliche Anteil der erneuerbaren Energien an der gesamten Energieversorgung von heute ist. Beispielsweise macht die Solarenergie heute nur 3 % der gesamten Primärenergieversorgung aus. Andererseits ist wichtig zu verstehen, dass das technisch realisierbare globale Potenzial der Stromerzeugung aus Photovoltaik den weltweiten Energiebedarf um ein Vielfaches übersteigt. Dabei spielt der Sonnengürtel der Erde eine entscheidende Rolle (siehe auch Abb. 1.6).

Doch wie schnell kann die Erzeugungskapazität von Solarstrom realistischerweise wachsen? Im Jahr 2023 wurden weltweit 460 Gigawatt (GW) an neuen Photovoltaikmodulen installiert. Damit hat sich die kumulierte Leistung auf 1600 GW erhöht. Anhand von Tab. 1.1 kann eine grobe Schätzung für die weitere Entwicklung vorgenommen werden. Die jährliche Produktionskapazität für Solarmodule liegt heute bereits deutlich über 1000 GW und steigt weiter an. Auf dieser Basis ist eine Steigerung der Stromerzeugung aus Solarenergie um mindestens den Faktor 10 allein bis 2040 realistisch. Mit solchen enormen Wachstumsraten können die erneuerbaren Energien dann

Tab 1.1 Weltweite jährliche Installationen (Bedarf) und Produktionskapazitäten von Photovoltaikmodulen, Windturbinen.,Elektrolyseuren für die Wasserstoffproduktion und Batterien – alle Zahlen in Gigawatt (GW). (IEA 2024)

	Bedarf 2023	Produktionskapazität 2023	Produktionskapazität 2030
PV	460	1155	1615
Wind	125	180	260
Elektrolyseure	5	25	165
Batterien	850	2560	9260

einen Großteil der fossilen Brennstoffe ersetzen. Aus Sonnen- und Windenergie erzeugter Wasserstoff wird, wie wir später erläutern werden, dabei eine wichtige Rolle bei der Deckung des Energiebedarfs im Verkehrssektor spielen. Er kann kontinuierlich - auch im Winter - über Pipelines importiert und für die Erzeugung von Strom zum Laden der batterieelektrischen Fahrzeuge oder direkt für die Herstellung von Wasserstoff genutzt werden (siehe Abb. 1.9). Voraussetzung dafür ist seine saisonale Speicherung in den heute für Erdgas genutzten Kavernen, um jederzeitige bedarfsgerechte Verfügbarkeit zu gewährleisten. In den nächsten Jahren kann der Aufbau der notwendigen Wasserstofferzeugungskapazitäten (Elektrolyseure) allerdings noch nicht mit dem Bedarf in allen Anwendungsbereichen mithalten, um Kohle und Erdgas zu ersetzen. Damit wird die Installation der nötigen Elektrolysekapazität zum geschwindigkeitsbestimmenden Faktor der Energiewende. Hierauf sowie auf die Bedeutung von Wirkungsgraden bei der Energieumwandlung für den Verkehrssektor wird später noch eingegangen. Beim Ausbau der ebenfalls essentiellen Batteriespeicherkapazität für die Kurzzeitspeicherung von Strom ist inzwischen weltweit ein enorme Dynamik entstanden. Sie ist jedoch kein Ersatz für die saisonale Speicherung von Wasserstoff.

In Deutschland sind die Wachstumspläne besonders ehrgeizig, um die inzwischen in der Verfassung verankerte Klimaneutralität in nur 20 Jahren zu erreichen. So sollen beispielsweise die CO_2-Emissionen, die direkt mit der Nutzung fossiler Brennstoffe zusammenhängen, bis 2030 um 65 % (gegenüber 1990) reduziert werden. Abb. 1.2 gibt einen Hinweis auf die Herausforderung, die dazu erforderlichen Mengen an Strom aus Sonne und Wind in den bis dahin verbleibenden wenigen Jahren erzeugen zu können. Die öffentliche Wahrnehmung ist geprägt vom hohen Anteil der erneuerbaren Energien an der Stromversorgung, der derzeit bei rund 58 % liegt. Hierbei wird übersehen, dass die Elektrizitätsversorgung nur etwa 20 % der gesamten Energieversorgung ausmacht. Eine Umstellung aller Verbraucher (Verkehr, Wärme, Industrie) auf Ökostrom in so kurzer Zeit ist absolut unrealistisch. Die in einigen Bereichen zu erwartenden Effizienzsteigerungen werden aufgrund des Einsatzes von ineffizienten Gasturbinen zur Erzeugung des notwendigen Stromes (siehe Abschn. 1.5) niedriger ausfallen als erwartet. Die Energiewende ist bedeutend komplexer, als es gerne aus den kumulierten Jahreszahlen für Energieverbrauch oder Stromerzeugung abgeleitet wird. Heute machen Elektroautos nur 3 % des Fahrzeugbestandes in Deutschland aus (IEA 2023). Erst wenn ein deutlich höherer Anteil erreicht wird, wie die für 2030 politisch angestrebten 25 %, werden viele der später noch zu diskutierenden Herausforderungen für die Öffentlichkeit sichtbar werden. Mithilfe einer sehr einfachen analytischen Betrachtung kann man das allerdings bereits heute erkennen.

1.2 Die Energieversorgung von morgen

Die fossilen Energieträger sind endlich. Ihre Gewinnung wird immer komplexer, teurer und ist oft mit Umweltschäden verbunden, wie es auch beim Fracking von Erdgas und Erdöl auftritt. Das Hauptproblem bei der Verbrennung fossiler Brennstoffe ist die damit verbundene Freisetzung von CO_2 und ihr Einfluss auf die globale Erwärmung. Daher haben viele Länder beschlossen, klimaneutral zu werden. In Deutschland hat man sich das Jahr 2045 – also in nur 20 Jahren – als Ziel gesetzt. Die EU hat das Jahr 2050 gesetzlich verankert und China will bis 2060 CO_2-frei werden. Vergleicht man das mit der Entwicklung der Energieversorgung in den letzten hundert Jahren in Abb. 1.1, sind das äußerst ambitionierte Pläne.

Bleibt die Schlüsselfrage: Welche werden die dominierenden Energiequellen der Zukunft - in der sogenannten postfossilen Welt - sein?

Die Entstehung von Kohle, Erdöl und Erdgas beruht auf der Umwandlung von Biomasse, die vor 65–300 Mio. Jahren begann. Damals wie heute entsteht Biomasse aus der Kombination von Sonnenlicht, CO_2 aus der Atmosphäre und Wasser über den natürlichen Prozess der Photosynthese. Noch heute ist dieser Prozess die größte Senke für das aus Verbrennungsprozessen freigesetzte CO_2. Das Dilemma ist, dass die „Natur" rein rechnerisch eine Million Jahre gebraucht hat, um die Mengen an fossilen Brennstoffen zu „produzieren", die heute jährlich verbrannt werden, ein gigantisches Ungleichgewicht zwischen Bindung und Freisetzung von CO_2.

Das bedeutet auch, dass die Energieversorgung der Zukunft nur in sehr begrenztem Umfang auf der Basis von natürlich gewachsener Biomasse aufgebaut werden kann. Der Wirkungsgrad der Umwandlung von CO_2 in Biomasse durch Photosynthese liegt deutlich unter einem Prozent. Zudem dauert es rund 20 Jahre, bis ein Baum so weit gewachsen ist, dass er nennenswerte Mengen an CO_2 binden kann. Auch wenn die energetische Nutzung von Reststoffen (z. B. in Kläranlagen oder durch Altspeisefette) einen Teil der zukünftigen Energieversorgung übernehmen kann, sind biogenen Quellen deutliche Grenzen gesetzt.

Es gibt nur einen Weg, den Löwenanteil an nicht-fossiler Energie in den nächsten Jahrzehnten bereitzustellen: die technische Nutzung der Sonnenenergie. Moderne Photovoltaikanlagen wandeln die Sonnenstrahlung mit einem Wirkungsgrad von rund 25 % in Strom um, was mindestens 50-mal besser ist als Stromerzeugung aus Biogas und dem natürlichen Prozess der Photosynthese für den Anbau von Energiepflanzen wie Mais. Die hohe Sonneneinstrahlung im Sonnengürtel der Erde (Wüsten) hat das Potenzial, ein Vielfaches des heutigen weltweiten Energiebedarfs zu liefern. In Verbindung mit den immer kostengünstigeren Solarmodulen sind bereits heute

Stromgestehungskosten in der Größenordnung von 1 Cent/kWh möglich (Abb. 1.6). Mit fortgesetztem technologischem Fortschritt und dem in Tab. 1.1 angegebenen Ausbau der Produktionskapazitäten ist eine weitere Halbierung der Kosten zu erwarten. Auf die Nutzung dieses Solarstroms für die Herstellung der Energieträger Wasserstoff und E-Fuel wird in Abschn. 1.3 näher eingegangen.

Für die Nutzung erneuerbarer Energien gibt es jedoch ein grundlegendes Problem: Die hohe Volatilität der Stromerzeugung aus Sonne und Wind (Abb. 1.3), die eher selten mit dem Bedarf an Strom einhergeht. Die daraus resultierenden Herausforderungen sind bei den verantwortlichen Akteuren in Industrie und Politik erst teilweise angekommen. Die Verfügbarkeit von Solarstrom ist direkt an den Tag-Nacht-Rhythmus gekoppelt. Im Sommer gibt es viele lange Sonnentage und im Winter nur wenige Stunden, falls

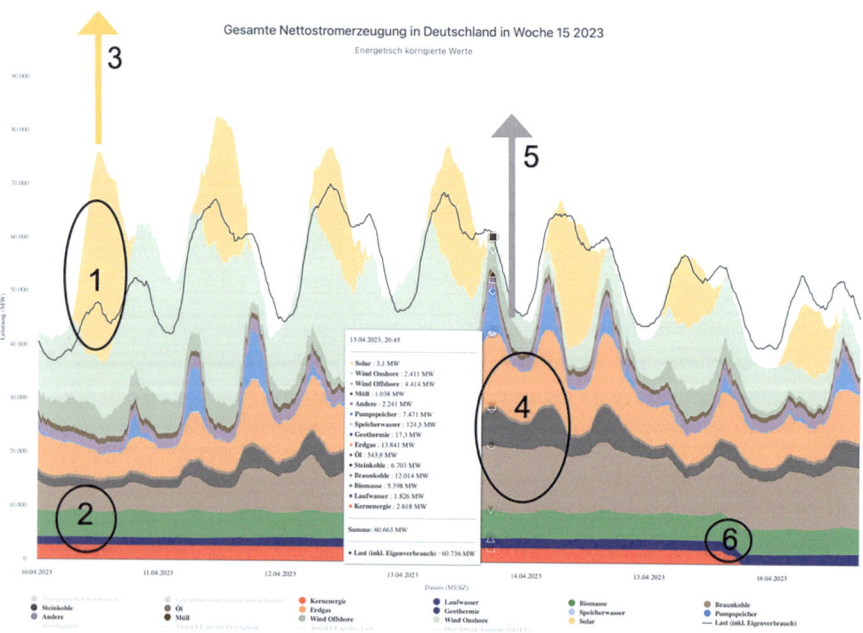

Abb. 1.3 Stromerzeugung und -verbrauch in der Woche 15/2023 in Deutschland – *schwarze Linie:* fluktuierende Stromnachfrage (Last); *1:* enormer Überschuss durch PV-Strom; *2:* nicht regelbarer Strom; *3:* Überschuss an PV-Strom bis 2030; *4:* Lücke in der Stromversorgung ohne Wind und Sonne, die heute durch fossile Kraftwerke, in Zukunft durch wasserstoffbetriebene Gasturbinen gefüllt werden muss; *5:* zu erwartende vergrößerte Lücke in der Stromversorgung durch die große Anzahl von batterieelektrischen Fahrzeugen; *6:* begrenzte Auswirkungen der Abschaltung von Kernkraftwerken. (Quelle: eigene Darstellung auf der Basis von Energy Charts 2023)

überhaupt, an denen die Sonne in Deutschland zu sehen ist. Nach Angaben des Deutschen Wetterdienstes haben wir in Deutschland rund 1800 Sonnenscheinstunden. Das bedeutet, dass bis zu 80 % der Zeit eines Jahres (8760 h) kein oder nur sehr wenig Solarstrom aus heimischen Quellen zur Verfügung steht. Für die Windenergie sieht es je nach Standort nicht viel besser aus: Bei der Erzeugung an Land wird mit rund 1800 Volllaststunden gerechnet. Für Offshore-Windkraftanlagen sind es 4500 h. Das bedeutet, dass auch hier große Lücken bestehen, wenn man eine bedarfsgerechte Versorgung mit Strom zu jeder Tages- und Jahreszeit sicherstellen will. Das ändert sich nur wenig mit dem Ausbau der installierten Erzeugungskapazitäten: Keine Sonne und kein Wind bedeuten kein Strom. Umgekehrt gibt es aufgrund der wachsenden Erzeugungskapazität auch immer mehr Zeiten, in denen zu viel Strom aus Sonne und/oder Wind erzeugt wird. Das führt zu einem immer größeren Überschuss an Strom, der nicht direkt genutzt werden kann.

Anhand der in Abb. 1.3 dargestellten Grafik zum Stromverbrauch und zur Stromerzeugung in der Woche 15/2023, in der die letzten drei Kernkraftwerke in Deutschland abgeschaltet wurden (6 in Abb. 1.3), lassen sich eine ganze Reihe dieser wesentlichen Themen der Energiewende erläutern. Am sonnigen 10. April 2023, an dem auch etwas Wind wehte, wurden in Deutschland rund 25.000 Megawatt (MW) mehr Strom erzeugt als benötigt. Zu diesem Überschuss trugen auch die kaum steuerbaren Stromerzeuger wie Kernkraft, Laufwasserkraft und Biogas bei (2 in Abb. 1.3) Aufgrund fehlender Stromspeicher, wie Batterien oder Wasserstoff, konnte dieser Strom nicht gespeichert werden. Auch die Nachbarländer hatten keinen Bedarf an überschüssigem Strom. Das führte zu umfangreichen Abschaltungen und großen Mengen ungenutztem Strom aus Photovoltaik und Windkraft. Insgesamt wurden im Jahr 2023 10,8 TWh Strom abgeregelt. Diese Strommenge hätte ausgereicht, um den Wasserstoff zu erzeugen, der für den ganzjährigen Betrieb von bis zu 20.000 Stadtbussen benötigt wird. Mit dem weiterhin rasanten Ausbau der Solar- und Windenergie im Inland steigt die Zahl der Stunden mit Überproduktion und negativen Strompreisen kontinuierlich an – im Jahr 2024 waren es rund 450 h. An sonnigen Tagen standen im Sommer 2024 bereits bis zu 50 GW an Solarstrom zur Verfügung. Dieser hätte schon allein – ohne Wind, Biogas und Wasserkraft – für den kompletten Strombedarf in den Mittagsstunden ausgereicht. In den nächsten fünf Jahren wird sich die Leistung an Sonnenstrom verdoppeln (3 in Abb. 1.3).

Bei ausgeprägten Tiefdruckwetterlagen wird es künftig über viele Tage einen großen Stromüberschuss aus Windenergie geben, der nur durch gleichzeitige Erzeugung von Wasserstoff über Elektrolyse genutzt werden kann. Es wird erwartet, dass sich auch hier die installierte Kapazität von

Windenergie in den nächsten fünf Jahren etwa verdoppeln wird. Das führt ebenfalls zu einem temporären Überangebot von Strom und einer wachsenden Anzahl von Stunden mit negativen Strompreisen. Gleichzeitig muss in den vielen windarmen Nächten (Hochdruckwetterlagen) ein großer Teil des benötigten Stroms von fossil befeuerten Kraftwerken mit weniger als 40 % Wirkungsgrad erzeugt werden (siehe Abb. 1.3 und 1.9).

Mit dem geplanten raschen Ausbau der batterieelektrischen Mobilität bei Pkw und Nutzfahrzeugen wird die Stromnachfrage erheblich steigen. Benötigt wird dieser Strom insbesondere nachts, wenn der Großteil der Fahrzeuge geladen werden kann. Heute wird der dafür notwendige, zusätzliche und sehr begrenzt verfügbare CO_2-freie Strom im Prinzip anderen Verbrauchern weggenommen. Mit der geplanten Abschaltung von Kohlekraftwerken wird deshalb die Nachfrage nach flexiblen Gasturbinen, die heute mit Erdgas betrieben werden, deutlich zunehmen (4 und 5 in Abb. 1.3 und 1.9). Erdgas ist aus geopolitischen Gründen (Beispiel Ukraine-Krieg 2022) ein sehr kritischer Energieträger. Nur die flächendeckende Verfügbarkeit von Wasserstoff, der regional aus Überschüssen von Sonnen- und Windenergie erzeugt oder über das Gasnetz importiert wird, kann die erforderliche Energieversorgung mit der nötigen Sicherheit und Zuverlässigkeit aufrechterhalten.

Bis Ende 2023 waren weltweit 28,2 Mio. batterieelektrische Fahrzeuge auf den Straßen unterwegs (IEA 2023). Diese in den Medien so beliebten Zahlen haben allerdings für die Stromversorgung und Klimabilanz wenig Bedeutung. Entscheidend ist der Anteil am Bestand aller Fahrzeuge. Der liegt jedoch heute deutlich unter 2 % des globalen Fahrzeugbestandes. Selbst in China liegt er unter 5 % aller zugelassenen Fahrzeuge. In Deutschland unter 3 % (ACEA 2025). Bei diesen geringen Anteilen führt das Laden von batterieelektrischen Fahrzeugen derzeit nur zu einer überschaubaren Belastung der Strominfrastruktur. Allerdings muss der zusätzlich benötigte Strom in Deutschland, wie bereits erläutert, zu einem großen Teil in fossilen Kraftwerken erzeugt werden.

Nach den Plänen der deutschen Regierung sollen bis 2030 rund 13 Mio. Elektroautos zugelassen sein. Das wären rund 25 % aller in Deutschland zugelassenen Pkw. In der Kategorie Nutzfahrzeuge sind derzeit 85.000 Busse, 980.000 schwere Lkw und 3,3 Mio. leichte Nutzfahrzeuge in Deutschland zugelassen (Tab. 1.2). Hinzu kommt eine große Anzahl von Fahrzeugen aus den Nachbarländern, die auf deutschen Straßen unterwegs sind. Alle diese Fahrzeuge werden gewerblich genutzt und haben eine wesentlich höhere Jahresfahrleistung als Pkw, oft 100.000 Kilometer und mehr pro Jahr (der Durchschnitt bei Pkw liegt bei etwa 15.000 km pro Jahr). Den depotgebundenen Fahrzeugen (Verteiler- und Stadtverkehr) stehen nachts meist

Tab. 1.2 Grobe Schätzung des Bedarfs an erneuerbarem Strom für das Laden einer 100 % batterieelektrischen-Flotte an typischen Arbeitstagen in Deutschland

Fahrzeugkategorie	Anzahl registrierter Fahrzeuge Deutschland	Größe der Batterie (kWh)	Erforderliche Ladeleistung – Durchschnitt aller Fälle (kW)	Durchschnittliche Anzahl an Vollladungen in 24 h (bei Nutzfahrzeugen an Einsatztagen)	Marktanteil batterieelektrischer Fahrzeuge (Prozent)	Erforderliche Leistung aus dem Netz tagsüber (GW)	Erforderliche Leistung aus dem Netz nachts (GW)	Annahmen	Anteil tagsüber gleichzeitig ladender Fahrzeuge (Prozent)	Anteil nachts gleichzeitig ladender Fahrzeuge (Prozent)	Verhältnis zwischen Tag- und Nachtladen
Pkw	49.100.000	70	14	0,13	100	12	24	15.000 km p. a.; 20 kWh/100 km; durchschnittliche Ladedauer über alle Fälle: 5 h	40	40	1:2
Leichte Nutzfahrzeuge	3.300.000	105	21	0,80	100	4	18	300 km/Tag im Einsatz; 35 kWh/100 km; durchschnittliche Ladedauer über alle Fälle: 5 h	40	40	1:4
Schwere Nutzfahrzeuge	980.000	500	100	1,20	100	9	75	500 km/Tag im Einsatz; 100 kWh/100 km; durchschnittliche Ladedauer über alle Fälle: 5 h	40	80	1:4

(Fortsetzung)

Tab. 1.2 (Fortsetzung)

Fahrzeugkategorie	Anzahl registrierter Fahrzeuge Deutschland	Größe der Batterie (kWh)	Erforderliche Ladeleistung – Durchschnitt aller Fälle (kW)	Durchschnittliche Anzahl an Vollladungen in 24 h (bei Nutzfahrzeugen an Einsatztagen)	Marktanteil batterieelektrischer Fahrzeuge (Prozent)	Erforderliche Leistung aus dem Netz tagsüber (GW)	Erforderliche Leistung aus dem Netz nachts (GW)	Annahmen	Anteil tagsüber gleichzeitig ladender Fahrzeuge (Prozent)	Anteil nachts gleichzeitig ladender Fahrzeuge (Prozent)	Verhältnis zwischen Tag- und Nachtladen
Busse	85.000	500	100	0,90	100	1	6	300 km/Tag im Einsatz; 100 kWh/100 km; durchschnittliche Ladedauer über alle Fälle: 5 h	40	80	1:8
Summe						26	123				

nur wenige Stunden zum Aufladen zur Verfügung. Hinzu kommen viele Güterverteilzentren, die nachts von Hunderten von Lastwagen angefahren werden, um Waren umzuladen. Die Batterien können nur während der etwa dreistündigen Verweilzeit aufgeladen werden. Bei Überlandfahrten müssen die Fahrer nach 4,5 h eine 45-minütige Pause einlegen. Da die Batterie nach 4,5 h Fahrt leer ist, bleiben nur 45 min zum Nachladen. Daraus ergibt sich ein flächendeckender Bedarf an Ladestationen mit 1–2 MW Leistung pro Lkw. Die Nachfrage nach Strom ist daher sehr zyklisch und passt meist nicht zu seiner Erzeugung aus Sonne und Wind. Diese Realität spiegelt sich in keiner Weise in den vielen wissenschaftlichen Studien wider, die eine Flexibilisierung des Ladens vorschlagen. Das Aufladen bei sonnigem oder windigem Wetter mag für Rentner oder Besitzer von Zweitwagen gut funktionieren. Ein Stadtbus hat einen festen Fahrplan und ein Transportunternehmen mit Just-in-time-Lieferung hat keine Flexibilität bei den Ladezeiten. Keiner dieser Nutzer kann mit dem Aufladen der Batterie warten, bis der Wind wieder weht oder die Sonne wieder scheint. In der Regel werden viele der batterieelektrischen Fahrzeuge nachts aufgeladen, da sie tagsüber im Einsatz sind. Daraus resultiert ein enorm hoher Strombedarf in der Nacht.

Tab. 1.2 zeigt eine grobe Schätzung des kontinuierlichen Strombedarfs aus dem Netz an den Werktagen einer typischen Woche, wenn alle Fahrzeuge in Deutschland auf batterieelektrische Antriebe umgestellt würden. Da die reale Welt äußerst kompliziert ist, wurden hier einige sehr vereinfachte Annahmen getroffen. Die erste Annahme ist ein durchschnittlicher Zeitraum von fünf Stunden, um die Fahrzeuge vollständig aufzuladen (in der Realität wäre es ein Bereich zwischen mehr als zehn Stunden und weniger als einer Stunde). Diese fünf Stunden bestimmen die durchschnittliche Leistung für das Aufladen und werden aus dem Energiegehalt der Batterie für ein typisches Fahrzeug in jeder der Kategorien berechnet (z. B. 14 kW für eine 70kWh-Batterie). Die nächste vereinfachende Annahme ist die Aufteilung in eine 12-stündige Tageszeit (von 6 Uhr morgens bis 18 Uhr abends) und eine 12-stündige Nachtzeit. Eine Ladezeit von fünf Stunden innerhalb dieser 12 Stunden bedeutet, dass 40 % der Fahrzeuge gleichzeitig geladen werden. Dieser Anteil multipliziert mit der Anzahl der Fahrzeuge ergibt die benötigte Leistung aus dem Netz. Durch Einschränkungen der tatsächlich verfügbaren Ladezeit (z. B. bei Bussen) wird ein höherer Prozentsatz für das gleichzeitige Laden angenommen (z. B. 80 % der Busse laden zwischen 0 Uhr und 5 Uhr morgens). Das Verhältnis zwischen Laden zur Nachtzeit und zur Tageszeit basiert auf den typischen Zeitfenstern, die aufgrund der Dienstzeit zur Verfügung stehen. Die Anzahl der Vollladungen pro Tag basiert für Nutzfahrzeuge auf der typischen Fahrstrecke pro Tag im

Dienst (z. B. verbrauchen Busse für 300 km/Tag etwa 90 % der Batteriekapazität) oder pro Jahr für Pkw. In der realen Welt werden manche Pkw alle
zwei Wochen, andere bis zu zweimal täglich aufgeladen.

Die Ergebnisse dieser Schätzung sind in Abb. 1.4 dargestellt. In der
Nachtzeit (18–6 Uhr) würden damit zusätzlich 123 GW an Dauerleistung
benötigt. Diese kommt zu der heute typischen Last von 55 GW hinzu. Tagsüber müssten 26 GW zu der typischen Last von heute 70 GW hinzugefügt
werden. In einer Welt, die zu 100 % aus erneuerbaren Energien besteht,
müssten deshalb realistischerweise mehr als 150 GW Strom aus wasserstoff-
betriebenen Gasturbinen erzeugt werden.

Hält man sich die oben genannten Zahlen vor Augen, lässt sich schnell
abschätzen, dass die für eine dominant batterieelektrische Mobilität erforderlichen Ladeleistungen zu einer Vervielfachung der heute verfügbaren Last
im Stromnetz führen würden und weder realistisch machbar noch bezahlbar
wären. Dies deckt sich mit Veröffentlichungen des DIW (DIW 2021) oder
dem Tesla Masterplan 3 (Tesla 2023), die ein 100%ig erneuerbares Energiesystem modelliert haben. Das Leibniz Informationszentrum Wirtschaft hat
eine detaillierte Analyse aus Sicht der Energiewirtschaft durchgeführt (Bedarf Wasserstoffkraftwerke) und analysiert einen Bedarf von 100 GW an
Wasserstoffkraftwerken. Die hohen Kosten für eine Ladeinfrastruktur resultieren sowohl aus der großen Anzahl von Ladepunkten, die den notwendigen Ladezeiten geschuldet sind, als auch aus dem Ausbau des Stromnetzes

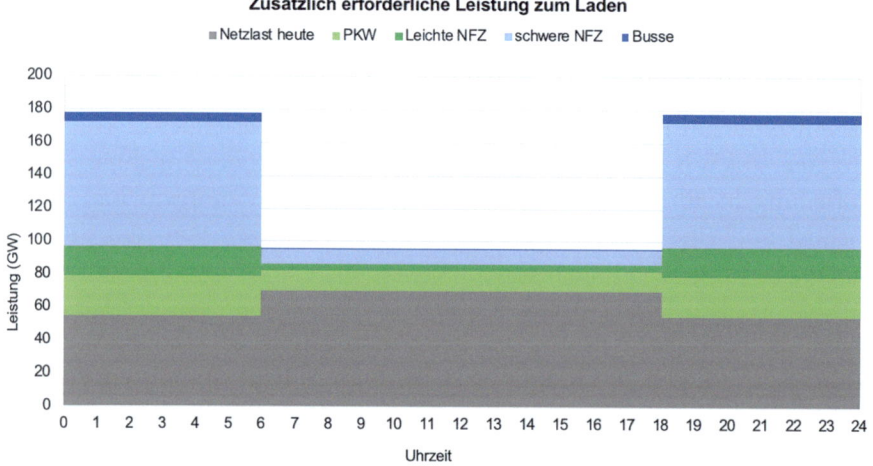

Abb. 1.4 Zusätzlicher Strombedarf für das Laden einer 100 % batterieelektrischen
Fahrzeugflotte (BEV-Flotte) in Deutschland, basierend auf den Schätzungen in Gigawatt Tab. 1.2

zur Bereitstellung der hohen Ladekapazitäten und der dafür nötigen Erzeugungskapazität. In einigen Fällen kann eine Netzentlastung durch Batteriespeicher erreicht werden, was die grundsätzliche Herausforderung einer bedarfsgerechten Strombereitstellung zwar dämpft, aber nicht löst. Für den zusätzlichen Strombedarf wären flexible Gasturbinen mit einer Leistung von bis zu 123 GW erforderlich, je nach Anteil der batterieelektrischen Antriebe an der Fahrzeugflotte. Heute sind neben den Kohlekraftwerken 30 GW an Gasturbinen installiert, um den aktuellen Spitzenstrombedarf von Haushalten, Gewerbe und Industrie zu decken. Die Produktionskapazitäten für die dann benötigten Mengen an Wasserstoff müssten ebenfalls sehr schnell aufgebaut werden und sind der „Flaschenhals" für einen klimaneutralen Verkehrssektor auf Basis batterieelektrischer Antriebe. Voraussetzung dafür ist wiederum die Umstellung des bestehenden Erdgasnetzes, um die Gasturbinen mit dem notwendigen grünen Wasserstoff versorgen zu können. Wie später erörtert, würde die direkte Nutzung des Wasserstoffs in Brennstoffzellenfahrzeugen den Bedarf an Netzausbau, Ladestationen und den Aufbau von Gaskraftwerken deutlich verringern.

Studien gehen oft davon aus, dass Strom aus anderen Regionen importiert werden kann und das Stromnetz nur ausgebaut werden muss. Da aber ganz Europa und Afrika in fast der gleichen Zeitzone liegen, kann das mit Strom aus Sonnenenergie nicht funktionieren. Während der häufigen, sehr ausgedehnten Hochdruckwetterlagen über Mitteleuropa wird häufig auch der Strom aus Windkraft knapp werden. Speicherbare Energieträger wie Wasserstoff oder E-Fuels werden daher eine wesentliche Rolle für eine stabile Energieversorgung spielen müssen.

Die Abschaltung der drei Kernkraftwerke am 15. April 2023 spielte angesichts der großen benötigten bzw. überschüssigen Stromkapazitäten eine untergeordnete Rolle (Abb. 1.3), war jedoch aufgrund des Mangels an Erdgas aus Russland infolge der Ukraine-Krise von besonderer Aufmerksamkeit begleitet. Im Zusammenhang mit der Energiewende wird derzeit der Ruf nach einer Renaissance der Kernenergie laut. Dabei ist zu beachten, dass die Kernenergie inzwischen die teuerste aller Stromerzeugungstechnologien ist (ISE 2024). Bezüglich der erwähnten Größenordnungen von bis zu 170 GW benötigter Leistung in der Dunkelflaute müsste allein in Deutschland eine riesige Anzahl an Kernkraftwerken gebaut werden (typische Leistung 1,5 GW pro Kraftwerk). Die ersten davon würden frühestens in den 2040er-Jahren zur Verfügung stehen. Das Hauptargument gegen die Kernenergie in Kombination mit Strom aus Sonne und Wind ist jedoch deren eng begrenzte Flexibilität im Betrieb. Gibt es viel Strom aus erneuerbaren Energien, kann ein Kernkraftwerk nicht einfach nach Belieben in der Leistung reduziert oder abgeschaltet werden. Daher müssten die Stromspeichersysteme (Batterien, Wasserstoff) noch deutlich weiter ausgebaut werden, um den temporär überschüssigen Strom aus den Kernkraftwerken auch noch speichern zu können.

In allen Szenarien zur Energiewende wird von einem massiven Ausbau des Stromnetzes, der Hunderte von Milliarden Euro verschlingen wird, ausgegangen. Das dominante Argument für den Ausbau ist, den Strom von der windreichen Nord- und Ostsee in den Süden Deutschlands zu transportieren. Danach soll der heutige Stromverbrauch, der seit 15 Jahren von 540 TWh auf inzwischen 490 TWh gesunken ist, künftig auf etwa 1.100 TWh ansteigen. Diese Schätzung basiert vor allem auf der Annahme, dass künftig die Energieversorgung sowohl beim Verkehr als auch bei der Wärme (über Wärmepumpen) auf Strom basieren soll. Dabei wird übersehen, dass der Wind auch im Norden nicht konstant weht, mal weht zu viel Wind und oft herrscht auch am und auf dem Meer Flaute.

Die Konsequenz aus dem oben Gesagten ist zum einen der dringend benötigte, massive Ausbau der Speichertechnologien. Wie Abb. 1.5 zeigt, gibt es eine Reihe von Optionen: Für die kurzfristige Speicherung von einigen Stunden sind Batterien die einfachste und beste Lösung. Für die Speicherung über längere Zeiträume ist die Umwandlung von überschüssigem Strom in Wasserstoff die einzige für Deutschland realistische Speichermöglichkeit. Darüber hinaus kann aus überschüssigem Strom auch Wärme erzeugt und für eine begrenzte Zeit gespeichert werden, obwohl in den energiereichen Sommermonaten der Wärmebedarf begrenzt ist. Einige geschätzte Energiespeicherkapazitäten, die aus den heutigen Erfahrungen extrapoliert wurden, sind

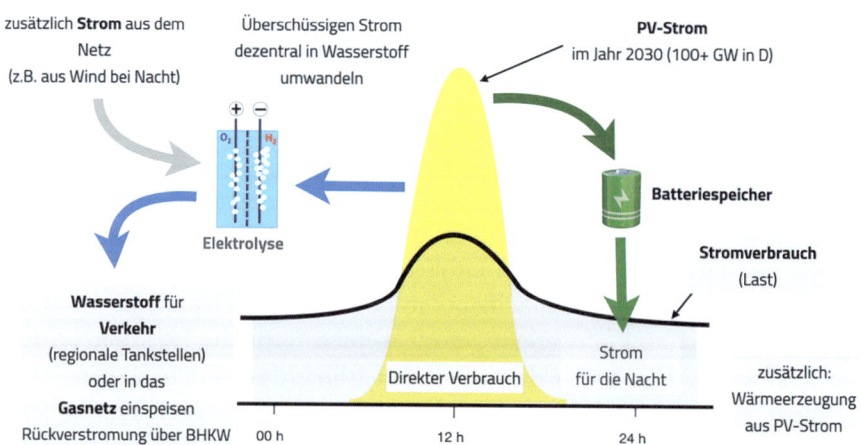

Abb. 1.5 Grundlegendes Prinzip der Speicherung von überschüssigem Sonnenstrom (PV_Strom)

Tab. 1.3 Abschätzung der benötigten Energiespeicherkapazitäten in Deutschland auf Basis des geplanten Ausbaus von Solar- und Windkraftanlagen – alle Angaben in Gigawattstunden (GWh)

Stromüberschuss aus Photovoltaik an einem sonnigen Tag im Jahr 2030	400
Stromüberschuss aus Windkraft an drei Starkwindtagen im Jahr 2023	3600
Strombedarf pro Woche bei Dunkelflaute im Jahr 2030	10.000
Installierte Kapazität Batteriespeicher 2024	20

in Tab. 1.3 aufgeführt. Der Stromüberschuss bei mehrtägigen Starkwindwetterlagen und das Stromdefizit während anhaltender Dunkelflauten kann aufgrund der riesigen Energiemengen und der begrenzten Zahl an jährlichen Lade-/Entladezyklen ökonomisch nicht durch Batterien erfolgen. Hierfür ist Wasserstoff als Energieträger und dessen Erzeugung über die Elektrolyse von Wasser sowie seine Verstromung über Gasturbinen oder dezentrale Blockheizkraftwerke unerlässlich. Mit Wasserstoff als gut speicherbarem Energieträger, der sich im vorhandenen Gasnetz einfach transportieren lässt, können sowohl die gigantischen Summen für den Ausbau der Stromnetze als auch für den Aufbau der Ladeinfrastruktur eingespart werden.

1.3   Der Import von Energie

Wie bereits in Abb. 1.2 dargestellt, importiert Deutschland heute rund 70 % seines Energiebedarfs, vor allem in Form von Erdöl und Erdgas. Experten sind sich einig, dass auch in Zukunft ein erheblicher Anteil an erneuerbarer Energie importiert werden muss. Viele Regionen der Welt haben ein sehr hohes Potenzial für die Stromerzeugung aus Wind und Sonne. In den vielen Küstenregionen der Welt kann enorm viel Strom aus Wind erzeugt werden. Noch größer ist das Potenzial für Solarenergie im Sonnengürtel der Erde, d. h. in den vielen Wüstenregionen. In diesen meist dünn besiedelten Gebieten ist der Energiebedarf im Gegensatz zu dicht besiedelten wie Europa, dem östlichen Teil Chinas oder den USA sehr gering. Abb. 1.6 zeigt die Regionen der Welt mit einem Defizit und einem Überschuss in der Solarenergieversorgung. Es ist wichtig, sich nochmals zu vergegenwärtigen, dass aufgrund der sehr hohen Anzahl von Sonnenstunden im Sonnengürtel – zwei- bis dreimal höher als in Deutschland – die Stromerzeugungskosten sehr niedrig sind und bereits heute bei etwa 1 Cent/kWh liegen. Es bedeutet aber auch, dass dort mit dem gleichen Solarmodul zwei- bis dreimal mehr Strom erzeugt werden kann als in Deutschland. Auch das wird in der populären Effizienzdiskussion ausgeblendet.

Abb. 1.6 Überschuss und Mangel an Sonnenenergie im Vergleich zum Energiever-brauch 2020 (MWh/km²/Jahr). (Quelle: Green Energy 2023)

In welcher Form soll die Energie importiert werden? In Form von Strom ist dies nur in begrenztem Umfang und über nicht allzu große Entfernungen sinnvoll. Der Hauptgrund ist, dass Stromerzeugung und -nachfrage nur sehr begrenzt aufeinander abgestimmt werden können. Sowohl Europa als auch Afrika liegen etwa in der gleichen Zeitzone, sodass in allen Regionen fast gleichzeitig Tag oder Nacht herrscht.

Im Bereich des sehr gut ausgebauten Erdgasnetzes in Europa ist dessen zu-künftige Nutzung für den Transport von Wasserstoff die beste Lösung. Die Kosten für die Umstellung der bestehenden Pipelines auf Wasserstoff sind überschaubar, insbesondere im Vergleich zum nötigen Ausbau des Strom-netzes. Die Transportkosten sind mit ca. 0,1 Cent/kWh (NWR 2021) sehr gering und die heute für Erdgas genutzten Kavernenspeicher in porösen Gesteinsschichten können auch für Wasserstoff genutzt werden. Die ersten Schritte zur Umstellung der Erdgaspipeline auf Wasserstoff haben inzwi-schen begonnen (European Hydrogen Backbone, EHB). Damit wird das große Thema der saisonalen Energiespeicherung machbar und bezahlbar.

Erneuerbare Energie aus Übersee muss mit flüssigen Energieträgern per Schiff transportiert werden, wie dies heute auch bei fossilen Brennstoffen der Fall ist. Der Fokus liegt derzeit auf dem Energieträger Ammoniak. Die Herstellung von Ammoniak (Haber-Bosch-Verfahren) aus Luftstickstoff und Wasserstoff, der heute aus Erdgas und künftig mittels Elektrolyse aus Son-nen- und/oder Windenergie erzeugt wird, ist ein seit Jahrzehnten genutztes großtechnisches Verfahren. Auch der Transport von flüssigem Ammoniak per Schiff ist etabliert. Wenn das Ammoniak nicht direkt in der chemischen Industrie verwendet wird, kann es in europäischen Häfen in Wasserstoff umgewandelt und in das bestehende Gasnetz eingespeist werden. Der Hauptnachteil von Ammoniak für eine direkte Verwendung im öffentlichen Bereich sind seine hohe Toxizität und die Verluste von bis zu 30 % für die Rückspaltung in Wasserstoff.

Weitere Optionen für den Schiffstransport sind kohlenstoffhaltige, klimaneutrale Energieträger wie Methanol, Benzin, Kerosin oder Diesel (auch als E-Fuels bekannt), die eine Kohlenstoffquelle (CO_2) benötigen, um die entsprechenden Kohlenwasserstoffe mit grünem Wasserstoff herzustellen. Mittelfristig besteht die attraktivste Lösung darin, CO_2 direkt aus der Luft zu extrahieren (Direct Air Capture), und zwar in Regionen, in denen parallel und kostengünstig der Wasserstoff erzeugt werden kann. Die zweite Generation von Technologien zur „Abscheidung" von CO_2 befindet sich derzeit in der Entwicklung und weist gegenüber der noch sehr teuren ersten Generation erhebliche Verbesserungen auf. Sogenannte Punktquellen für CO_2 (Zementwerke, Raffinerien, Biomassevergasung) sind ein erster Schritt zur Herstellung größerer Mengen von E-Fuels. Methanol ist die attraktivste Variante der E-Fuels. Dies liegt zum einen an der einfachen Herstellung dieses Moleküls (CH_3OH) und zum anderen an den sehr vielfältigen Anwendungen in der chemischen Industrie oder seiner direkten Nutzung als Kraftstoff für Verbrennungsmotoren. Die internationale Handelsschifffahrt entwickelt sich derzeit zum ersten großen Abnehmer von E-Methanol. Viele der neuen Schiffe werden mit Dual-Fuel-Motoren ausgestattet sein, die grünes Methanol nutzen können, sobald es verfügbar ist, und heute noch mit Dieselkraftstoff betrieben werden. Methanol kann auch mit etablierten chemischen Verfahren in Benzin oder Kerosin, umgewandelt werden.

1.4   Die Vielzahl der elektrischen Antriebe

Wenn heute in den Medien von einem Elektrofahrzeug die Rede ist, wird automatisch ein Fahrzeug mit batterieelektrischem Antrieb (Battery Electric Vehicle, BEV) gemeint. Tatsächlich gibt es mehrere, sehr unterschiedliche Varianten effizienter und klimafreundlicher Elektroantriebe (Abb. 1.7). Die große Zahl der Hybridtechnologien, wie Mild-, Voll- und Plug-in-Hybrid, als Kombination eines mechanischen Antriebs mit einem Elektromotor wird in diesem Buch nicht weiter diskutiert. Letztere sind hilfreiche Übergangstech-

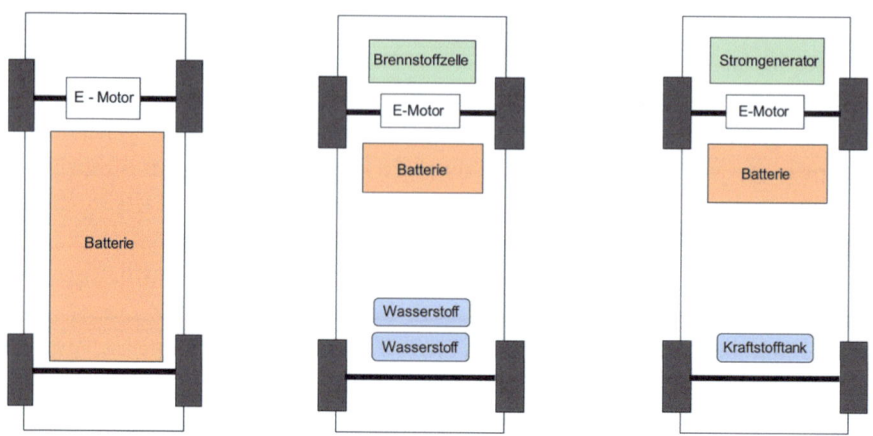

Abb. 1.7 Prinzipdarstellung von Fahrzeugen mit batterieelektrischem-, Brennstoff-zellen- und Elektroantrieb mit Stromgenerator (Extended Range Electric Vehicle, EREV; von *links* nach *rechts*)

nologien zur Steigerung der Effizienz des Antriebsstrangs innerhalb bestimmter Fahrzyklen. Langfristig werden sie wohl nur eine begrenzte Rolle spielen.

In einem Brennstoffzellenelektrofahrzeug (Fuel Cell Electric Vehicle, FCEV) wird der Strom für den Elektromotor von einer Brennstoffzelle aus Wasserstoff erzeugt, der an Bord gespeichert ist. Mit Wasserstoff kann bei gleichem Gewicht deutlich mehr Energie gespeichert werden als mit Batterien. Die Betankung mit Wasserstoff dauert, wie bei Benzin oder Diesel, nur wenige Minuten und erleichtert sowohl die Bereitstellung der Infrastruktur als auch die bedarfsgerechte Energieversorgung (Vorortspeicherung) erheblich. Je nach Anwendung hilft eine kleine Hochleistungsbatterie (2 kWh in einem Pkw) bei der Rückgewinnung von Bremsenergie und zur Optimierung der Betriebsstrategie der Brennstoffzelle für die Lebensdauer und den Systemwirkungsgrad. Der Aufbau der H_2-Tankstelleninfrastruktur und die Verfügbarkeit von erneuerbarem Wasserstoff sind derzeit die größten Hürden für eine breite Markteinführung. Die Kosten für Brennstoffzellen und die Wasserstofftanks sind im Wesentlichen eine Frage der Produktionsmengen. Hinsichtlich des Gewichts haben Brennstoffzellenantriebe einen deutlichen Vorteil gegenüber rein batterieelektrischen Antrieben. Er beträgt bei Nutzfahrzeugen etwa den Faktor zwei. Das Batteriegewicht beträgt typischerweise 700 kg für Oberklasse-Pkw und 3–5 t für Busse und Lkw, während Brennstoffzellen bereits die gleiche Kompaktheit wie Verbrennungsmotoren haben. Was in den Diskussionen auch gerne übersehen wird, ist die Tatsache, dass sich eine Technologie, sobald sie im Markt etabliert ist und im Wettbewerb steht, sehr schnell weiterentwickelt. Wir haben das bei Verbrennungsmotoren über 100 Jahre und bei den Batterien in den letzten 10 Jahren eindrucksvoll erlebt.

Seit einiger Zeit kommt, vor allem in Asien, eine dritte Variante des Elektroantriebs auf den Markt: das Extended Range Electric Vehicle (EREV). Hier wird der Strom zum Laden der Batterie durch einen bordeigenen Stromgenerator erzeugt, wobei auch das externe Laden der Batterie möglich ist. Dies bedeutet, dass die Batterie sehr viel kleiner (etwa 25 % eines rein batterieelektrischen Antriebes) und damit erheblich kostengünstiger und leichter ist. Der Stromgenerator basiert auf einem Verbrennungsmotor, der im optimalen Betriebsmodus läuft und künftig mit E-Fuel betrieben werden kann. Durch den Betrieb des Motors im optimalen Wirkungsgradbereich (ca. 45 %) und die Kombination mit Batterie und E-Motor ist der Kraftstoffverbrauch sehr gering. Für die Kraftstoffe (E-Fuels) kann die bestehende Infrastruktur genutzt werden, sobald sie in ausreichender Menge zur Verfügung stehen. Aber auch mit den heutigen Kraftstoffen lassen sich bereits große Einsparungen bei den CO_2-Emissionen erzielen und es kann durch eine zunehmende Beimischung ein homogener Übergang zu klimaneutralen Kraftstoffen realisiert werden.

Abb. 1.8 fasst die vielfältigen Aspekte der Nutzung der Antriebstechnologien der Zukunft zusammen: Für kleinere Fahrzeuge mit moderaten täglichen Fahrstrecken sind batterieelektrische Antriebe gut geeignet. Je größer

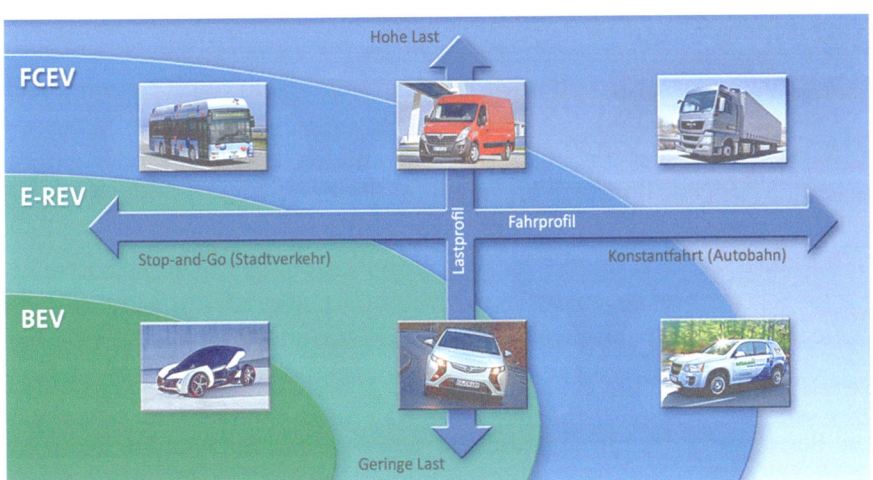

Abb. 1.8 Analyse der Einsatzfelder von batterieelektrischen Fahrzeugen (BEV), Elektroantrieben mit Generator zur Verlängerung der Reichweite (Range Extender, EREV) und Brennstoffzelle (Fuel Cell, FCEV) in Abhängigkeit vom Fahrzeuggewicht und Fahrprofil. (Quelle: Adam Opel AG, alle Rechte vorbehalten; Opel 2010)

die Fahrzeuge und die regelmäßigen, täglichen Fahrstrecken werden, desto mehr Vorteile gibt es für Antriebe mit Brennstoffzellen und Wasserstoff. Diese sehr plausiblen Zusammenhänge wurden von Opel/GM schon in der Zeit um 2010 mehrfach auf Konferenzen präsentiert. Im Jahr 2017 wurde die Analyse vom Hydrogen Council noch einmal verfeinert (Hydrogen Council 2017).

1.5   Die irreführende Diskussion zu den Wirkungsgraden

Seit etwa 10 Jahren findet in Europa eine Diskussion über Wirkungsgrade statt, die aus strategischen und wirtschaftlichen Gründen irreführend und gefährlich ist. Im Zentrum steht dabei die Aussage, dass batterieelektrische Fahrzeuge in Sachen Effizienz absolut führend sind, während die Herstellung von Wasserstoff oder E-Fuels mit hohen Energieverlusten verbunden ist und daher nicht zielführend sei. Diese Bewertung verwechselt oder vernachlässigt die komplexen Zusammenhänge des Themas in der realen Welt. Sie geht davon aus, dass batterieelektrische Fahrzeuge jederzeit direkt mit erneuerbarem Strom geladen werden können und die Herstellung von Wasserstoff über Elektrolyse in Konkurrenz dazu steht. Beides ist falsch. Für eine korrekte Betrachtung sollen zunächst noch die folgenden grundlegenden Kategorisierungen helfen:

- Wirkungsgrad für den Betrieb des Fahrzeugs (vom Tank bis zum Rad, Tank to Wheel, TtW).
- Wirkungsgrad der Erzeugung des benötigten Kraftstoffs oder Stroms (vom Kraftwerk/Bohrloch bis zum Tank/Batterie, Well to Tank, WtT).
- Beide oben genannten Punkte zusammen ergeben den Well-to-Wheel-Wirkungsgrad (WtW), der für den Technologievergleich entscheidend ist.
- Die sogenannte Lebenszyklusanalyse (LCA), die alle Aspekte von der Herstellung des Fahrzeuges über dessen Nutzung und das Recyclen berücksichtigt.

Die Berechnung der Effizienz des Fahrzeugs (TtW), die von der Technologie des Antriebsstrangs bestimmt wird, basiert auf einem genormten, theoretischen Fahrzyklus wie dem Worldwide Harmonized Light-Duty Vehicle Test Procedure (WLTP) und wird bei allen Fahrzeugen gleich ermittelt. Für einen Pkw mit modernem Dieselantrieb liegt der typische Wirkungsgrad des Fahrzeuges (TtW) bei etwa 25 %, mit einem Brennstoffzellenantrieb bei etwa 50 % und mit einem batterieelektrischen Antrieb bei etwa 80 %. Die Verluste bei der Erzeugung von Kraftstoff oder Strom werden in dieser Berechnungsmethode nicht berücksichtigt, sind jedoch für eine sinnvolle Gesamtbetrachtung unerlässlich. Der aus ihr abgeleitete und viel diskutierte, scheinbar überlegene Wirkungsgradvorteil des batterieelektrischen Antriebs wird in der realen Welt außerdem schnell geschmälert, wenn die Heizung des Fahrgastraumes sowie die Batterievorwärmung für die Schnellladung mit Strom aus der Batterie erfolgen müssen. Diese Herausforderungen bestehen bei Brennstoffzellen und Stromerzeugern mit Verbrennungsmotoren nicht, da sie ausreichend Abwärme zum Heizen des Fahrgastraumes bereitstellen und die Geschwindigkeit des Betankens nicht von der Umgebungstemperatur abhängt.

Entscheidend für die Bewertung einer Antriebstechnologie ist der Energieverbrauch des konkreten Fahrzeugs, der neben der Effizienz des Antriebs auch noch von Gewicht und Größe (Luftwiderstand) des Fahrzeugs abhängt. Diese Kraftstoffverbräuche werden in Verkaufsprospekten angegeben und sind für alle regulatorischen Maßnahmen (Subventionen, Steuern etc.) ausschlaggebend. Die für die jeweiligen Technologien verwendeten, sehr unterschiedlichen physikalischen Einheiten wie Liter für Benzin, Kilowattstunden (kWh) für Strom oder Kilogramm für Wasserstoff erschweren einen realistischen Vergleich. In Europa sind die CO_2-Emissionen von Elektrofahrzeugen mit Batterien aus politischen Gründen gleich null definiert, egal auf welchem Weg der Strom erzeugt wird. Betrachtet wird nur die Emission des Fahrzeugs, was für die Gesamtbetrachtung der Energieeffizienz zu falschen Schlussfolgerungen führt.

Um die Energie- und Klimabilanz ganzheitlich zu analysieren und zu einem belastbaren Vergleich zu kommen, muss die Erzeugung der Kraftstoffe oderdes Stroms in die Gesamtbewertung einer Antriebstechnologie mit einbezogen werden (WtW-Ansatz). Dazu gibt es seit mehr als 20 Jahren sehr umfangreiche Analysen, aber nur sehr begrenzte Regelwerke. Letzteres liegt an der extremen Komplexität und den vielen veränderlichen Parametern. Bei fossilen Energieträgern stellt sich die Frage: Wo und wie wird welche Qualität an Rohöl gefördert? Bei Strom ist das regional sehr unterschiedlich: In skandinavischen Ländern oder der Schweiz gibt es dank Wasserkraft aus Stauseen zu jeder Tages- und Jahreszeit ausreichend CO_2-freien Strom zum Laden von Batterien für die heute noch begrenzte Anzahl an E-Fahrzeugen. In Ländern wie Deutschland hingegen gibt es während der typischen Ladezeiten selten genügend erneuerbaren Strom, um damit die Batterie zu laden. Nur an den wenigen Tagen mit sehr viel Wind und/oder Sonnenschein (siehe Abb. 1.3) ist das möglich und auch nur dann, wenn die Ladung zeitgleich mit der Erzeugung erfolgt. Die meiste Zeit des Jahres muss der für diese Fahrzeuge benötigte Strom (zusätzlich zu den traditionellen Stromverbrauchern) von fossil befeuerten Kraftwerken mit einem maximalen Wirkungsgrad von 40 % und dem entsprechenden CO_2-Ausstoß erzeugt werden. Damit beschränkt sich der hohe Wirkungsgrad in der realen Welt auf einen sehr begrenzten Zeitraum der Ladevorgänge.

In Zukunft müsste deshalb die Stromerzeugung in Spitzenlastkraftwerken auf Basis von erneuerbaren Brennstoffen (Wasserstoff) erfolgen, wenn man tatsächlich eine entsprechende Dekarbonisierung des Verkehrs in allen Ländern erreichen will. Der Wirkungsgradnachteil durch die Stromerzeugung in diesen thermischen Kraftwerken reduziert jedoch den Gesamtwirkungsgrad der batterieelektrischen Fahrzeuge für die meiste Zeit deutlich (Abb. 1.9) und wirkt sich auch direkt auf die Kosten des Stroms aus: So ist der von der Gasturbine erzeugte Strom um mindestens das 2,5-Fache teurer als die Kosten für den Brennstoff (Erdgas oder Wasserstoff). Das bedeutet aus 5 Cent/kWh für das Gas werden 12,5 Cent/kWh für den Strom, ohne die zusätzlichen Kosten für Wartung oder Abschreibung der Gasturbine einzubeziehen. Daraus folgt auch, dass in diesen Fällen der etwas geringere Wirkungsgrad des Brennstoffzellenantriebsstrangs (TtW) in der kombinierten Wirkungsgradbetrachtung

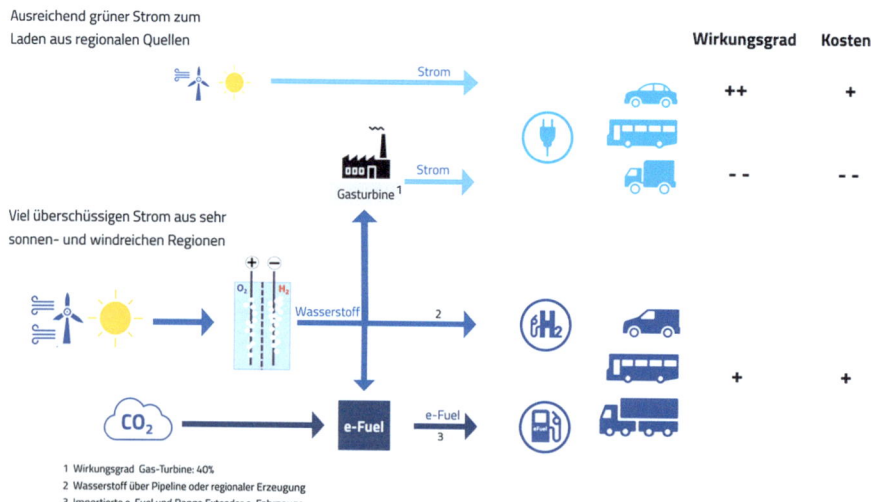

Abb. 1.9 Grundprinzip der drei verschiedenen Antriebstechnologien auf Basis von CO_2-freiem Strom, Wasserstoff oder E-Fuel, einschließlich einer groben Effizienz- und Kostenbewertung (von sehr gut, ++, bis sehr schlecht, --) in einer WtW-Betrachtung

(WtW) besser als der des batterieelektrischen Antriebes wird. Dieses Argument gilt gleichermaßen für E-Fahrzeuge mit einem Stromgenerator als Range Extender (EREV) und E-Fuels. Von Saudi Aramco werden Kosten für E-Benzin von 80 Cent/l oder etwa 8 Cent/kWh erwartet (EFF 2024; Concawe 2022). Auch das sind sehr viel niedrigere Kosten als für den Strom aus der Gasturbine. Diese Zusammenhänge werden in den heutigen Bewertungen der Technologien bis hin zu den Regelwerken meist ignoriert und führen zu fehlerhaften Schlussfolgerungen. Auch die auf den scheinbar überlegenen Wirkungsgrad des batterieelektrischen Fahrzeuges gestützte Annahme, dass der Brutto- oder Endenergieverbrauch dramatisch sinkt, wird durch die Notwendigkeit von Gasturbinen zur Stromerzeugung bei Dunkelflauten oder nachts deutlich relativiert. Abb. 1.9 zeigt die Zusammenhänge grafisch und in vereinfachter Form.

In der aktuellen europäischen Energieverordnung (Renewable Energy Directive, RED) wird Strom für batterieelektrische Antriebe jedoch generell als CO_2-frei definiert, unabhängig von der Stromquelle und damit ohne Berücksichtigung des entscheidenden WtW-Ansatzes. Für grünen Wasserstoff jedoch gelten davon abweichende EU-Vorschriften: Nur Wasserstoff, der mit zusätzlichen erneuerbaren Stromquellen (in erster Linie Wind und Sonne) und zur gleichen Zeit (wenn die Sonne scheint oder der Wind weht) direkt erzeugt wird, ist in der Regulatorik als grüner Wasserstoff anerkannt.

Diese Regelung müsste analog auch für batterieelektrische Antriebe und die Erzeugung von grünem Ladestrom gelten, wie man aus der vorangegangenen Betrachtung leicht schließen kann. Wir haben es mit einem regulatorischen Mangel zu tun, der eine fehlerhafte Lenkungswirkung ausübt. Wasserstofffahrzeuge werden durch diese Ungleichbehandlung massiv benachteiligt, während batterieelektrische Fahrzeuge bevorteilt werden, obwohl sie in der Realität häufig mit fossilem Strom geladen werden und deshalb eine deutlich geringere Klimawirkung haben, als allgemein angenommen wird.

Neben der in der öffentlichen Diskussion vernachlässigten Erzeugung von Strom aus wenig effizienten Gasturbinen gibt es eine Reihe weiterer Aspekte, die die vereinfachte Effizienzanalyse ad absurdum führen: Wie oben beschrieben, geht der Ausbau der Stromerzeugung aus Sonne und Wind zunehmend mit Perioden eines deutlichen Stromüberschusses einher. Wird dieser überschüssige Strom zur Erzeugung von Wasserstoff genutzt, ergibt die Effizienzanalyse keinen Sinn mehr, denn der Strom würde sonst ungenutzt bleiben. Entscheidend ist dann die Betrachtung der Kosten: Zu viel Strom führt zu sehr niedrigen, oft negativen Strompreisen. Das bedeutet, dass aus diesem überschüssigen Strom kostengünstig Wasserstoff hergestellt werden kann. Noch deutlicher wird dieser Aspekt bei der Stromerzeugung in sehr sonnigen und windreichen Regionen. Mit der gleichen Anlage

(PV-Modul) kann in diesen Regionen viel mehr und damit günstiger Strom produziert werden als in Deutschland. Auch hieraus wird deutlich, dass eine unvollständige oder vereinfachte Wirkungsgradbetrachtung unsinnig ist. Entscheidend sind die Kosten für Stromerzeugung, Energiespeicherung und Transport der Energie.

Abschließend noch ein Wort zur ebenfalls häufig zitierten Ökobilanz. Diese analysiert die Gewinnung von Rohstoffen, die Herstellung des Produkts sowie dessen Nutzung und das Recyceln. Diese sehr komplexen Analysen sollten niemals zu pauschalen Schlussfolgerungen führen, etwa dass diese oder jene Technologie gut oder schlecht sei. Die Ökobilanz eignet sich für vergleichende Bewertungen, wie wir sie von Mehrweg- und Einwegflaschen kennen. Bei Fahrzeugen muss man jedoch sehr spezifisch auf das Fahrzeug, das Fahrprofil und die Energieversorgung blicken. Das Beispiel einer sehr konkreten Analyse (VDE 2022) zeigt, dass es keine signifikanten Unterschiede zwischen rein batterieelektrischen Fahrzeugen, solchen mit Brennstoffzelle und Wasserstoff oder E-Fahrzeugen mit Range Extender und E-Fuel gibt. Weitere Aspekte werden in Kap. 6 vertieft.

1.6   Geopolitische Abhängigkeiten

Erdöl und Fahrzeuge sind seit mehr als einhundert Jahren mit vielen positiven, aber auch negativen Aspekten verbunden. Einerseits haben die globalen Märkte für sehr viel Wohlstand in den Ländern gesorgt, die entweder Erdöl gefördert und weiterverarbeitet haben oder die eine Fahrzeugindustrie besitzen. Gleichzeitig gab es rund um die Energieträger Erdöl und Erdgas über einhundert Jahre kriegerische Auseinandersetzungen. So beeinflusste der Zugang zu den Erdölfeldern unter anderem den Ausgang des Zweiten Weltkrieges. Die erste Ölkrise 1973 und die Erdgaskrise im Zusammenhang mit dem Krieg in der Ukraine ab 2022 sind weitere bekannte Beispiele.

Im Zusammenhang mit der Energie- und Mobilitätswende werden die Fragen zur Verfügbarkeit der notwendigen Rohstoffe und Technologien zu einem entscheidenden strategischen Element. In der öffentlichen Diskussion werden gerne Lithium für die Batterien oder die Seltenen Erden für die Magnete von leistungsfähigen Elektromotoren thematisiert. Trotz der unzähligen Analysen von Experten zu den Rohstoffen scheint das Thema in den Strategien der Konzerne wie in den politischen Maßnahmen bislang eine eher untergeordnete Rolle zu spielen. So ist beispielsweise die Verfügbarkeit von Kupfer für den Aufbau der Ladeinfrastruktur und den Ausbau des Stromnetzes in einer „All-Electric"-Welt ein großes Fragezeichen. Hinzu kommt, dass die meist sehr energieintensive Herstellung und Aufreinigung dieser Rohstoffe in den letzten Jahrzehnten aus Kostengründen nach China verlagert wurde.

China hat sehr schnell erkannt, dass die Weiterverarbeitung dieser Rohstoffe zu hochwertigen Produkten (Photovoltaikmodule, Batterien, Brennstoffzellen, Elektrolyseure, Fahrzeuge) entscheidend für das Wohlergehen der eigenen Volkswirtschaft ist und die Schaffung zukunftsträchtiger und attraktiver Arbeitsplätze im eigenen Land ermöglicht. Durch die schnelle Skalierung der Produktion (starker Heimmarkt) werden attraktive Kosten erzielt, zusätzlich helfen staatliche Subventionen, den Weltmarkt zu erobern. Eine aktuelle Studie der Internationalen Energie Agentur (IEA-Studie) zeigt, wie herausragend im weltweiten Vergleich sich die Produktionskapazitäten bei den Zukunftstechnologien entwickeln. In der deutschen und europäischen Politik und Wirtschaft haben diese Zusammenhänge bislang zu keinen Konsequenzen geführt. So ist der Aufbau einer europäischen Photovoltaikindustrie in den letzten 15 Jahren mehrfach gescheitert, da der Vorsprung Chinas bei ihrer kostengünstigen Fertigung und mithilfe staatlicher Subventionspolitik immer größer wurde und einzelne Unternehmen deshalb kaum das Marktrisiko eingehen wollen oder können. Kap. 6 greift diese Themen noch einmal ausführlicher auf.

1.7 Das Prinzip der disruptiven Innovation

Deutschland rühmt sich gerne seiner Innovationskraft. Über viele Jahrzehnte war die kontinuierliche Optimierung von Maschinen und Fahrzeugen eine Erfolgsgeschichte und Grundlage des erfolgreichen deutschen Wirtschaftsmodells. Vor allem die mittelständischen Tüftler haben sich im Wettbewerb mit ihren Konkurrenten zu Höchstleistungen anspornen lassen und damit die weltweite Wettbewerbsfähigkeit deutscher Produkte gewährleistet. Das nennt man auch inkrementelle Innovation (kontinuierliche Optimierung).

Bei den sogenannten disruptiven Innovationen, auch als Basis- oder Sprunginnovation bezeichnet, gelten andere Gesetzmäßigkeiten. Am einfachsten lässt sich das am Beispiel der Glühbirne erklären, die nicht durch die Optimierung der Kerze erfunden wurde, diese dann aber sehr schnell und erfolgreich aus dem Markt gedrängt hat. Das komplette Ökosystem – von den Rohstoffen über die Herstellung und Nutzung – ist bei einer Kerze komplett anders als bei einer Glühbirne. Dieses Grundprinzip kann man auf viele industrielle Veränderungen der letzten einhundert Jahre übertragen.

Das Beispiel, das in fast allen Managementkursen gelehrt wird, ist Kodak. Das 100-jährige Traditionsunternehmen war im Bereich der analogen Fotografie weltweit äußerst erfolgreich und hatte sich dann auch sehr früh mit der digitalen Fotografie auseinandergesetzt. Allerdings waren die asiatischen Konzerne, die aus der Unterhaltungselektronik kamen, sehr viel schneller und haben in sehr kurzer Zeit den Weltmarkt übernommen. Kodak musste einige Jahre später in die Insolvenz gehen – daher der Name disruptive oder zerstörerische Innovation.

Heute ist die weltweite Gesetzgebung zum Umwelt- und Klimaschutz Treiber für die Innovationen in der Energie- und Fahrzeugbranche geworden. In der Fahrzeugindustrie haben Tesla und inzwischen auch chinesische Unternehmen wie BYD aufgrund ihrer Schnelligkeit die Führungsrolle bei den batterieelektrischen Antrieben übernommen. In der Stromversorgung entstehen viele neue Geschäftsmodelle, die auch die Stromspeicherung und flexibel arbeitende Elektrolyseure geschickt nutzen. In der sich aktuell sehr schnell verändernden Welt führt schnelle Anpassungsfähigkeit an neue Situationen zu einem enormen Wettbewerbsvorteil. Diese Dynamik ist aus vielen Gründen in Deutschland und Europa verloren gegangen. Viele Aspekte dazu haben wir, die Autoren des Buches, hautnah miterlebt. In den Kap. 2–4 berichten wir über unsere Erlebnisse in den beteiligten Firmen und ziehen in Kap. 7 ein ausführliches Resümee. Hat Massachusetts-Institute-of-Technology-Forscher (MIT-Forscher) Christensen Recht, der für das letzte Jahrhundert feststellte, dass Konzerne grundsätzlich große Schwierigkeiten mit Basisinnovationen haben (C. Christensen 1997)?

1.8   Die wesentlichen Erkenntnisse zu den Fakten der Energie- und Mobilitätswende

Der schnelle Ausbau der regenerativen Stromerzeugung aus Sonne und Wind ist mittel- und langfristig der grundsätzlich richtige Ansatz, jedoch nur dann, wenn die systemischen Zusammenhänge beachtet und berücksichtigt werden. Aus ökonomischen und ökologischen Gründen sollte er jedoch vor allem in Regionen mit den besten Voraussetzungen erfolgen, das heißt mit sehr viel Sonnenschein und Wind. Der Verbrauch von Strom hat noch sehr selten mit dessen Erzeugung in Kohle- oder Atom-Kraftwerken zusammengepasst. Flexible Gaskraftwerke waren für den Ausgleich entscheidend. Das wird durch die stark fluktuierende Erzeugung von Strom aus Sonne und Wind deutlich verschärft. Ohne die Speicherung von Energie in

Form von Wasserstoffgas oder flüssigen E-Fuels kann deshalb der enorme Energiebedarf für den Verkehrs- und Wärmesektor, aber auch für die stark zunehmende Stromerzeugung nicht bedarfsgerecht und zu akzeptablen gesellschaftlichen Kosten realisiert werden.

Um die wichtigsten Fakten der Energie- und Mobilitätswende zu erkennen und zu bewerten, bedarf es lediglich einiger technischer und wirtschaftlicher Grundkenntnisse und etwas ausgiebigerer Recherche im allwissenden Internet. Viele asiatische Konzerne und Regierungen nutzen dieses Instrument und scheinen ihre grundlegenden Hausaufgaben gemacht zu haben. Innerhalb vieler deutscher und europäischer Konzerne wie auch in der Politik herrscht jedoch ein großer Mangel an ganzheitlichem Verständnis des Themas. Hinzu kommt, dass die bestehenden, extrem komplexen Regelwerke die entscheidenden Veränderungen im Sinne einer ganzheitlich gedachten Energie- und Mobilitätswende heute mehr behindern als fördern.

Die Medien und damit auch die breite Öffentlichkeit lassen sich von stark vereinfachten und wenig durchdachten Schlagworten in die Irre führen. Die öffentliche Debatte ist auch in weiten Teilen ideologisiert. So scheint ein breites Einverständnis zu existieren, dass nur die Stromerzeugung aus Sonne und Wind kräftig ausgebaut werden müsse, und dann bekommen wir in kurzer Zeit ein klimafreundliches Energiesystem. Sogar auf den Import von Energie könnten wir zum Großteil verzichten. Wie das technisch und ökonomisch funktionieren soll, können nicht einmal Experten der zahlreichen Forschungsinstitute plausibel erklären, bestärken aber Politik, Wirtschaft und Medien in ihren einseitigen und damit strategisch sehr gefährlichen Annahmen. Bislang gibt es keine durchdachte, ganzheitliche Strategie zur Energie- und Mobilitätswende in Deutschland. Auch der so wichtige ergebnisoffene Diskurs scheint aufgrund der Ideologisierung der Debatte nicht mehr zu funktionieren.

Literatur

ACEA 2025: Vehicles on European Roads; https://www.acea.auto/files/ACEA_Report_-_Vehicles_on_European_roads_2025.pdf

Bedarf Wasserstoffkraftwerke: https://www.wirtschaftsdienst.eu/inhalt/jahr/2023/heft/10/beitrag/wie-viele-wasserstoff-kraftwerke-erfordert-die-energiewende-und-wie-erhalten-wir-sie.html

C. Christensen, Innovators Dilemma: Clayton M. Christensen, The Innovators Dilemma, Harvard Business School Press, 1997.

DIW 2021: https://www.diw.de/de/diw_01.c.821878.de/publikationen/wochenberichte/2021_29_1/100_prozent_erneuerbare_energien_fuer_deutschland__koordinierte_ausbauplanung_notwendig.html.

Energy Charts 2023: https://www.energy-charts.info/charts/power/chart.htm?l=de &c=DE&year=2023&week=15&source=total.

IEA 2023: International Energy Agency; Global electric car stock; https://www.iea. org/data-and-statistics/charts/global-electric-car-stock-2013-2023

IEA 2024: International Energy Agency, Energy Technologies Perspectives 2024; Figure 1.8; https://www.iea.org/reports/energy-technology-perspectives-2024

ISE 2024: Kost, C.; Fraunhofer ISE; Study: Levelized Cost of Electricity 2024.

Green Energy 2023: Van Wijk, A.; Green Energy for All, 2023; https://experience. arcgis.com/experience/d08a4dcb57a64723878e933d922ec90e

NWR 2021: Nationaler Wasserstoffrat; Hydrogen Transport; https://www.wasserstoffrat.de/fileadmin/wasserstoffrat/media/Dokumente/EN/2021-07-02_NWR-Information_Paper_Hydrogen_Transport.pdf

Opel, 2010: EES_Issue_Vol_3_Issue_6_June_2010_p_689_699_Eberle_Helmolt

Our World in Data: Global Energy 200 years; https://ourworldindata.org/global-energy-200-years

REN Investment, 2020: https://www.fs-unep-centre.org/global-trends-in-renewable-energy-investment-2020/ (zuletzt aufgerufen am 15.6.2021)

Tesla 2023: The Tesla Team; Master Plan Part 3, 2023.

UBA 2023: https://www.umweltbundesamt.de/daten/energie/primaerenergieverbrauch#definition-und-einflussfaktoren

VDE 2022: Whitepaper on the Hydrogen Economy, VDE Financial Dialogue Hydrogen 2022.

2

Vom Weltall auf die Straße

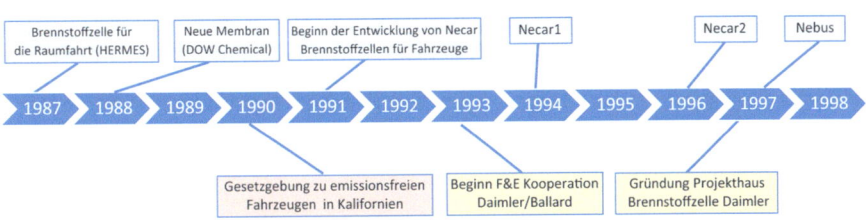

Die Geschichte erzählt von Werner Tillmetz

2.1 Von der Technologieentwicklung bei Dornier, Daimler und Ballard zu den ersten Fahrzeugen 1996

Wie alles begann

„Schau mal, die suchen einen Elektrochemiker." Im Sommer 1986 blätterte ich durch die Stellenanzeigen der Süddeutschen Zeitung und zeigte meiner Frau die Anzeige. Dornier in Immenstaad am Bodensee suchte einen Wissenschaftler zur Entwicklung von Brennstoffzellen für die Raumfahrt. Zu dieser Zeit hatte ich noch keine Ahnung von Brennstoffzellen. Auch mit der Raumfahrt hatte ich noch nie etwas zu tun. Mein damaliger Fokus lag auf der Elektrolysetechnologie zur Erzeugung von Produkten wie Wasserstoff, Chlor oder

Ozon mithilfe von Strom und Elektrochemie. Bei der Brennstoffzelle geht es um den umgekehrten Prozess, der elektrochemischen Erzeugung von Strom aus einem Brennstoff (z. B. Wasserstoff) und Sauerstoff (z. B. aus der Luft).

Wir waren beide in Lindau am Bodensee aufgewachsen, und nach vielen Jahren in der Großstadt München war das Heimweh groß. Zurück in die Heimat an den Bodensee, das war unser sehnlichster Wunsch! Also nichts wie raus mit der Bewerbung und der Dinge harren, die da kommen würden. Im Frühjahr 1987 war es dann so weit: Wir waren zurück am See und ich durfte „dort arbeiten, wo andere Urlaub machen". Mit diesen Worten machte die Dornier-Personalabteilung früher Werbung für neue Mitarbeiter.

Die Europäische Raumfahrtagentur (ESA, European Space Agency) hatte 1987 die Entwicklung des Raumgleiters „Hermes" gestartet. Hermes sollte das Pendant zum Spaceshuttle der National Aeronautics and Space Administration (NASA) werden. Dornier war Hauptauftragnehmer der ESA für die Brennstoffzelle, die für die Stromversorgung des Raumgleiters sorgen sollte. Für bemannte, mehrtägige Missionen in den Weltraum ist die Stromversorgung mit Brennstoffzellen die Lösung. Der Brennstoff Wasserstoff wie der Sauerstoff werden in flüssiger Form mitgenommen. Die sehr hohe Energiedichte von Wasserstoff in Verbindung mit dem hohen Wirkungsgrad bei dessen Umwandlung in Strom durch eine Brennstoffzelle macht diese Technologie zur einzig gangbaren Lösung für diese Art von Raumfahrtmissionen. Batterien wären für die zu speichernden Energiemengen viel zu schwer. Auch Photovoltaikmodule in Kombination mit Speicherbatterien, wie sie typischerweise für Satelliten eingesetzt werden, können für solche Missionen wie Spaceshuttle oder Hermes nicht ausreichend Strom liefern, da die Photovoltaikmodule nur sehr begrenzt zur Sonne ausgerichtet werden können.

Die Firma United Technologies Corporation (UTC) hatte die Brennstoffzelle für den Spaceshuttle entwickelt, der von 1981 bis 2011 im Einsatz war. Dabei handelte es sich um eine Technologie, wie sie zuvor schon im Apollo-Programm eingesetzt worden war. In der Verfilmung der abgebrochenen und sehr dramatischen Apollo-13-Mondmission von 1970 wird die Rolle der Brennstoffzelle eindrucksvoll erlebbar: Durch einen Meteoriteneinschlag wurde der Tank, der den Sauerstoff für die Brennstoffzelle speichert, zerstört. Infolgedessen war keine Stromerzeugung mehr möglich und damit auch das Lebenserhaltungssystem ausgefallen. Gerade noch rechtzeitig gelang es den drei Astronauten damals durch eine technische Notlösung, den Weg zurück zur rettenden Erde zu finden.

Die damals eingesetzte alkalische Brennstoffzelle hat einen besonders hohen Wirkungsgrad bei der Erzeugung von Strom aus Wasserstoff und Sauerstoff. Das bedeutet, der Bedarf an Kraftstoffen für die mehrtägige Mission ist niedrig und es wird Gewicht eingespart. Das ist deshalb wichtig, weil das

Startgewicht – neben der Zuverlässigkeit – das alles entscheidende Kriterium für Raumfahrtmissionen ist. Auch für andere Anwendungen wie Fahrzeugantriebe ist der hohe Wirkungsgrad der Stromerzeugung über Brennstoffzellen eines der entscheidenden Kriterien.

Neben den Raumfahrtprogrammen des letzten Jahrhunderts in den USA gab es noch eine weitere Spezialanwendung für die Brennstoffzelle: die Stromversorgung für U-Boote. Damit war es auch den Ländern, die keine mit Atomkraft betriebenen U-Boote haben durften, möglich, ihre U-Boote frei von messbaren Geräuschen und CO_2-Emissionen (wie es beim Einsatz von Dieselmotoren der Fall wäre) außenluftunabhängig über lange Strecken im Tauchgang zu fahren. Zu dieser Zeit entwickelte Siemens im Auftrag der deutschen Marine Brennstoffzellen für diese Anwendung. Die Entwicklungsaktivitäten der alkalischen Brennstoffzelle bei Siemens beruhten auf den Arbeiten von Prof. Justi und dessen Schüler Prof. Winsel an der TU Braunschweig in den 1950er-Jahren.

Das Prinzip der Brennstoffzelle wurde schon 1838 entdeckt. Christian Friedrich Schönbein demonstrierte in seiner Baseler Zeit eine einfache Brennstoffzelle, indem er zwei Platindrähte in einem Elektrolyten (Salzsäure) mit Wasserstoff und Sauerstoff umspülte und feststellte, dass zwischen den Drähten eine elektrische Spannung entstand. Ein Jahr später veröffentlichte er seine Erkenntnisse. Parallel dazu hatte auch Sir William Grove von der Royal Institution of South Wales seine ersten Experimente zur Brennstoffzelle durchgeführt.

„Das Wasser ist die Kohle der Zukunft. Die Energie von morgen ist Wasser, das durch elektrischen Strom zerlegt worden ist. Die so zerlegten Elemente des Wassers, Wasserstoff und Sauerstoff, werden auf unabsehbare Zeit hinaus die Energieversorgung der Erde sichern." Dieser berühmte Satz von Jules Verne stammt aus dessen Roman von 1870 „Die geheimnisvolle Insel" und deutete an, was 150 Jahre später beginnt, Alltag zu werden.

Der Physikochemiker und spätere Nobelpreisträger Wilhelm Ostwald berichtete 1894, dass Brennstoffzellen im Gegensatz zu Verbrennungsmotoren nicht dem „wirksamen Wirkungsgrad" von Wärmekraftmaschinen (z. B. Verbrennungsmotor) unterliegen. Die direkte, elektrochemische Erzeugung von Strom aus einem Brennstoff ist infolge grundlegender physikalischer Gesetze der sehr viel effizientere Weg der Energiewandlung. Auch Ostwald hat also schon sehr früh auf den wesentlichen Vorteil der Brennstoffzelle aufmerksam gemacht. Für die Ablösung der lange Zeit im Überfluss vorhandenen, aber klimaschädlichen fossilen Kraftstoffe durch solche, die auf erneuerbaren Energien basieren, ist auch ein effizienterer Umgang mit Energie mehr als hilfreich.

Diese kurze historische Betrachtung soll die Wurzeln und wesentlichen Zusammenhänge für unsere Entwicklungen in der Raumfahrt und später für Fahrzeuge verständlich machen. Einige der damaligen Akteure wie Siemens und UTC sollten auch in den folgenden Jahren in den Entwicklungsaktivitäten eine Rolle spielen.

Entwicklung der Brennstoffzelle bei Dornier

Ich, Werner Tillmetz, Mitautor dieses Buches und Verfasser dieses Kapitels, war 1987 in die neu gegründete Abteilung „Energie- und Umwelttechnologien" in der Forschung der Dornier-System GmbH eingestellt worden. Wir unterstützten in Technologiefragen die Kollegen aus dem Dornier-Raumfahrtbereich, die die Verantwortung für das Projekt Hermes-Brennstoffzelle innehatten. Eine unserer Aufgaben war es, mit kompetenten Firmen und Instituten in Europa zusammenzuarbeiten. Gleichzeitig sollten wir die Technologien der für die NASA tätigen Organisationen analysieren und bewerten. Zu den europäischen Akteuren gehörten Siemens mit ihrer Brennstoffzelle für die U-Boote, das Varta-Forschungszentrum in Kelkheim mit Prof. Winsel und der von ihm entwickelten Eloflux-Technik, die belgische Firma Elenco, die eine Brennstoffzelle für einen Bus entwickelt hatte, und Prof. Kordesch von der TU Graz, der in den 1960er-Jahren in seiner USA-Zeit ein erstes Fahrzeug mit Brennstoffzellen-Elektroantrieb gebaut hatte. All diese Organisationen arbeiteten mit einem flüssigen Elektrolyten (Kalilauge), der die Brennstoffzelle durchströmte. Wir hatten allerdings große Schwierigkeiten, uns vorzustellen, dass die Verwendung von heißer Kalilauge als Elektrolyt, der im Kreislauf gepumpt wird, in der Schwerelosigkeit problemlos funktionieren könnte, ganz zu schweigen von den Sicherheitsaspekten im Falle einer Leckage.

Eine kleine Anekdote zum Umgang mit flüssiger Kalilauge machte unsere Bedenken anschaulich: Wir durften damals für unsere Forschungsarbeiten ein Testlabor im sehr edlen und auf penible Sauberkeit bedachten Dornier-Raumfahrtzentrum belegen. In diesem Raumfahrtzentrum befindet sich (auch heute noch) ein riesiger Reinraum, in dem Satelliten aufgebaut werden und alle Mitarbeiter in Reinraumanzügen arbeiten. Von einem eleganten Besprechungsraum mit Ledersesseln und tiefblauen Teppichen konnten Besucher die Montage der Satelliten beobachten. In unserem Labor führten wir Lebensdaueruntersuchungen an einer Brennstoffzelle der belgischen Firma Elenco durch. Mitten in der Nacht trat an der Brennstoffzelle eine Leckage auf und ein feiner Strahl heißer Kalilauge ergoss sich über den Boden. Als am nächsten Morgen die Reinigungsfrau das Labor auswischen wollte, wurde sie von der ätzenden Flüssigkeit auf dem Fußboden überrascht. Die eilig herbeigerufene Feuerwehr flutete dann das Labor inklusive der darunter liegenden Räume mit Löschwasser – und wir hatten plötzlich viele grimmig dreinschauende „Freunde" im edlen Raumfahrtzentrum, das so gar nicht auf aggressive Chemikalien eingestellt war.

Die Amerikaner (UTC) hatten bei ihrer Brennstoffzelle dagegen den Elektrolyten (Kalilauge) in einem porösen Papier aus Keramikfasern aufgesaugt und dadurch fixiert. Damit war das Problem mit dem flüssigen und aggressiven Elektrolyt-Kreislauf deutlich entschärft. Wir drängten unsere Partner, auch in diese Richtung zu denken und ihre Technologie entsprechend weiterzuentwickeln. Sie hielten aber an ihrem bestehenden Konzept fest. Als überzeugte und beharrliche Forscher begannen wir bei Dornier deshalb mit eigenen Arbeiten zu der von uns favorisierten Brennstoffzellentechnologie auf der Basis eines in einer porösen Membran fixierten (immobilisierten) alkalischen Elektrolyten.

Damit kam ein für die weitere Geschichte ganz wesentliches Merkmal zum Tragen: Die Dornier-Kultur. Sie zeichnete sich durch ein sehr offensives technologisches Vorgehen, verbunden mit viel Mut zum Risiko aus. Das ging zurück auf Firmengründer Claude Dornier, der überzeugt war, dass Flugzeuge, die schwerer als Luft sind, mehr Potenzial haben als die leichten, aber sehr voluminösen Luftschiffe seines Arbeitgebers Graf Zeppelin. Die Geschichte sollte ihm recht geben: Die berühmte DoX, der erste Senkrechtstarter, Satelliten und vieles mehr zeigten die Ergebnisse dieser Dornier-Kultur, technologische Herausforderungen immer wieder aktiv und mit Mut zum Risiko anzunehmen. Andererseits tat sich Dornier immer schwer, ein Serienprodukt mit Erfolg im Markt zu platzieren. Die erfolgreiche Herstellung eines Produktes in Großserie erfordert andere Qualifikationen und eine andere Unternehmenskultur.

Mit den eigenen experimentellen Arbeiten zur Brennstoffzelle gelang es unserer Abteilung zunehmend, Know-how aufzubauen. So waren wir in der Lage, den Experten der Partnerunternehmen in Besprechungen viele, oft sehr kritische Fragen zu stellen. Besonders die Kollegen von Siemens waren nicht sehr erfreut über unsere Entwicklungen zur Brennstoffzelle und unsere zunehmende Kritik an der Siemens-Technologie. Das führte dann auch zu einer Intervention auf Vorstandsebene. Als Hauptauftragnehmer der ESA sollte Dornier trotz seiner Kompetenz in Elektrochemie nicht in Konkurrenz zu seinen Partnerfirmen treten, die für die Brennstoffzellentechnologie zuständig waren. Siemens war auch damals politisch schon sehr machtvoll und hatte sich, als die Größe des Hermes-Brennstoffzellprojektes sichtbar wurde, als zentraler Technologielieferant im Projekt positioniert und wollte auf keinen Fall Konkurrenz um attraktive Staatsaufträge aufkeimen lassen.

Das hing auch mit der Entwicklung der Brennstoffzelle für deutsche U-Boote zusammen. Siemens war mit einem lukrativen Auftrag aus dem Verteidigungsministerium dafür verantwortlich. Etwa 10 Jahre später, als das Thema für Elektrofahrzeuge boomte, unternahm Siemens wieder einen Versuch, bei der Brennstoffzelle einen Fuß in die Tür zu bekommen – jedoch erfolglos.

Genau zu dieser Zeit hatte mein Chef einen wissenschaftlichen Artikel zu einer sehr leistungsfähigen Brennstoffzelle auf Basis einer neuen, hochleitfähigen Membran von Dow Chemical entdeckt. Die Autoren David Watkins und seine Kollegen von Ballard Power Systems berichteten 1989 von einer enormen Leistungssteigerung durch die Verwendung der neuen Dow-Membran im Vergleich zu der bis dahin üblichen Nafion-Membran von DuPont (Watkins, Fuel Cell Systems 1993). Ballard arbeitete schon seit einiger Zeit an der Polymerelektrolyt-Brennstoffzelle (engl. Polymer Electrolyte Fuel Cell, PEFC), manchmal auch Protonenaustausch-Membran-Brennstoffzelle (engl. Proton Exchange Membrane Fuel Cell, PEM-FC) oder Feststoffpolymer-Brennstoffzelle (engl. Solid Polymer Fuel Cell, SPFC) genannt.

Dieser Typ von Brennstoffzelle wurde erstmals Anfang der 1960er-Jahre im Geminiprogramm eingesetzt. Die Polymermembran ist im Vergleich zur Kalilauge völlig harmlos und relativ einfach zu handhaben. Allerdings war die Technologie in Bezug auf Wirkungsgrad und Leistungsdichte damals den alkalischen Zellen von UTC deutlich unterlegen und spielte daher für die Raumfahrt nur eine untergeordnete Rolle. Mit der neuen Membran, die von Dow Chemical eigentlich für die Chlor-Alkali-Elektrolyse entwickelt worden war, entstand die Erwartung, dass sich das ändern könnte. Ich erhielt den Auftrag, diese Membran von Dow Chemical zu besorgen und zu testen. Dafür brauchten wir ein Budget. Für eine eigene Brennstoffzellenentwicklung waren uns als Hauptauftragnehmer im Hermes-Programm die Hände gebunden. Allerdings gab es in der Raumfahrtabteilung Aktivitäten hinsichtlich eines geschlossenen Lebenserhaltungssystems. Darin spielte die Elektrolyse von Wasser zur Erzeugung von Wasserstoff und Sauerstoff eine wichtige Rolle. So überlegten wir, das Budget für die Entwicklung einer Elektrolysetechnologie, dem umgekehrten Prozess der Brennstoffzelle, zu beantragen. Wir bekamen das Projekt bewilligt und konnten die Versuche mit der neuen Membran von Dow Chemical durchführen. Natürlich interessierte uns primär die Brennstoffzellenreaktion und wir konnten die Ergebnisse von Ballard mit den unglaublich hohen Leistungsdichten verifizieren.

Aus dem Weltall auf die Straße

Zu dieser Zeit begann sich die Welt um uns herum dramatisch zu ändern. Wir schrieben das Jahr 1990. Der Eiserne Vorhang war gefallen und alles konzentrierte sich auf die Wiedervereinigung Deutschlands. Als indirekte Folge davon begann auch das politische Interesse an der bemannten Raumfahrt nachzulassen und die Budgets dafür wurden knapper; 1992 sollte das Hermes-Programm ganz eingestellt werden. Für unsere Abteilung bei Dornier bedeutete es, dass wir uns nach neuen Themen umschauen mussten. Die Zeit der lukrativen Raumfahrtprojekte ging langsam zur Neige. Eine unserer Ideen war, die Brennstoffzelle für den Antrieb von Fahrzeugen zu nutzen. In der Vergangenheit gab es schon einzelne Fahrzeuge mit Brennstoffzellen basierend auf der von Francis Bacon entwickelten Technologie, die Pratt & Whitney, eine Tochter der UTC, für das Apollo-Programm lizenzierte. Allis Chalmer hatte 1960 einen Traktor mit Brennstoffzelle aufgebaut und General Motors 1966 den Electrovan. Die TU Dresden hatte gemeinsam mit der Berliner Akkumulatoren- und Elementefabrik (BAE) einen 3-kW-Brennstoffzellen-Gabelstapler entwickelt (Abb. 2.1). Einen schönen Überblick über die frühen Aktivitäten zu Wasserstoff vor 1990 gibt Rudolf Weber in seinem Buch *Der sauberste Brennstoff* (Weber, Olynthus 1988). Auch Peter Kurzweil hat alle Themen rund um die Brennstoffzelle sehr umfassend in seinem Buch beschrieben (Kurzweil, Springer 2013).

Die ersten Fahrzeuge waren jedoch nicht besonders attraktiv. Die Brennstoffzelle war viel zu groß und schwer, und die Technologie mit Kalilauge als Elektrolyt erforderte, dass das CO_2 aus der Luft aufwendig entfernt werden musste, um die Brennstoffzelle nicht durch Bildung einer passivierenden Karbonatschicht zu schädigen.

Auf der Basis der Kenndaten der PEM-Brennstoffzelle mit der neuen Dow-Membran begannen wir, einen Brennstoffzellenantrieb für einen Pkw zu konzipieren. Wie kompakt könnte man eine Brennstoffzelle bauen? Welcher Treibstoff ist geeignet und wie ist der Wirkungsgrad eines solchen Antriebs – nicht nur am Fahrzeug, sondern auch unter Berücksichtigung der Herstellung des Treibstoffs?

Der Antrieb sollte keine Schadstoffe wie Stickoxide oder Ruß ausstoßen und effizienter sein als ein Dieselmotor. Das passte aus Sicht der grundlegenden, physikalischen Gesetzmäßigkeiten alles zur Brennstoffzelle. Ein flüssiger, einfach zu handhabender Kraftstoff mit akzeptablem Energieinhalt war aus unserer damaligen Sicht die beste Lösung. Sehr schnell favorisierten wir Methanol. Dieser nur mit einem Kohlenstoffatom aufgebaute Alkohol kann relativ einfach aus Synthesegas (eine Mischung aus CO_2, CO und Wasserstoff) über einen katalytischen Prozess hergestellt werden und genauso

Abb. 2.1 Elektrogabelstapler mit einer 3-kW-Hydrazin-Luft-Brennstoffzelle (Wiese-ner TU Dresden 1965); alle Rechte vorbehalten Akademieverlag Verlag Berlin (2013 übernommen vom Walter-de-Gruyter-Verlag)

einfach katalytisch wieder zurück in Wasserstoff und CO_2 gespalten werden. Die simplen, konzeptionellen Überlegungen sagten uns, dass sowohl die Brennstoffzelle als auch der Reformer (so heißt das Gerät zur Wasserstofferzeugung durch katalytische Spaltung von Methanol) unter die Motorhaube passen könnten. Der Elektromotor sollte in die Vorderachse integriert werden. Die Brennstoffzelle sorgt für den notwendigen Strom. Der Energieträger (Methanol) kann in Tanks relativ einfach und mit hoher Energiedichte gespeichert werden. Das ist aufgrund der Reichweitenanforderung und des Fahrzeuggewichtes für alle Fahrzeuge mit hohem Energiebedarf von fundamentaler Bedeutung.

Auch die Betrachtungen zum Wirkungsgrad, von der Herstellung des Kraftstoffes bis zur Umwandlung in Bewegungsenergie am Fahrzeug, fielen im Vergleich zu allen anderen Antriebsvarianten (Verbrennungsmotor mit Benzin oder Wasserstoff, batterieelektrischer Antrieb mit Strom aus dem

Kraftwerk) positiv für den Brennstoffzellen-Elektroantrieb aus. Für unsere Kalkulationen machten wir einige einfache Annahmen, wie zu Förderung, Transport und Raffination von Erdöl, zu Benzin und dessen Umwandlung in mechanische Energie im Verbrennungsmotor oder die Erzeugung von Strom für die Batteriefahrzeuge, die im Kraftwerk aus Kohle oder Erdgas erfolgt (erneuerbare Energien spielten damals kaum eine Rolle). Wasserstoff oder Methanol sollten aus Erdgas, das zu dieser Zeit an vielen Bohrlöchern einfach abgefackelt wurde, hergestellt werden. Viele Jahre später sollte es sehr detaillierte Studien zu dieser sogenannten WtW-Betrachtung (vom Bohrloch bis ans Rad) im Rahmen europäischer Projekte und unter Einbeziehung vieler Experten geben, die unsere ersten Abschätzungen bestätigen sollten (JRC, Well to Wheel). Damit waren die Grundlagen für das Konzept schlüssig und unsere Vision stand. Zum Glück wussten wir zu dieser Zeit noch nicht, wie unendlich viel und harte Detailarbeit es erfordern sollte, bis die Vision zur Realität wurde und ein Fahrzeug zuverlässig funktionierte.

Mit dem Ausbau der Stromerzeugung durch erneuerbare Energien und der zunehmend aufwendigeren Förderung von Erdöl veränderten sich natürlich die Ergebnisse der WtW-Analysen (JRC, Well to Wheel) über die Jahre hinweg. Interessant ist, dass diese exzellenten Datenbanken, die bis heute weiter aktualisiert werden, in der öffentlichen und politischen Debatte kaum eine Rolle spielen. Die vielen Analysen, die heute in den Medien verbreitet werden, nehmen interessanterweise fast nie Bezug auf die existierenden Expertendaten und passen auch nicht dazu. Fakten scheinen zu stören.

Als Nächstes bewegte uns die Frage, wie sich ein derartiges Abenteuer finanzieren ließe. Von meinem Abteilungsleiter wurden einige Anläufe in verschiedenen Ministerien unternommen, um an Forschungsmittel zu kommen. Die Antwort war immer negativ – niemand hielt das Thema zu dieser Zeit für wichtig. Die Ölkrise von 1973, die viele Forschungsaktivitäten zu erneuerbaren Energien hervorgebracht hatte, war schon wieder in Vergessenheit geraten. Klimawandel war noch kein Thema und die Welt war stark vom Fall des Eisernen Vorhanges und der daraus resultierenden globalen Aufbruchsstimmung geprägt.

Unsere Chance entstand aus einer weiteren Veränderung dieser Zeit: Die deutsche Industrielandschaft war im Umbruch. Daimler begann 1985 auf Bestreben der Bundesregierung die Firmen Allgemeine Elektricitäts-Gesellschaft (AEG), Messerschmitt-Bölkow-Blohm (MBB) und Dornier unter seinem Dach zusammenzuführen (Daimler, Historie). Der damalige Daimler-Vorstandschef Edzard Reuter entwickelte die Vision vom integrierten Technologiekonzern. In diesem Zusammenhang holte er 1990 Prof. Hartmut Weule als Technologievorstand zu Daimler. Professor Weule sollte die Vision umsetzen und die vielen Technologien aus Raumfahrt und Militärtechnik im Konzern zusammenführen und damit auch für Fahrzeuge verfügbar machen. Viele Jahre später sollte sich alles wieder in die gegenteilige Richtung entwickeln: Die Luft-, Raumfahrt- und Verteidigungstechnologie wurde zunächst in der Deutschen Aerospace Aktiengesellschaft (DASA) zusammengeführt und diese dann in die Airbus Group integriert (DASA, Wikipedia). Inzwischen ist auch die Abspaltung der Nutzfahrzeugaktivitäten in die Daimler Truck AG erfolgt und die Brennstoffzellenaktivitäten wurden in ein Joint Venture mit Volvo ausgegliedert (Daimler, Historie).

Im Jahr 1991 besuchte Daimler-Vorstand Weule alle Forschungsstandorte, unter anderem die Dornier-Forschung in Immenstaad am Bodensee, um sich ein Bild von der im Konzern verfügbaren Technologielandschaft zu machen. Wie alle Abteilungsleiter berichtete mein Chef über unsere Aktivitäten. Das Thema Brennstoffzellenantrieb sollte er auf Wunsch seiner Vorgesetzten allerdings ausklammern. Das tat er nicht und präsentierte unsere Vision vom schadstofffreien Brennstoffzellenantrieb. Das war ein Volltreffer: Prof. Weule war fasziniert von der Idee, die bedingt durch die gerade beschlossene Zero-Emission-Vehicle-Regulation (ZEV-Gesetzgebung) in Kalifornien genau zur richtigen Zeit kam. Wir hatten nur wenige Wochen Zeit, um ein detailliertes Angebot für die Entwicklung eines Brennstoffzellenfahrzeugs auszuarbeiten. Unser Angebot sah einen Zeitraum von fünf Jahren für die Entwicklung des ersten Prototyps und ein Budget von 50 Mio. DM vor. Ein Projekt dieser Größenordnung hatte es in der Dornier-Forschung noch nie gegeben. Nur wenige Tage später bekamen wir den Auftrag, das Projekt durchzuführen!

Die Geburt des ersten Brennstoffzellenautos

Das Projekt Brennstoffzellenfahrzeug mit dem Namen Necar (für „new electric car" und in Anlehnung an den Fluss Neckar) war geboren. Bis dahin existierten jedoch nur einige konzeptionelle Ideen und Papierskizzen. Jetzt mussten wir auch liefern und gleich noch ein komplett funktionsfähiges Fahrzeug. Unsere Abteilung war bis dahin nicht sehr groß. Viele Kollegen im Team waren zunächst noch mit Raumfahrtprojekten ausgelastet. Um das Projekt Necar aber erfolgreich starten zu können, brauchten wir viele zusätzliche, qualifizierte Mitarbeiter und deutlich mehr Laborflächen.

Das neue Großprojekt führte zu einer Neuverteilung der Budgets innerhalb der Daimler-Forschung. Das bedeutete, dass wir jetzt auch auf Kompetenzen der Nachbarabteilungen zugreifen konnten. Die Abteilung für Modellierung und Theorie sollte mathematische Modelle zur Brennstoffzelle entwickeln. Die Experten aus der Katalyse und Verfahrenstechnik konnten viel zur Entwicklung der Reformertechnologie, der katalytischen Erzeugung von Wasserstoff aus dem Kraftstoff Methanol, beitragen. Der Umstand, dass zu dieser Zeit die bemannte Raumfahrt politisch spürbar an Bedeutung verlor, führte bald zu deutlichen Kürzungen in den Budgets für Raumfahrtprojekte. Ein glücklicher Umstand für unser Projekt. Wir waren nun in der Lage, nicht nur unsere eigenen Kollegen für unser Necar-Projekt einsetzen zu können, wir konnten darüber hinaus viele Brennstoffzellenexperten aus den Abteilungen des Raumfahrtbereichs für unser Großprojekt gewinnen. Und viele dieser Kollegen sollten für sehr viele Jahre die Entwicklung prägen.

Ich wurde zum Projektleiter für das komplette Brennstoffzellensystem ernannt. In Untertürkheim war ein Kollege als Projektleiter für das Fahrzeug und den Elektroantrieb verantwortlich. Bis dahin hatte ich noch kein auch nur annähernd so großes Projekt geleitet und durfte jeden Tag die Herausforderungen des Projektmanagements erleben, eine Aufgabe, die mir sehr viel Spaß machte. Hilfreich war dabei die sehr hohe Kompetenz für alle Facetten dieser Tätigkeit im Dornier-Umfeld. Die Methodik des Projektmanagements hat seine Wurzeln in den großen Militär- und Raumfahrtprojekten in den USA. Auch bei Dornier hatte Projektmanagement eine jahrzehntelange Tradition. Die Schulungen waren exzellent und alle internen Prozesse waren auf ein professionelles Projektmanagement ausgerichtet. Diese Kompetenz war für unser Projekt extrem hilfreich. Vergleichbares sollte ich in den vielen anderen Organisationen, in denen ich später tätig war, nie wieder vorfinden.

Für den Aufbau der neuen Teams kam eine weitere Herausforderung hinzu. In Ulm sollte zu dieser Zeit ein Daimler-Forschungszentrum in räumlicher Nähe zur Universität Ulm entstehen. Das bedeutete, dass neue Mitarbeiter nur für den Standort Ulm eingestellt werden durften. Das vom Star-Architekten Richard Meier geplante Forschungszentrum wurde ein sehr attraktiver Standort, den wir nach unseren Wünschen gestalten konnten, solange das in die Konzeption des Architekten passte. So hatten wir plötzlich zwei Standorte – Immenstaad und Ulm. Genau genommen waren es sogar drei, da die Zusammenarbeit mit den Kollegen in Untertürkheim auch dort eine häufige Anwesenheit erforderte. So entstand das magische Dreieck Immenstaad–Ulm–Untertürkheim, in dem wir uns ständig hin und her bewegten. Anfang der 1990er-Jahre funktionierte das alles noch ganz ohne Smartphone, heute nicht mehr vorstellbar. Jeder Standort hatte auch eine eigene Kultur, was eine intensive Kommunikation zwischen den Kollegen zum entscheidenden Faktor für eine erfolgreiche Arbeit machte.

Fake News aus den USA

Das Projekt war erst wenige Tage alt, und wir waren mit Aufbau und Organisation der Aktivitäten voll beschäftigt, als schon der erste Paukenschlag kam: In den USA wurde in der Presse von einem Ford Fiesta mit Brennstoffzelle berichtet, der von Kansas City bis New York gefahren war und eine Reichweite von 1000 Meilen haben sollte. Ich nahm diese Pressenotiz nicht sehr ernst, aber in Untertürkheim schlug die Nachricht wie eine Bombe ein. Unser Vorstand war der Überzeugung, dass Daimler mit der Brennstoffzelle an vorderster technologischer Front stand, und nun wurde berichtet, dass andere bereits weiter sein sollten. Kurz darauf lud Prof. Billings, der Entwickler dieses Ford Fiesta mit Brennstoffzelle (Laser Cel 1), Interessierte nach Kansas City ein. Gemeinsam mit dem verantwortlichen Abteilungsleiter für die Fahrzeugentwicklung flog ich in die USA, um in einem Hotel in Kansas City das Fahrzeug in Augenschein zu nehmen (Billings 1991).

In der Lobby des Hotels stand dann tatsächlich der Ford Fiesta und wir durften sogar unter die Motorhaube schauen. Der Motorraum war voll mit Kisten und Rohren aus Edelstahl. Mitarbeiter erklärten uns, dass sich in einer der Kisten der Methanolreformer befände, in einer weiteren die Gasreinigung und dann schließlich auch die Brennstoffzelle in einer Edelstahlkiste. Alles war blitzblank und zeigte keinerlei Spuren einer Nutzung, wie wir das aus unseren Labors kannten. Auf Nachfrage nach Funktionsweise und einfachen technischen Details bekamen wir immer die gleiche Antwort: „Sorry, this is proprietary technology. We can't tell you."[1] Die Vorträge zur Technologie liefen nach dem gleichen Muster ab. In einer PowerPoint-Präsentation wurde das Prinzip gezeigt, aber ohne jegliche technische Detailinformation. In einem persönlichen Gespräch mit Prof. Billings bot er uns einen Kooperationsvertrag an und gegen Bezahlung von 90.000 US$ würden wir erste Einblicke in seine Technologie bekommen. Zu guter Letzt fuhr der Ford Fiesta aus der Hotellobby heraus, vollkommen leise wie ein Batteriefahrzeug und ohne irgendein erkennbares Zeichen des Betriebes einer Brennstoffzelle, z. B. das typische Rauschen des Luftkompressors. Für uns war das aufgrund der spärlichen vorliegenden Informationen und Eindrücke kein überzeugendes Angebot. Wir berichteten umgehend von unseren Erlebnissen nach Stuttgart und konnten danach wieder ganz normal unsere Projektarbeit fortführen. Ähnliche Geschichten erlebte ich in meinem späteren Berufsleben immer wieder. Gerade als der Hype um die Elektromo-

---

[1] Sinngemäß: „Es tut uns leid, es handelt sich um eine firmeneigene Technologie, daher können wir keine Auskunft geben."

bilität ausbrach, gab es immer wieder Berichte zu Akkus mit angeblich fas-
zinierenden Eigenschaften, die dann meist schnell wieder aus den Medien
verschwanden.

Ein wichtiges Element für die Projektsteuerung war die Vorgabe des Technologievorstandes, nicht alles selbst zu entwickeln, sondern einen starken
Partner zu suchen, um in möglichst kurzer Zeit „Räder unter die Brennstoffzelle" zu bekommen. Die Technologie sollte im Automobilkonzern schnell
sichtbar werden, auch um ihre Glaubwürdigkeit sicherzustellen. Zu dieser
Zeit wussten nur wenige Experten, was eine Brennstoffzelle ist. Allerdings
waren diese Experten davon überzeugt, dass eine Brennstoffzelle im Auto
überhaupt keinen Sinn macht. „Pigs will fly, before a fuel cell will power
a vehicle",[2] urteilte ein anerkannter Brennstoffzellenexperte auf einer Fach-
konferenz 1994 in den USA. Die Brennstoffzellenforschung und -entwick-
lung zu dieser Zeit fokussierte sich auf große, stationäre Anlagen zur effizienten und emissionsarmen Erzeugung von Strom und Wärme in Gebäuden
mit entsprechend wuchtigen Aggregaten.

Die Suche nach einem starken Partner förderte interessante Erkenntnisse
zutage. Viele Firmen kannten wir bereits aus den Raumfahrtprojekten. Ein
prädestinierter Partner wäre Siemens gewesen. Wir sahen jedoch wenig
Chancen, unsere sehr visionären Ideen mit dem früheren Partner aus dem
Hermes-Projekt realisieren zu können. Die zu dieser Zeit weltweit führende
Firma in Sachen Brennstoffzellen war die oben erwähnte UTC in Connec-
ticut. Im September 1991 besuchte ich die Firma und versuchte, den renommierten Chefentwickler von einer Kooperation mit Daimler zu PEM-
Brennstoffzellen für Fahrzeuge zu überzeugen. Er hielt aber nur sehr wenig
von der neuen PEM-Technologie und versuchte wiederum, mich davon zu
überzeugen, dass die verfügbare Phosphoric-Acid-Fuel-Cell-Technologie
(PAFC-Technologie) doch sehr viel besser und geeigneter wäre. Das konnte
ich aufgrund unserer eigenen Bewertungen überhaupt nicht nachvollziehen.
Somit kam ein weiterer potenzieller Partner ebenfalls nicht für unsere Pläne
infrage.

Auf nach Vancouver, in die fantastische Stadt am Pazifik
Die Weiterreise nach Vancouver und der Besuch bei Ballard Power Systems
sollten eine ganz entscheidende Wendung bringen. Die Gespräche dort ver-
liefen sehr positiv. Die Mentalität der Mitarbeiter war der Dornier-Kultur
sehr ähnlich und von einem visionären, zielstrebigen Denken geprägt. Für

---

[2] Sinngemäß: „Bevor eine Brennstoffzelle ein Fahrzeug antreibt, werden Schweine fliegen können."

das damals noch recht kleine Start-up-Unternehmen mit überschaubaren Laboren in North Vancouver war die Chance, mit Daimler zusammen zu arbeiten, ein Traum. Die Experten der ersten Stunde bei Ballard erkannten sehr schnell, dass wir keine Neulinge auf dem Gebiet der Brennstoffzelle waren. Ihnen gefielen unsere Projektpläne, und sie waren sichtlich beeindruckt von unserer Kompetenz und den anspruchsvollen Zielen, die wir verfolgten. Ballard hatte zu dieser Zeit gerade eine 5-kW-Demonstrationseinheit entwickelt. Das etwa $1{,}0 \times 1{,}0 \times 0{,}3$ m^3 große Modul enthielt zwei Brennstoffzellenstapel (Stacks) und ein Kühlsystem. Nach Anschluss an eine Wasserstoffflasche und an eine Druckluftleitung konnte die Funktionalität einfach demonstriert werden. Mit einem solchen Demonstrator konnte man mit Sicherheit das eigene Management überzeugen und gleichzeitig den ersten, wichtigen Schritt für unser Projekt gehen. Wir vereinbarten die Lieferung des Moduls nach Deutschland und nur wenige Wochen später konnten wir es in Immenstaad in Betrieb nehmen. Die Basis für eine langjährige und erfolgreiche Zusammenarbeit war gelegt worden.

Der erste Besuch in Vancouver im September 1991 war der Beginn einer unglaublich spannenden, abwechslungsreichen und auch schönen Zeit. In den kommenden zehn Jahren sollte ich mehr als 60-mal nach Vancouver fliegen und dabei viele positive Erlebnisse mit nach Hause nehmen. In dieser Zeit lernte ich zudem viele neue, sympathische und fachlich exzellente Menschen kennen. Auch der attraktive Standort Vancouver, fantastisch gelegen zwischen Pazifik und den wilden Coast Mountains, war wichtig für gute Stimmung und motiviertes Arbeiten. Aus der Kooperation entstanden herausragende technologische Fortschritte, die im weiteren Verlauf der Geschichte beschrieben werden.

Mit der damals vorhandenen Technologie (Abb. 2.2), als Mark 5 Stack" (das ist der englische Begriff für eine Vielzahl von Zellen, die zwischen zwei Endplatten gestapelt werden) bezeichnet, wollten wir die Vorgabe vom Vorstand, Räder an die Brennstoffzelle zu bekommen, zügig umsetzen. Schnell war die Idee geboren, aus zwölf solcher Stacks mit je etwa 5 kW Leistung ein komplettes System aufzubauen. Aus heutiger Sicht würde man das System, das fast den ganzen Laderaum eines Transporters beanspruchte, als Monster bezeichnen. Die einzelnen Stacks mussten elektrisch verbunden werden und alle mit Kühlwasser, Luft und Wasserstoff versorgt werden. Dazu kam die Steuerung, die die Stromerzeugung für den E-Motor bedarfsgerecht zur Verfügung stellen musste. Wir hatten keine Pufferbatterie eingebaut, da es zu dieser Zeit keine überzeugende Batterietechnologie gab. Die Dynamik der Brennstoffzelle sollte ausreichen. Als Demonstrationsfahrzeug diente ein Transporter vom Typ MB 180.

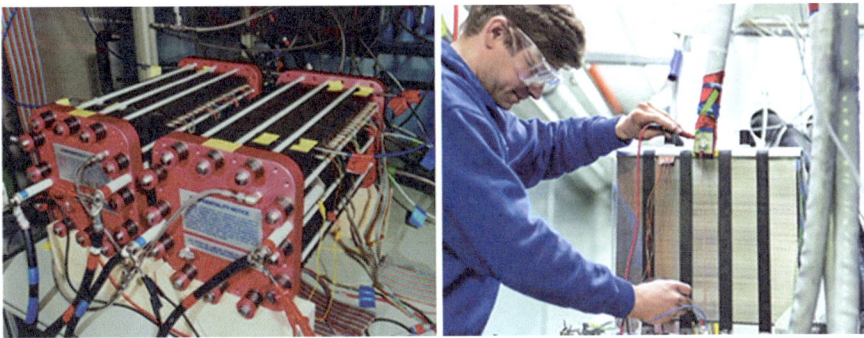

Abb. 2.2 Zwei der ersten „Mark 5"-Brennstoffzellenstacks aus dem Jahr 1992 mit einer Leistung von je 5 kW. Mit zwölf solcher Stacks wurde die Funktionalität im Fahrzeug Necar1 demonstriert – *linkes Bild*. Über die nächsten 25 Jahre sollte sich die Leistung pro Gewicht um den Faktor 25 erhöhen. Brennstoffzelle mit einer Leistung von 100 kW aus dem Projekt AutoStack Core – *rechtes Bild*. (Quelle: ZSW, alle Rechte vorbehalten)

Dann ging alles sehr schnell. Es dauerte nur zwei Jahre, bis wir mit dem Fahrzeug Necar1 den vereinbarten Meilenstein geschafft und die geforderten Räder unter die Brennstoffzelle gebaut hatten. In diesen zwei Jahren war der Aufbau des Demonstrators und dessen Integration in das Fahrzeug eher ein kleinerer Teil unsere Aktivitäten. Denn wir mussten zeitgleich die Teams und die Forschungsinfrastruktur aufbauen, jetzt an vier Standorten: Vancouver, Untertürkheim, Ulm und Immenstaad. Parallel dazu vereinbarten wir einen Kooperationsvertrag, der die gemeinsame Entwicklung einer Hochleistungsbrennstoffzelle mit einer Leistungsdichte von etwa 1000 W/l bis 1996 vorsah, eine Verbesserung um den Faktor 10 im Vergleich zur Technologie von 1991. Gemeinsam mit der Demonstration des ersten Fahrzeugs Necar1 im April 1994 wollten wir auch die Abmessungen dieser nächsten Generation von Brennstoffzellen präsentieren. Der Demonstrator Necar1 war ja alles andere als ein ernst zu nehmender Brennstoffzellenantrieb. Er sollte nur die Machbarkeit zeigen. Mit einem Modell im Maßstab 1:1 präsentierten wir dann gleichzeitig mit dem ersten Fahrzeugdemonstrator die nächste Technologiegeneration, die in Necar2 präsentiert werden sollte. Diese nächste Generation zu veranschaulichen, war ganz entscheidend, um das Vertrauen in unsere Vision zu stärken.

Es gab zu dieser Zeit nur sehr wenige Leute, die wussten, was eine Brennstoffzelle ist. Diejenigen, die schon mal etwas mit einer Brennstoffzelle zu tun hatten, waren überzeugt, dass man damit auf keinen Fall ein Fahrzeug

Abb. 2.3 Im Necar1 (1994) nahmen Brennstoffzelle und Wasserstofftank noch den ganzen Platz im Laderaum des Transporters ein. Der Nachweis der Funktionalität stand im Vordergrund – *linkes Bild;* in der nächsten Generation Necar2 (1996) war die Brennstoffzelle unter der Rücksitzbank verschwunden (siehe auch Abb. 3.6) und der Fahrgastraum wie gewohnt nutzbar – *rechtes Bild.* (Quelle: Daimler AG, alle Rechte vorbehalten)

antreiben konnte. Das Demonstrieren der Technologie in einem Fahrzeug war deshalb enorm wichtig für die Glaubwürdigkeit. Die beiden folgenden Anekdoten illustrieren das sehr schön (Abb. 2.3).

Hintergrundinformationen

Das Brennstoffzellensystem für Necar1 hatten wir komplett in den Labors in Immenstaad aufgebaut und dort auch getestet. Im November 1993 wurde es dann per Lkw nach Untertürkheim befördert, um dort mit dem Fahrzeug *verheiratet* zu werden. Die Kollegen von der Systemtechnik fuhren gleich mit nach Untertürkheim, um die Fahrzeugintegration zügig umzusetzen. Noch am gleichen Nachmittag klingelte bei mir im Büro in Immenstaad das Telefon: Der für das Fahrzeug verantwortliche Abteilungsleiter in Untertürkheim berichtete überglücklich, dass die Fahrzeuginbetriebnahme nach nur zwei Stunden erfolgreich abgeschlossen worden war und Necar1 auf dem Hof seine ersten Runden drehte. So etwas hatte er noch nie erlebt; normalerweise dauert eine Fahrzeuginbetriebnahme mindestens zwei Wochen. Wir hatten also eindrücklich gezeigt: Die Brennstoffzelle kann tatsächlich ein Fahrzeug antreiben.

Kurz vor Weihnachten, an einem sehr kalten Montagmorgen, präsentierten wir Necar1 unserem Technologievorstand. Er fuhr das Fahrzeug selbst auf die Einfahrbahn, eine Teststrecke in Untertürkheim, und freute sich, dass der brennstoffzellenbetriebene Transporter ganz ohne Batterie und trotz hohen Gewichts doch recht dynamisch unterwegs war und zudem die Abwärme der Brennstoffzelle für eine gut beheizte Fahrerkabine sorgte. Ich fuhr mit den Kollegen in einem Elektrokleinbus hinterher, der mit der damaligen Zero-Emission-Battery-Research-Activities-Batterie (ZEBRA-Batterie) ausgerüstet war. Der Bus war auch nicht schneller oder dynamischer als Necar1, aber es war fürchterlich kalt im Batteriefahrzeug. Eindrucksvolle Bilder finden sich auf der Mercedeshomepage (Mercedes 2021).

Necar1 – eine Pionierleistung

Dieser Moment hat mich stolz gemacht: Weltpremiere des Necar1 (New Electric Car) am 13. April 1994. Das war eine Initialzündung für viele wegweisende Entwicklungen – eine echte Sensation.

Alles begann im Jahr 1988. Ich arbeitete bei Dornier, wo wir für die bemannte Raumfahrt Brennstoffzellensysteme entwickelten – allerdings noch alkalische, die ausschließlich für Wasserstoff/Sauerstoff-Betrieb geeignet waren. Aber dann gab es eine neue Brennstoffzellentechnologie – die PEM. Sie erst machte die Verwendung in Elektroautos denkbar und genau das schlugen wir vor. Wie es oft ist: Sie wurde erst einmal abgelehnt. Zu utopisch, hieß es. Wir waren mit unserer Idee einfach zu früh.

Unsere Aufgabe: einen Prototyp für den Brennstoffzellenantrieb bauen

Das änderte sich 1991. Ein neues Vorstandsmitglied hatte kurz zuvor die Leitung des Forschungsbereichs übernommen. Er war zwar skeptisch, dass unser Konzept funktioniert, hatte aber ein offenes Ohr und sagte schließlich im November 1991: „Beweist, dass es funktioniert. Baut einen Demonstrator." Es ging also los. Wir hatten nur zwei Jahre Zeit, um mit einem kleinen kreativen Team ein Brennstoffzellenaggregat aufzubauen.

Arbeiten wie in einem heutigen Start-up-Unternehmen

Wir standen mit leeren Händen da. Man konnte ja keine Komponenten für Brennstoffzellensysteme fertig kaufen. Wir mussten Vorhandenes umbauen oder gezielt bei Lieferanten anfertigen lassen. Die Brennstoffzellenstapel kauften wir bei Ballard Power Systems in Vancouver ein. Da wir noch keine CAD-Systeme hatten, behalfen wir uns mit einem normalen Bürografikprogramm, vielen Handskizzen und einem Holzmodell.

Die Arbeitstage waren lang, aber extrem spannend. Heute würde man das als Start-up-Atmosphäre bezeichnen. Doch wir waren erfolgreich: Wir brachten das 50-kW-Aggregat erfolgreich zum Laufen. Es wog 850 kg und war zwei Kubikmeter groß. Wir lieferten es genau zwei Jahre nach Projektstart planmäßig im November 1993 mit dem Lastwagen vom Bodensee nach Stuttgart.

Neues elektrisches Fahrzeug von Daimler fährt das erste Mal im November 1993

Ein Gabelstapler setzte das Modul in den MB100-Transporter, mit acht Schrauben im Laderaum befestigt, der Hochvoltstecker verbunden, das Kühlwasser geprüft – und alles funktioniert auf Anhieb. Am nächsten Tag kam der große Moment: Der Zündschlüssel wurde gedreht und das Gaspedal betätigt. Necar1 fuhr in Stuttgart-Untertürkheim das erste Mal über den Hof und sofort auf die Einfahrbahn – ein bewegender Moment.

Die Höchstgeschwindigkeit betrug 90 km/h und die Reichweite 130 km. Aus heutiger Sicht ist das wenig. Aber 1993 war das ein riesiger Durchbruch. Die Brennstoffzelle versorgte den 30-kW-Elektroantrieb sogar direkt – ganz ohne Hybridbatterie.

Initialzündung für die Epoche des Brennstoffzellenantriebs
Mit dem Necar1 hatten wir Neuland betreten und ahnten zugleich, dass es jetzt erst richtig spannend werden würde. Mit unserem Pilotprojekt hatten wir die Tür in die Epoche des Brennstoffzellenantriebs im Automobil aufgestoßen.
Die Präsentation vor der internationalen Presse im Forschungszentrum Ulm war ein voller Erfolg. Die Journalisten waren begeistert, und ihre Berichte regten weltweit auch andere Autohersteller an, über die Brennstoffzelle nachzudenken. Wir hatten echte Pionierarbeit geleistet.

Gerald Hornburg ist Maschinenbauingenieur und die Brennstoffzelle war und ist prägend für sein Berufsleben: Er war einer von vier Ingenieuren, die für das 1994 vorgestellte Necar1 das Brennstoffzellenaggregat entwickelten. Bis Anfang 2025 war er Chief Engineer der Cellcentric GmbH.

Die Sichtbarkeit der Brennstoffzelle innerhalb des Konzerns wie auch in den Medien war sehr wichtig, denn die meisten Ingenieure zweifelten an der Machbarkeit der Technologie im Fahrzeug. Im April 1994 präsentierte Edzard Reuter Necar1 im neuen Forschungszentrum in Ulm der Presse. Das Medienecho war groß und die positive Resonanz war eine schöne Anerkennung für Reuters Vision vom integrierten Technologiekonzern. Weitere 20 Jahre später sollte sich der Konzern jedoch immer noch schwertun mit großen Innovationen jenseits von Benzin- oder Dieselmotoren. Als 2013/2014 asiatische Hersteller mit ihrer ersten Generation kommerzieller Fahrzeuge auf den Markt kamen, zog Daimler nicht mit, obwohl die Technik für die Fertigung einer größeren Anzahl an Fahrzeugen zur Verfügung stand.

Der Beginn der Partnerschaft Daimler mit Ballard
Die Geschichte der vom Geologen Geoffrey Ballard gegründeten Firma wird in dem Buch *Powering the Future* von Tom Koppel (1999) sehr spannend beschrieben. In den 1970er-Jahren beschäftigte sich Geoffrey Ballard gemeinsam mit dem Elektrochemiker Keith Prater und dem Ingenieur Paul Howard in den USA mit der Entwicklung von Lithiumbatterien. In den 1980er-Jahren begannen dann im kanadischen Vancouver erste Entwicklungen zur PEM-Brennstoffzelle mit Regierungsprojekten zu U-Booten. Ende der 1980er-Jahre investierte die Venturecapitalfirma West Ventures in das Start-up-Unternehmen und holte 1988 Firoz Rasul als Chief Executive Officer (CEO) an Bord. Die Gründer Geoffrey Ballard, Keith Prater und Paul Howard konnte ich alle noch kennenlernen. Sie zogen sich aber bald aus dem Geschäft zurück. Mit dem ersten Börsengang an der Toronto Stock Exchange 1993 konnten die Gründer und frühen Manager

ihre Anteile versilbern und einige von ihnen fortan den Ruhestand genießen. Im Jahr 1990 holte Rasul seinen Jugendfreund Mossadiq Umedaly als Chief Financial Officer (CFO) an Bord. Beide haben pakistanische Wurzeln und sind gemeinsam in Uganda aufgewachsen. Umedaly war vor seiner Zeit bei Ballard CFO bei der Aga Khan Corporation und ein genialer Stratege in der Welt der Finanz- und Geschäftstransaktionen. Rasul hatte Marketing in London studiert. Mit den beiden neuen Chefs begann auch ein neues Zeitalter in der Firma. Zunächst durch Venturecapital finanziert, dann als börsennotiertes Unternehmen waren schnelle Erfolge und hohe Sichtbarkeit gefragt. Die Kooperation mit Daimler war da natürlich mehr als willkommen. Es gab zwar schon ein vom U.S. Department of Energy (DOE) finanziertes Projekt mit General Motors, aber die eigenfinanzierten Pläne von Daimler waren ein anderes Kaliber.

Im Zuge der Kooperationsverhandlung 1992 war auch eine Firmenbeteiligung von Daimler an Ballard im Gespräch. Diese hätte das geplante Entwicklungsbudget für die erste Phase der Zusammenarbeit ersetzt, konkret für die Entwicklung der ersten Generation einer Hochleistungsbrennstoffzelle, als Mark 700 bezeichnet, die dann im Necar2-Fahrzeug und im ersten Bus zum Einsatz kommen sollte. Infolge dieses Angebots flog der verantwortliche Mitarbeiter unserer Merger-and-Acquisition-Abteilung (M&A-Abteilung, Firmenzusammenschlüsse und -übernahmen) nach Vancouver, um sich ein Bild von der Firma zu machen. Zu dieser Zeit hatten die Kanadier gerade das Brennstoffzellensystem für einen Midibus aufgebaut, der 1993 der Öffentlichkeit präsentiert wurde. Die Stacktechnologie war die gleiche, die im Necar1 eingebaut wurde. Als der M&A-Kollege aus Stuttgart die Größe der in den Bus einzubauenden Brennstoffzelle sah, war er furchtbar erschrocken: So groß und so wenig Leistung, das wird nie in einen Pkw passen, so lautete seine Schlussfolgerung. Damit war die Beteiligung vom Tisch und das Geld floss in den Kooperationsvertrag. Vier Jahre später, als dann die Beteiligung Realität wurde, sprachen wir von ganz anderen Zahlen, aber davon später.

Die sehr pessimistische Einschätzung unserer Stuttgarter Kollegen zur Zukunft der Brennstoffzellentechnologie wurde auch an einem anderen Beispiel klar. Nach Abschluss des Kooperationsvertrages diskutierten wir über die mögliche Projektbeteiligung der Kollegen am Standort Stuttgart. Beim Besuch der Labore in der Batterieforschung, die damals noch in einer gemeinsamen Firma mit der Volkswagen AG, der DAUG (Deutsche Automobilgesellschaft), stattfand, sahen wir zu unserer großen Überraschung den uns vertrauten Brennstoffzellenstack aus Vancouver in der Ecke eines Labortisches stehen. Wir lernten, dass die Kanadier nicht nur an uns bei Dornier,

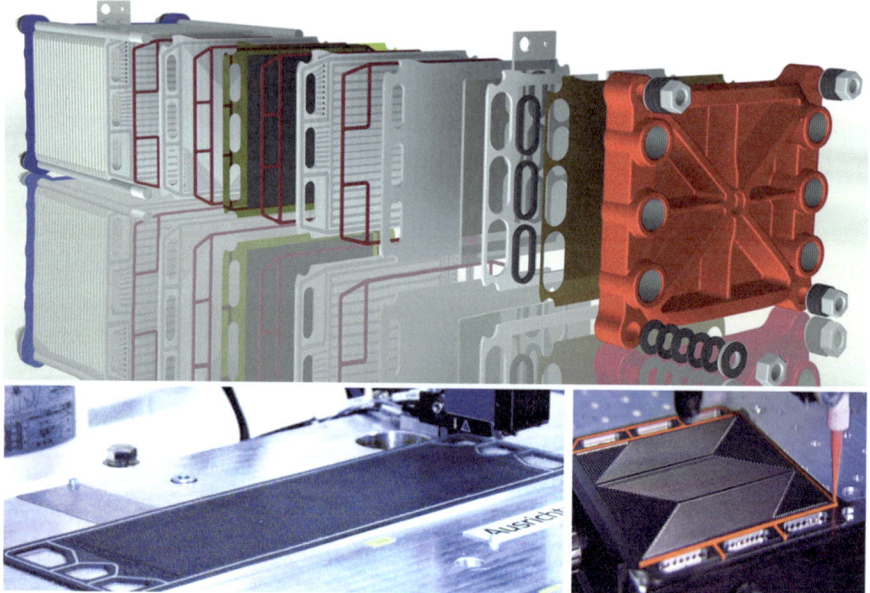

Abb. 2.4 Brennstoffzellenstapels *(oben):* Zwischen den Endplatten *(blau* und *rot)* werden viele einzelne Zellen, bestehend aus einer Membranelektrodeneinheit *(grün)* und Bipolarplatten mit den Gasverteilfeldern *(grau)*, gestapelt. Bipolarplatte mit serpentinenförmig angeordneten Gaskanälen und der Dichtung *(rot)*, die aufgespritzt wird *(rechts unten).* Bipolarplatte mit geraden, sehr feinen Gaskanälen *(links unten).* (Quelle: ZSW, alle Rechte vorbehalten)

sondern auch an die Forschung in Stuttgart eine Brennstoffzelle geliefert hatten. Die Kollegen in Stuttgart kamen nach den Tests zu der Auffassung, dass die Brennstoffzelle für das Auto keinen Sinn macht. Genau das gegenteilige Ergebnis unserer Analysen bei Dornier zu etwa der gleichen Zeit.

Das alles waren Zeichen, dass die Demonstration einer Brennstoffzelle mit hoher Leistungsdichte (Abb. 2.4) äußerst dringlich war. Diese Aufgabe wurde mit Abschluss des Kooperationsvertrages von zwei Teams verfolgt: ein deutsches Team, das in Friedrichshafen und später auch in Ulm an der ersten Hochleistungsbrennstoffzelle arbeitete, und ein kanadisches Team, das in Vancouver diese Technologie vorantrieb. Die Zusammenarbeit war sehr intensiv und eng abgestimmt. Monatliche Besuche am jeweils anderen Standort und viele Telefon-, später auch Videokonferenzen mit neun Stunden Zeitverschiebung zwischen amerikanischer Westküste und Mitteleuropa prägten die Arbeit. Zu dieser Zeit – Anfang der 1990er-Jahre – kamen die heute nicht mehr wegzudenkenden elektronischen Hilfsmittel erst auf den

Markt. Ich kann mich noch gut daran erinnern, wie wir 1991 damit kämpften, die Mailverbindung mit Vancouver zum Funktionieren zu bringen. Die Möglichkeiten der Computerprogramme waren noch vergleichsweise rudimentär. Vielfach mussten wir zur „Cut and glue"-Technik (Grafiken und Bilder ausschneiden und aufkleben) greifen, bevor die „Copy and paste"-Technologie der Computer das Leben bald sehr viel einfacher machen sollte. Auch Handys kamen zu dieser Zeit gerade erst auf den Markt und waren noch vergleichsweise riesig.

Hintergrundinformationen
Zwischen und innerhalb der Teams herrschte ein sehr freundschaftliches Verhältnis. Die Zusammenarbeit war ausgezeichnet. Alle waren hoch motiviert und geprägt von einer starken Vision. Interessant war es, die unterschiedlichen Kulturen deutscher und nordamerikanischer Ingenieure zu beobachten. Während die Deutschen sehr analytisch und bedacht ein Problem angingen, hatten die Kanadier sofort eine Lösung parat und wollten diese gleich ausprobieren, auch wenn das meistens erst mal schief ging. Über die Jahre hinweg zeigte sich, dass beide Vorgehensweisen am Schluss zum gleichen Ergebnis führten und etwa gleich viel Zeit benötigten. Ein schönes Beispiel dafür war die Optimierung der Gasverteilerstruktur in der Bipolarplatte. Wir saßen den ganzen Tag in Vancouver im Besprechungsraum zusammen, um das Thema zu analysieren, und hatten uns auf ein neues Design verständigt. Während die meisten Teammitglieder zum gemeinsamen Abendessen gingen, hatte einer der jungen kanadischen Ingenieure einfach das neue Design in Hardware umgesetzt und präsentierte uns am nächsten Morgen begeistert die ersten Ergebnisse. Natürlich war das noch nicht perfekt, aber ein schönes Beispiel sowohl für den Enthusiasmus als auch die Unbekümmertheit der Nordamerikaner im Umgang mit technischen Herausforderungen.

Für mich persönlich war damals nicht nur die Weiterentwicklung der Technologie von Interesse. Als große Bereicherung und persönlichen Gewinn empfand ich auch die vielen Kontakte mit kanadischen Kollegen aus anderen Bereichen. Wir tauschten uns regelmäßig und in freundschaftlicher Atmosphäre über das Geschehen zur Brennstoffzelle aus. Was passiert in der Welt? Wie denkt Daimler? Was läuft bei Ballard hinter den Kulissen? Dieser Austausch war für die weitere Zusammenarbeit überaus hilfreich.

Eine kleine Exkursion: Wie entsteht eine Hochleistungsbrennstoffzelle?

Die folgenden zwei Seiten sind für Leser gedacht, die sich gerne mit der Funktionsweise der Brennstoffzelle im Detail auseinandersetzen wollen.

Eine hohe Leistungsdichte bedeutet weniger Platzbedarf für den Einbau in das Fahrzeug und geringere Kosten für die Brennstoffzelle. Welche technologischen Herausforderungen waren zu bewältigen, um die geplante Leistungsdichte von 1000 W pro Liter zu realisieren? Zunächst gab es eine neue Membran, die im Vergleich zur klassischen Nafion117-Membran sehr viel höhere Ströme pro Flächeneinheit und damit eine höhere Leistung bei gleicher Baugröße ermöglichte. Die ersten Versuche waren sehr vielversprechend. Dies aber dann in größeren Zellen und für sehr viele Zellen in einem Stack reproduzierbar zu realisieren, erforderte sehr viel Detailarbeit. Hinzu kam, dass es nur eine Experimentalmembran war, die Dow Chemical für die Chlor-Alkali-Elektrolyse entwickelt hatte (das war übrigens zu dieser Zeit auch die Hauptanwendung der Nafion-Membran von DuPont). Das bedeutete viele Gespräche mit Dow Chemical zu deren Kommerzialisierungsplänen und natürlich auch mit DuPont zu deren Plänen, eine ähnliche Membran zu entwickeln. Damit verbunden war eine intensive Reisetätigkeit zu diesen Firmen wie auch zu vielen anderen Herstellern von Komponenten der Brennstoffzelle. Am Ende gab Dow seine Aktivitäten auf und verkaufte die Technologie an DuPont. Es sollten bis heute viele weitere Optimierungen der Membran erfolgen. Die Ironie der Geschichte ist, dass Dow Chemical und DuPont 2017 zu einem Konzern verschmolzen wurden.

In den 1990er-Jahren hatte Ballard auch eine eigene Membran entwickelt. Genau genommen war es eine Tochterfirma, an der einer der Gründer, Dr. Alfred Steck, beteiligt war. Der Wunsch, eine bessere Membran innerhalb von Ballard zu entwickeln, war groß und es floss sehr viel Geld in diese Forschungsarbeiten. Der Druck auf die Entwicklungsteams, die hauseigene Membran durchzusetzen, war deshalb hoch. Es gelang aber nie, eine ausreichend gute Haltbarkeit zu erzielen. Die Aktivitäten wurden viele Jahre später eingestellt.

Eine weitere, für hohe Leistungsdichten bestimmende Komponente ist die Bipolarplatte mit den Kanälen für die Versorgung der Zelle mit Wasserstoff bzw. Luft und für das Kühlwasser. Die ersten Bipolarplatten wurden aus Grafitblöcken gesägt. Entsprechend dick (5 mm pro Platte) und teuer waren diese Bauteile. Auch das Fräsen der Kanäle war sehr aufwendig. Recht bald konnten wir auf einen kostengünstigeren Kompositwerkstoff umsteigen, bestehend aus etwa 80 % Kohlenstoff und etwa 20 % eines Polymers. Damit gelang es, deutlich dünnere Platten (etwa 2 mm) herzustellen. Die Bearbeitung war damit auch deutlich einfacher. Ein Ansatz, den wir viele Jahre intensiv verfolgten, war das Prägen von Grafitfolien, die direkt aus expandierten Grafitflocken und einem Harz hergestellt wurden. Trotz vieler Jahre intensiver Forschung gelang es nicht, dieser Technologie zum Durchbruch zu verhelfen. Die notwendige Präzision der Bauteilgeometrien zu erreichen, war eine zu große Herausforderung. Mit Edelstahlfolien gelang es viele Jahre später sehr viel dünnere (deutlich unter 1 mm dicke) Bipolarplatten zu fertigen. Kohlenstoffkomposit-Bipolarplatten wurden für viele Jahre zu einem großen Anteil von Nisshinbo produziert. Mit Akribie und Durchhaltevermögen gelang es den Japanern, ein eindrucksvolles Heiß-pressverfahren für große Stückzahlen zu entwickeln, jedoch liegen die Materialdicken weiterhin deutlich über denjenigen metallischer Bipolarplatten.

Ein bis heute intensiv bearbeitetes Thema ist das Zusammenspiel der Gas-diffusionselektrode mit der Gasverteilstruktur der Bipolarplatte. Darüber wird der Abtransport des bei der Brennstoffzellenreaktion erzeugten Wassers sichergestellt. Diesen Wassertransport optimal zu gestalten hat nicht nur entscheidenden Einfluss auf die Leistungsdichte, sondern auch auf die Lebens-dauer der Zelle. Die Geometrie der Gasverteilerstruktur gehört zu den Kern-kompetenzen von Ballard. Über eine serpentinenartige Anordnung der Ka-näle konnte die richtige Kanallänge eingestellt werden, die den Abtransport von Wassertropfen in den Kanälen durch einen genügend hohen Druckabfall der durchströmenden Luft sicherstellte. Gleichzeitig wurde damit die Elekt-rode mit dem Katalysator möglichst homogen mit Gas versorgt.

Zum Abschluss der technischen Ausführungen zu den Entwicklungsakti-vitäten noch ein kleiner Schwenk zum Thema Katalysator. Als Katalysator wird bis heute Platin oder eine Platinlegierung verwendet. Das hat einen großen Einfluss auf die Kosten. Die Reduzierung der Platinmenge durch eine optimale Abstimmung aller Komponenten bleibt deshalb auch weiter-hin ein wichtiges Forschungsthema. In den frühen Jahren hatte Ballard eine sehr ungewöhnliche Technik zum Auftragen des Katalysators auf die Gas-diffusionselektrode (diese muss man sich als eine Art Papier aus Grafitfasern vorstellen). Dazu wurde eine kleine, genau abgewogene Menge Katalysator-pulver auf die Mitte der Elektrode geschüttet und mit einer speziellen Flüs-sigkeit getränkt. Mithilfe eines kleinen Spatels wurde daraus eine Paste an-gerührt und gleichmäßig über die Elektrode gestrichen. Eine begabte Mitar-beiterin, die dafür das richtige Geschick mitbrachte, produzierte regelmäßig die handwerklich besten Elektroden.

Im Jahr 1994 hatte sich Technologievorstand Prof. Weule zu seinem ers-ten Besuch nach Vancouver angemeldet. Wir waren mit einem kleinen Team als Vorhut angereist, um alles perfekt vorzubereiten. Beim Laborrundgang sollte dann auch diese spezielle Technik der Katalysatorauftragung gezeigt werden. Ich erklärte den Kanadiern, dass sie diesen Teil besser auslassen soll-ten – Prof. Weule ist Experte in Produktionstechnologie und wird sich si-cherlich nicht für Handwerkskunst bei der Herstellung einer Brennstoffzelle begeistern. Mein Vorschlag wurde natürlich ignoriert und die Antwort kam wenige Tage nach dem Besuch prompt: Die „Beschichtungstechnologie" hatte bei ihm einen bleibenden Eindruck hinterlassen. Die Daimler-Pro-duktionsforscher sollten sich doch unbedingt einbringen. Einige Jahre später sollte die intensive Einbindung der Produktionsforschung eines Großkonzerns zu weiteren, sehr interessanten Erlebnissen führen.

Für die Brennstoffzellentechnologie hatten wir einen strategischen Kooperationspartner gefunden, um zu schnellen Fortschritten zu kommen. Hinsichtlich der Systemtechnik setzten wir stark auf das eigene Know-how. Auch bot sich keine interessante Option für einen externen Partner an. Falls überhaupt, fanden solche Entwicklungen bei den anderen, konkurrierenden Automobilkonzernen statt und eine Zulieferindustrie zu den erforderlichen Komponenten gab es noch nicht. Diese sollte erst 25 Jahre später entstehen.

Das Zusammenspiel aller Komponenten eines Brennstoffzellensystems zu verstehen und daraus die Anforderungen an die Komponenten abzuleiten, ist eine der Kernkompetenzen der Systementwickler. Was muss ein Luftkompressor können, um der Brennstoffzelle immer ausreichend Luft in der geforderten Dynamik zur Verfügung zu stellen? Wie hängen Druck und Massenstrom der Luftversorgung über einen Kompressor mit der Leistung der Brennstoffzelle zusammen? Diese Fragen kann man fast beliebig fortsetzen. Sie machen die Komplexität der Aufgaben der Systementwickler deutlich. Das Ergebnis dieser Arbeiten sind dann die Spezifikationen für alle Komponenten eines Brennstoffzellensystems, aber auch für die Schnittstellen zum Fahrzeug und dessen Baugruppen. Dazu gehören die geforderte Fahrdynamik, die Auslegung des Kühlers oder der verfügbare Einbauraum und die Anforderungen an die Sicherheit, z. B. beim Crash.

Da es keine Zulieferindustrie gab, stellte sich die Beschaffung der Komponenten und der Aufbau des Systems als sehr anspruchsvoll dar. Ein Beispiel war der schon erwähnte Kompressor für die Luftversorgung der Brennstoffzelle. Fast alles, was es auf dem Markt gab, produzierte ölhaltige Druckluft, die zu einer schnellen Schädigung der Brennstoffzelle führt. Dazu hatten damalige Kompressoren einen lausigen Wirkungsgrad, mit der Konsequenz, dass die Brennstoffzelle viel zu groß und schwer wurde. Unser für das Thema verantwortliche Entwicklungsingenieur fand 1992 heraus, dass es im nahe gelegenen Lindau ein kleines Entwicklungsteam gab, das die Wankel-Technologie nach dem Tod des Erfinders Felix Wankel weiterentwickelte. Sie hatten für uns einen effizienten und ölfreien Kompressor entwickelt, der für die CO_2-Klimaanlagen in Fahrzeugen zum Einsatz kommen sollte. Diese Technologie sollte dann als Luftkompressor für die ersten Brennstoffzellenfahrzeuge zum Einsatz kommen. Leider verstarb der Erbschaftsverwalter, der die Wankel-Technologieentwicklungsstelle verantwortete, völlig unerwartet. Die Aktivitäten in Lindau wurden eingestellt. Damit ging die Ära Wankel endgültig zu Ende und wir mussten nach einer neuen Lösung für unseren Kompressor suchen.

Parallel zu den Systemaktivitäten bauten wir ein Team für die Entwicklung des Methanolreformers auf. Mit dem Reformer wird der Kraftstoff Methanol in Wasserstoff, dem Brenngas für die Brennstoffzelle, und CO_2 aufgespalten. Diese Technologie ist in der Chemieindustrie altbekannt. Die Anlagen für diese katalytische Spaltung waren allerdings damals in der für unsere Pläne notwendigen Leistungsklasse etwa 10 m hoch, brauchten etwa einen Tag zum Anfahren und lieferten dann über Jahre konstant bei Tag und Nacht Wasserstoff, ohne jeglichen dynamischen Betrieb. Das passte alles nicht zu einem Fahrzeugantrieb. Die grundlegenden thermodynamischen Daten und die Kinetik der chemischen Prozesse widersprachen allerdings nicht unseren Plänen einer hochdynamischen und kompakten Wasserstofferzeugung aus Methanol. Dazu mussten folgende Herausforderungen angegangen werden: Ein Wasser/Methanol-Gemisch sollte sehr schnell verdampfen, um es dann in einem katalytischen Prozess bei etwa 300 °C in ein Gemisch aus Wasserstoff und CO_2 aufzuspalten. Dabei entstanden auch geringe Anteile an Kohlenmonoxid, die vollständig entfernt werden mussten, um die Brennstoffzelle nicht zu schädigen. Es waren alles bekannte Prozesse. Ihre Umsetzung in der gewünschten Kompaktheit, in einem hochdynamischen Betrieb (zwischen Leerlauf und Volllast), inklusive einer kurzen Kaltstartzeit (von Umgebungstemperatur auf die Betriebstemperatur von etwa 300 °C aufheizen) war aber komplett neu und erforderte viele Jahre intensivste Entwicklungsarbeit, bei der das Team immer wieder an die Grenzen des Machbaren gehen musste.

An dieser Stelle sollte erwähnt werden, dass eine Hybridisierung des Antriebes mit Batterien, um darüber die Dynamik zu ermöglichen, zu dieser Zeit kein Thema war. Im Extremfall hätte man sogar die Brennstoffzelle nur zum konstanten Nachladen einer Batterie nutzen können (dieses Prinzip wird heute als Range Extender bezeichnet und wieder aufgegriffen). Damals gab es allerdings nur die Bleibatterie, die aufgrund von Gewicht und Lebensdauer für Fahrzeugantriebe nicht geeignet ist. Die Lithium-Ionen-Batterie (LIB), die Sony 1990 für die Unterhaltungselektronik erstmals produzierte, kam erst Mitte der 2000er-Jahre mit Tesla in die ersten Fahrzeuge. Ein weiteres Argument gegen eine starke Hybridisierung (Range Extender) kam von den Kollegen aus der Fahrzeugentwicklung: Für einen Mercedes ist Maximalleistung gleich Dauerleistung. Damit war ein Konzept, bei dem die Batterie auch mal leer sein und nicht zur Beschleunigung beitragen konnte, von vornherein zum Scheitern verurteilt.

Der entscheidende Faktor, solche herausfordernden technischen Ziele zu erreichen, ist jedoch, genügend erfahrene Mitarbeiter an Bord zu haben, und es braucht Zeit, vor allem dann, wenn die Technologie völlig neu ist. So

mussten wir die notwendige Erfahrung selbst aufbauen und auch die Projektpläne entsprechend anpassen. Für die Reformerentwicklung brauchten
wir mehr Zeit als ursprünglich angenommen. Gleichzeitig war es aber nach
Necar1, der die grundsätzliche Machbarkeit gezeigt hatte, enorm wichtig,
im nächsten Fahrzeug die neue, sehr kompakte Brennstoffzelle zu demonstrieren. Wir beschlossen daher, sie in einem Van mit Wasserstoff als Kraftstoff umzusetzen (Necar2, 1996; siehe Abb. 2.3 und 3.6). Erst im nächsten
Schritt sollte Necar3 mit Methanol als Kraftstoff in einer A-Klasse der Öffentlichkeit gezeigt werden (1997).

Am 14. Mai 1996 war es dann so weit: Das neue Brennstoffzellenfahrzeug
Necar2 wurde der Weltöffentlichkeit in Berlin vorgestellt. In einem riesigen
roten Container auf einer Stahlkonstruktion in etwa 30 m Höhe, mitten in
einer gigantischen Baustelle mit übergroßen Erdhügeln und vielen Entwäs-
serungsgräben wurde das neue Fahrzeug Necar2 den etwa 300 Journalisten
aus der ganzen Welt präsentiert. Einige Jahre später sollte sich genau dieses Gebiet in ein modernes Großstadtviertel verwandelt haben: der Potsdamer Platz im wiedervereinigten Berlin. Die Pressekonferenz war geprägt von
einer sehr visionären Rede des damaligen Mercedes-Benz-Vorstandes Werner. Im Anschluss konnten die Journalisten mit dem neuen Fahrzeug eine
Spritztour zum nahe gelegenen Brandenburger Tor unternehmen und sich
mit uns über Technologie und Visionen austauschen.

Einer der für mich bleibenden Eindrücke war eine dieser Touren im 6-sit-
zigen Van mit Journalisten. Beim Aussteigen sagten sie: „Das ist ja wie ein
ganz normales Fahrzeug." Im ersten Augenblick war ich in meinem Enthusiasmus enttäuscht von dieser eher nüchternen Aussage. Für die Brennstoffzelle bedeutete es aber, dass sie in der normalen, alltäglichen Welt angekommen war.

Das weltweite Presseecho zu der Veranstaltung war enorm und hatte nicht
nur für uns, sondern für die weltweite Automobilindustrie spürbare Folgen.
Die Präsentation von Necar2 löste einen Hype aus und die automobile Welt
sprang auf das Thema auf.

Ein Jahr später, im Mai 1997, präsentierten wir dann den ersten Brennstoffzellenbus, Nebus, der Weltöffentlichkeit. In ihm waren nicht zwei, wie
im Necar2, sondern zehn der neuen Brennstoffzellenstacks mit einer Leistung von insgesamt 250 kW brutto eingebaut. Parallel zum Nebus hatte
Ballard drei weitere Stadtbusse aufgebaut, die dann mehrere Jahre in Chicago im normalen Linienverkehr eingesetzt wurden. Im Nachhinein und im
Sinne einer Produktstrategie betrachtet, war der Brennstoffzellenbus sehr
viel attraktiver als der Van Necar2. Der Nebus war unter vielen Aspekten
bereits ein attraktives Fahrzeug und über einige Jahre in der ganzen Welt mit

Abb. 2.5 Nebus – der erste Stadtbus von Daimler. (Quelle: Daimler AG, alle Rechte vorbehalten)

vielen Fahrgästen unterwegs. Trotz vieler weiterer, sehr erfolgreicher Wasserstoffbusflotten in den folgenden Jahren sollte deren Kommerzialisierung erst 2020 richtig beginnen (Abb. 2.5).

Die Folgen der Präsentation von Necar2 in Berlin waren im Konzern und für uns alle, die an dem Thema arbeiteten, sehr weitreichend. Bis dahin lief die Entwicklung der Brennstoffzellenfahrzeuge in der Verantwortung der Forschung unter der Obhut des Technologievorstandes. Da das Thema weltweit an Bedeutung gewann, mussten sich auch die Produktverantwortlichen dazu äußern und eine Strategie entwickeln. Wie in jedem Automobilkonzern gab es auch dafür eine eigene Abteilung, die für die Produktstrategie verantwortlich war. Diese Abteilung bekam den Auftrag, ein Strategiepapier für alternative Antriebe auszuarbeiten. Für diesen etablierten Prozess mussten sehr viele Fragen zur Technologie und deren Reifegrad beantwortet werden, einfach alles, was für die Kommerzialisierung eines neuen Fahrzeuges bzw. Antriebes wichtig ist. Das sollte uns für viele Monate sehr viel Arbeit und extrem anstrengende Strategiesitzungen bereiten. Besonders herausfordernd war die Tatsache, dass alle denkbaren Antriebstechnologien gleichzeitig betrachtet wurden und für jede Technologie die jeweiligen Experten mit am Tisch saßen. Benzin-, Diesel-, Erdgasmotoren, Hybridantrieb, batterieelektrischer Antrieb und unsere Brennstoffzellen traten gegeneinander an. Gekämpft und gefeilscht wurde mit allen Mitteln, auch unter dem Tisch. Für uns Neulinge im Automobilgeschäft war es nicht einfach, das alles zu durchschauen. Nach den ersten Sitzungen war die Stimmungslage zur Brennstoffzelle insgesamt recht positiv. Gegen Ende des Prozesses kippte diese positive Stimmung. Das Abschlussdokument gab keine konkrete Empfehlung für die Brennstoffzelle ab und die grundsätzliche Skepsis gegenüber allen alternativen Antrieben war deutlich herauszulesen. Die Vorhersagen für den Ausgang der Vorstandssitzung, die die finale Strategie verabschieden sollte, waren entsprechend gedämpft. Es sollte jedoch anders kommen: Einer der Vorstände war ganz generell mit der Arbeit der Konzernstrategen und mit einigen ihrer früheren Vorschläge sehr unzufrieden und setzte die Brennstoffzellen, entgegen dem Vorschlag der Strategieabteilung, durch. Eine neue Ära der Brennstoffzelle war angebrochen, raus aus der Forschung und hinein in die Produktentwicklung.

2.2 Erkenntnisse aus dieser Zeit, die von Forschung und Entwicklung (F&E) geprägt war

Die erste Phase unserer Geschichte war bis 1996 stark von Forschung bzw. Technologieentwicklung in drei sehr unterschiedlichen Organisationen – Dornier, Daimler und Ballard Power Systems – geprägt. Um die Ereignisse aus dieser Zeit zu analysieren und zu bewerten, ist es sinnvoll, zunächst noch einige wichtige Begrifflichkeiten zu erläutern.

Als erstes gilt es zwischen Invention und Innovation zu unterscheiden. Diese beiden sehr unterschiedlichen Themen werden in der öffentlichen Diskussion gerne vermischt. Eine *Invention* ist zunächst eine neue Idee oder ein Forschungsergebnis. Innovationen entstehen erst dann, wenn aus einer Invention ein neues Produkt, eine neue Dienstleistung oder ein neues kommerzielles Verfahren entsteht und tatsächlich erfolgreich im Markt zur Anwendung kommt. Die nachfolgende Marktdurchdringung und Verdrängung alter Produkte wird als Marktdiffusion bezeichnet.

Im Fall von *Innovationen* gibt es, vereinfacht formuliert, zwei grundsätzlich verschiedene Typen: zum einen die inkrementelle oder evolutionäre Innovation. Sie steht für die kontinuierliche Weiterentwicklung eines bestehenden Produktes, um dessen mittel- und langfristigen Erfolg im Markt abzusichern. Die konsequente und intensive Verfolgung von inkrementellen Innovationen hat der deutschen Wirtschaft über die letzten Jahrzehnte zu einer weltweiten Spitzenposition verholfen. Das duale Ausbildungssystem und eine breit gefächerte, öffentliche Forschungslandschaft waren Garant dafür. Forschungsergebnisse können zügig in einen Markterfolg umgesetzt werden, da die komplette Wertschöpfungskette im Land etabliert ist. Ein schönes und zum Buch passendes Beispiel ist die deutsche Automobilindustrie. Durch intensive und regelmäßige Verbesserung von sehr vielen Details eines Antriebs oder Fahrzeugs gelang es dieser Industrie, weltweit erfolgreiche Marken zu schaffen, verbunden mit einem sehr ausgeprägten Selbstbewusstsein dieser Branche. Viele der Innovationen werden in der Zulieferindustrie und im Maschinenbau (Produktionstechnik) realisiert. Die kontinuierliche Optimierung eines Produkts hängt auch eng mit dem markanten Wettbewerbsdruck zusammen, dem diese Branche unterliegt, und führt häufig zu einer starken Spezialisierung, vielfach sogar zu einer sehr feingliedrig fragmentierten Zulieferindustrie.

Auf der anderen Seite gibt es die sogenannten Basisinnovationen, oft auch als Sprunginnovation oder als disruptive (englisch für „zerstörerisch") oder radikale Innovation bezeichnet. Hier handelt es sich um Technologien, die beim Eintritt in den Markt zu einer schnellen Verdrängung bestehender Produkte und zu einem Umbruch der Industrielandschaft führen. Für diese radikalen Innovationen gibt es in vielen Fällen zunächst noch keinen etablierten Markt. Zu Beginn fehlt eine ausgeprägte Zulieferindustrie, die wichtige Vorprodukte liefern kann. Regelwerke und Standards müssen erst noch geschaffen werden. Das klassische, gern zitierte Beispiel für diese Art von Innovation ist die Digitalkamera, die die komplette Industrie mit analogen Kameras und der damit gekoppelten Industrie für Filmmaterial zum Einsturz brachte. Prominente Beispiele sind die Firmen Kodak und Agfa. Die hervorragende Analyse von Clayton M. Christensen (C. Christensen, Innovators Dilemma) zu den Gemeinsamkeiten von disruptiven Innovationen im gesamten letzten Jahrhundert ist sehr hilfreich, um dieses Thema zu verstehen. Eines der Ergebnisse war, dass aus großen Konzernen heraus so gut wie nie disruptive Innovationen entstanden sind. Der Innovationsexperte Tony Seba (T. Seba, Clean Disruption) hat in den letzten Jahren die Erkenntnisse von Christensen weiterentwickelt und die digitalen Geschäftsprozesse, die immer mehr an Bedeutung gewinnen, integriert. Eine wichtige Erkenntnis dieser beiden Innovationsforscher ist, dass eine disruptive Innovation nur schwer planbar ist. Sobald der Markt beginnt, die Innovation zu akzeptieren, setzt die Marktdurchdringung sehr schnell ein. Das hat zur Folge, dass nur die

Akteure, die technologisch für die neuen Produkte gut gerüstet sind, ausreichend schnell handeln können, um im Markt eine Rolle zu spielen. Im Jahr 2025 sollte der Nobelpreis für Wirtschaftswissenschaften an drei Innovationsforscher gehen. Sie hatten analysiert, dass disruptive Innovationen entscheidend für den langfristigen Erfolg einer Volkswirtschaft sind.

Zurück zur Innovation des Brennstoffzellenantriebs: Es handelt sich eindeutig um eine radikale Innovation, die nichts mit der global etablierten, auf Verbrennungsmotoren basierten Fahrzeugindustrie und der Mineralölindustrie, die Kraftstoffe und Schmiermittel dafür liefert, gemein hat. Diese beiden Branchen gehören traditionell zu den profitabelsten und mächtigsten der Welt. Bei einem Brennstoffzellenantrieb ist alles, von den Komponenten über den E-Motor bis hin zur Infrastruktur, für den Kraftstoff komplett neu. Das führt in der Konsequenz zur Verdrängung alter Technologien wie dem Verbrennungsmotor mit Getriebe und vielen anderen daran gekoppelten Bauteilen. Für eine solche Aufgabe macht es wenig Sinn, wenn einige Forscher im „stillen Kämmerchen" an einer neuen Technologie arbeiten. So ein Ansatz würde in der Welt überhaupt nicht wahrgenommen und hätte kaum eine Chance auf Erfolg. Die Tatsache, dass Daimler-Vorstand Weule sich von einigen Visionären bei Dornier für dieses Thema begeistern ließ, war deshalb ganz entscheidend für den Beginn der Geschichte. Der Vorstand eines großen, erfolgreichen Konzerns konnte die Budgets, die für solch eine sehr umfangreiche Aktivität notwendig waren, bereitstellen. Er hat die Macht, die vielen internen Hemmnisse in einer großen Organisation beiseitezuschieben. Der Kampf um die Forschungsbudgets hätte sonst nie ein neues Thema mit so großem Finanzbedarf zugelassen, denn andere Forschungsabteilungen mussten dafür ihre angestammten Themen aufgeben oder reduzieren. Die Rolle des „Machtpromotors" wird in der Innovationsforschung vielfach beschrieben, in der Realität aber selten beachtet. Es bedarf einer oder mehrerer Führungspersonen, die die Macht haben und die Ressourcen verfügbar machen können, um eine solche Entwicklung zu beginnen und vor allem durchzuhalten, wie sich im Verlauf der Geschichte noch mehrmals zeigen sollte.

Um die Idee und die Chancen einer Technologie für eine radikale Innovation zu bewerten, bedarf es einer ganzheitlich orientierten Analyse der Technologie und aller Implikationen für einen potenziellen Markterfolg. Für das Verständnis ihrer physikalischen, technischen und kostenseitig limitierenden Elemente und externer Zusammenhänge (z. B. neue Infrastruktur für den Kraftstoff oder die Ökobilanz für den Antrieb) bedarf es kreativer Querdenker mit einem fundierten technischen Verständnis; das heißt einer Atmosphäre, die Querdenken zulässt und die viele verschiedene Expertisen und Perspektiven zusammenführt. Die Unternehmenskulturen von Dornier oder des Start-up-Unternehmens Ballard Power Systems waren dafür der geeignete Rahmen. Im Fall von Dornier waren die typischen Methoden aus der Raumfahrt sehr hilfreich für die Bewertung technologischer Optionen. Dazu gehört das sogenannte Systems Engineering, das ganzheitliche Analysen durchführt und in der Raumfahrt und Militärentwicklung seine Wurzeln hat. So war es 1990 ganz entscheidend, das Potenzial, das sich aus der neuen Membran von Dow Chemical ergab, zu verstehen und auf einen kompletten Antriebsstrang zu übertragen. Die sehr viel höhere Leitfähigkeit der Membran ermöglichte sehr hohe Stromdichten und daraus resultierte wiederum das Potenzial für eine sehr kompakte Bauweise der Brennstoffzelle; einer der wichtigsten Faktoren, um die enormen Leistungssteigerungen über die vergangenen 30 Jahre zu ermöglichen. Auch beim Reformer, der Wasserstofferzeugung aus Methanol, war die Verbesserung des in der Chemieindustrie bekannten Standards in Bezug auf Baugröße und Dynamik unglaublich groß.

Neben der Durchführung ganzheitlicher Analysen waren für die Erfolge der ersten Jahre jedoch noch weitere Punkte ganz entscheidend. Dazu gehört eine Mischung aus Talent, Umsetzungswillen und ausreichenden Ressourcen, um die Technologie zu entwickeln und sie sichtbar zu machen, gepaart mit einer fordernden Zielsetzung, der Vision – „Räder unter die Brennstoffzelle" bringen. Daimler mit seiner enormen Ertragskraft und Ballard mit seiner Marktkapitalisierung konnten diese Ressourcen zur Verfügung stellen und das nötige finanzielle Moment erzeugen. Dadurch wurden Freiräume geschaffen, die Kreativität zuließen und förderten, aber auch schnelle Ergebnisse einforderten.

Die in etablierten Geschäften üblichen Analysen der Kundenwünsche gibt es bei einer radikalen Innovation nicht – man kann aber die Potenziale abschätzen. Der Versuch, einen Fotografen, ob begeisterter Amateur oder Profi, von Digitalkameras zu überzeugen, wäre in der Zeit um 1990 völlig vergeblich gewesen. Niemand hätte sich vorstellen können, was nur zehn Jahre später Realität wurde und schnell den Markt dominierte. Interessant für die weitere Geschichte der Brennstoffzelle ist auch, dass die Technologie der Digitalkamera bei Kodak entwickelt wurde, die eigentliche Innovation wurde dann aber von großen Konzernen aus Asien vorangetrieben und erfolgreich auf den globalen Markt gebracht.

Ein weiterer, entscheidender Punkt ist, die Potenziale einer Entwicklung für Laien sichtbar zu machen und einer breiten Öffentlichkeit in attraktiven Anwendungen zu demonstrieren. Die erste Generation Brennstoffzelle (1994) mit einer Leistungsdichte von nur 150 W/l führte zu ungläubigem Kopfschütteln. Mit der nächsten Generation in Necar2 und Nebus (1996) wurde das Thema langsam spannend. Die ab dem Jahr 2000 verfügbare Technologie mit 1100 W/l ließ bereits eine Aussicht auf attraktive Produkte zu. Die Technologie mit über 4000 W/l, die 15 Jahre später sichtbar wurde, sollte dann unter jede Motorhaube passen und letzte Zweifel zerstreuen.

Auch der Zeitgeist spielt für den Erfolg einer Innovation eine wichtige Rolle. Die 1990er-Jahre waren geprägt vom Ende des Kalten Krieges und einer globalen Aufbruchsstimmung. Die Reaktorkatastrophe von Tschernobyl 1986 hatte zudem ein Umdenken in der Öffentlichkeit verursacht. Der Umweltgedanke kam immer stärker zum Tragen und damit auch der Wunsch nach emissionsarmen Antrieben. Zur selben Zeit haben Internet und moderne elektronische Geräte zu einem unglaublichen Boom der Hightechindustrie geführt. Dies war auch für die Brennstoffzelle hilfreich und hat Firmen wie Ballard ermöglicht, an der Börse sehr viel Geld einzusammeln, um die Technologie voranzutreiben.

Zusammenfassend können für die Phase bis 1996 folgende Erkenntnisse festgehalten werden: Um eine völlig neue Technologie so weit vorzubereiten (Necar2, Nebus), dass eine Produktentwicklung gestartet werden kann, bedarf es eines großen Kapitaleinsatzes. Über diese Mittel verfügen große Konzerne oder sie müssen durch ein geeignetes Finanzierungsmodell bereitgestellt werden (Börsengang Ballard Power Systems). Die Unternehmenskulturen von Dornier und Ballard lieferten die notwendige Freiheit und Flexibilität von Ideen und Entscheidungen. Dazu gehört die Integration aller notwendigen Kompetenzen und Fähigkeiten in einem Team, das von einer Vision geprägt und hoch motiviert eine schnelle Umsetzung der Technologie in sichtbare Anwendungen ermöglicht.

Literatur

Billings 1991: https://www.rogerebillings.com/hydrogen/

C. Christensen, Innovators Dilemma: Clayton M. Christensen, The Innovators Dilemma, Harvard Business School Press, 1997

Daimler,   Historie: https://www.daimler.com/konzern/tradition/geschichte/1984-1995.html

DASA, Wikipedia: https://de.wikipedia.org/wiki/DASA_%28Luft-_und_Raumfahrtkonzern%29

JRC, Well to Wheel: https://ec.europa.eu/jrc/en/publication/eur-scientific-and-technical-research-reports/well-wheels-report-version-4a-jec-well-wheels-analysis

Koppel, 1999: Tom Koppel, Powering the Future, John Wiley & Sons Canada Ltd, 1999

Kurzweil, Springer 2013: P. Kurzweil; Brennstoffzellentechnik; Springer Verlag 2013

Mercedes, 2021: Mercedes, 25 Jahre Necar1: https://www.mercedes-benz.com/de/classic/historie/25-jahre-necar-1/

T. Seba, Clean Disruption: Clean Disruption Energy & Transportation – https://www.youtube.com/watch?v=6Ud-fPKnj3Q

Watkins, Fuel Cell Systems 1993: D.S. Watkins, Research, Development, and Demonstration of Solid Polymer Fuel Cell Systems; Fuel Cell Systems (Plenum Press 1993) S. 493 f

Weber, Olynthus 1988: R. Weber; Der sauberste Brennstoff; Olynthus Verlag 1991

Wiesener, TU Dresden 1965: K. Wiesener, J. Garche, W. Schneider, Elektrochemische Stromquellen 1981, Akademieverlag Verlag Berlin (2013 übernommen vom Walter de Gruyter Verlag)

3

Von Technologiedemonstratoren zu Fahrzeugflotten in Kundenhand

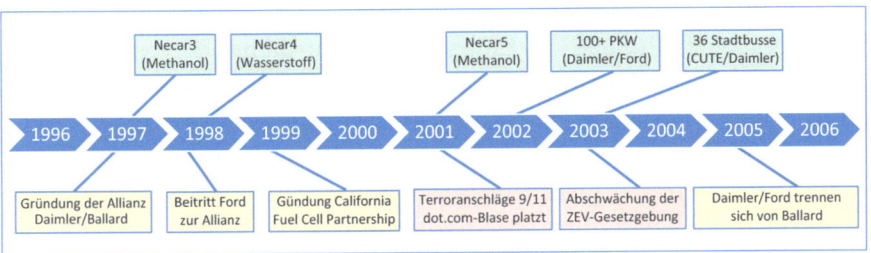

Die Geschichte erzählt von Werner Tillmetz

3.1 Produktentwicklung und Erprobung von 1997 bis 2005 – Vision und Kreativität

Die sechs Jahre von der Gründung des Daimler Projekthauses Brennstoff-zelle 1997 bis zu den mehr als einhundert Pkw und 36 Stadtbussen waren äußerst ereignisreich. Viele organisatorische Veränderungen, große technolo-gische Fortschritte und der Wechsel von Methanol zu Wasserstoff als Kraft-stoff prägten diese Zeit. Große kulturelle Unterschiede zwischen den betei-ligten Firmen und die Verhinderungsstrategien der Auto- und Mineralölin-dustrie waren eine harte Lehre.

© Der/die Autor(en), exklusiv lizenziert an Springer Fachmedien Wiesbaden GmbH, ein Teil von Springer Nature 2025
A. Martin und W. Tillmetz, *Wasserstoff auf dem Weg zur Elektromobilität*, https://doi.org/10.1007/978-3-658-49231-1_3

Projekthaus Brennstoffzelle – die ersten Schritte

Entgegen den Erwartungen hatte der Daimler-Vorstand in seiner Strategiesitzung im Herbst 1996 beschlossen, dass die Produktentwicklung von Mercedes Benz die Verantwortung für die Entwicklung des Brennstoffzellenfahrzeuges übernehmen sollte. Bis dahin liefen die Aktivitäten innerhalb der Konzernforschung. Was bedeutete das für unsere Aktivitäten und vor allem: Wie sollte es konkret weitergehen? Für eine Serienentwicklung war die technologische Reife noch nicht ausreichend. Es gab keine Zulieferindustrie, die, wie bei klassischen Antrieben üblich, viele Aufgaben hätte übernehmen können. In der Entwicklungsorganisation fehlten Fachleute für viele Themen, die für einen Brennstoffzellenantrieb relevant sind. Die Idee war daher, ein sogenanntes Projekthaus Brennstoffzelle zu schaffen. In diesem Projekthaus sollten alle Mitarbeiter, die für die Entwicklung und Produktion des neuen Antriebes notwendig waren, unter einem Dach zusammenarbeiten. Das betraf sowohl die Entwicklung der Brennstoffzelle, des Systems und des Elektromotors als auch Produktion, Einkauf und Controlling.

Ein Projektleiter sollte für das komplette Thema die Verantwortung übernehmen und dann alles Weitere in die Wege leiten. Dr. Ferdinand Panik, ein erfahrener Manager, hatte einige Jahre bei Mercedes-Benz do Brasil gearbeitet und kam gerade zurück nach Deutschland, um eine neue Aufgabe zu übernehmen. Er wurde zum Jahresbeginn 1997 zum Gesamtprojektleiter für das Daimler-Brennstoffzellenfahrzeug ernannt und sollte das neu geschaffene Projekthaus mit all seinen Aktivitäten aufbauen und vorantreiben.

Eine Begebenheit zu Beginn der neuen Ära „Projekthaus Brennstoffzelle" veranschaulicht sehr schön die Dynamik, mit der alles begann: Ende 1996 tauchten euphorische Pressemeldungen zur Wasserstoffspeicherung mit Kohlenstoffnanoröhrchen auf (Rodriguez, Baker 1998). Die beiden Wissenschaftler Rodriguez und Baker aus Boston hatten von unglaublich hohen Speicherkapazitäten für Wasserstoff in ihren Kohlenstoffnanomaterialien berichtet. Das hätte einen großen Einfluss auf unsere Kraftstoffstrategie gehabt, falls es sich bewahrheiten sollte. Gleich zum Jahresbeginn 1997 und als eine der ersten Aktionen hatte der Projektleiter die beiden amerikanischen Wissenschaftler nach Stuttgart eingeladen. Sie sollten uns über ihre Ergebnisse berichten. Diese hörten sich erst mal interessant an. Für mich gab es allerdings eine Reihe von Unklarheiten und ich stellte eine Reihe kritischer Fragen. Die wurden jedoch schnell zur Seite geschoben und ebenso schnell entstand ein erstes Forschungsprojekt im Projekthaus Brennstoffzelle. Die Aktivitäten der beiden Wissenschaftler wurden unterstützt, um Speichermaterial zu bekommen, das in Stuttgart auf seine Speicherfähigkeit für Wasserstoff überprüft werden sollte. Im Laufe des Jahres gab es regelmäßig Fortschrittsberichte zu den Messungen. Trotz vieler Anstrengungen gelang es jedoch nicht, die ursprünglich gemeldeten Werte zu reproduzieren, und so schnell das Interesse an dieser Technologie geweckt war, so schnell ließ es wieder nach. Alle Messwerte lagen im Bereich dessen, was bereits vorher von anderen Speichermaterialien bekannt war – und das war meilenweit weg von dem, was für einen Einsatz im Fahrzeug notwendig gewesen wäre.

Viele deutsche Forschungseinrichtungen sprangen zu dieser Zeit auf das Thema auf und versuchten ebenfalls, neue, vielversprechende Wasserstoffspeichermaterialien zu finden. Die Suche nach einem geeigneten Material, das im Fahrzeug sinnvoll anwendbar ist, sollte jedoch bis heute, trotz großer Anstrengungen, erfolglos bleiben. Dazu gehören auch die flüssigen Wasserstoffspeicher, als Liquid Organic Hydrogen Carriers (LOHC) bezeichnet. Im Euro-Quebec Hydro-Hydrogen Pilot Project wurden sie schon Anfang der 1990er-Jahre für den Überseetransport von Wasserstoff, der mit kostengünstigem Strom in Kanada produziert werden sollte, erstmals untersucht. Für die Speicherung von Wasserstoff an Bord eines Fahrzeuges sind diese LOHC-Verbindungen nicht geeignet. Die Temperaturen zur Freisetzung des Wasserstoffs sind im Fahrzeug nur sehr aufwendig und auch nicht in der nötigen Dynamik realisierbar. Eine möglichst ganzheitliche Analyse von Technologien, die auf den ersten Blick attraktiv erscheinen, ist unerlässlich, um deren wirkliche Vorteile bewerten zu können.

Vom Messfehler zur Schlagzeile

Im Jahr 1966 nach dem Grundstudium an der TU Dresden musste ich mich für das Diplomfach zwischen Anorganischer, Organischer, Technischer oder Physikalischer Chemie entscheiden. Das war nicht so einfach. Den Ausschlag für die Physikalische Chemie gab die Entwicklung eines 3-kW-Brennstoffzellen-Gabelstaplers durch die TU Dresden mit der Berliner Akkumulatoren- und Elementefabrik (BAE) an der Außenstelle der TU Dresden in Pirna-Copitz (siehe Abb. 2.1). Das System mit einer Leistung von drei Kilowatt basierte auf einer Direkt-Hydrazin-Luft-Brennstoffzelle:

$$1/4N_2H_4 + 1/4O_2 => 1/4N_2 + 1/2H_2O (E_0 = 1,61\ V)$$

Später wurde Hydrazin als karzinogen eingestuft und nur noch wenige Entwicklungen (z. B. Daihatsu mit Hydrazin-Hydrat) waren zu beobachten. Damals war das aber für mich als junger Student eine Sensation. Man gab eine Flüssigkeit (Hydrazin) in den Tank und elektrische Energie zum Antrieb eines Gabelstaplers kam heraus.

Wenn ich jetzt zurückblicke, ist für mich die Faszination des Arbeitsprinzips einer Brennstoffzelle immer noch ungebrochen. Ich ziehe auch meinen Hut vor dieser Entwicklung im Jahr 1966, denn die DDR hatte sicherlich um diese Zeit ganz andere Aufgaben zu lösen. Dass die TU Dresden diese Entwicklung dennoch vorantrieb und damit die Traditionen des ersten deutschen, im Jahr

1900 gegründeten Instituts für Elektrochemie weiter pflegte, geht nicht zuletzt auf meinen Doktorvater Prof. Dr. Kurt Schwabe zurück (Rektor der Technischen Universität Dresden, Vizepräsident der Akademie der Wissenschaften der DDR, Vizepräsident der International Society of Electrochemistry).

Die Forschung zu Brennstoffzellen hat mich seitdem in meinem beruflichen Leben immer begleitet. So auch ab 1991 am Zentrum für Sonnenenergie- und Wasserstoff-Forschung (ZSW) in Ulm, das sich besonders der PEM-Brennstoffzelle als System widmete, d. h. Stack inklusive der Wasserstoffversorgung. Stand der Technik für die Wasserstoffbereitstellung waren 200-bar-Drucktanks mit einer Energiedichte von etwa 1,5 Gewichtsprozent Wasserstoff. Als dann die Arbeitsgruppe von Nelly M. Rodriguez (Northeastern University Boston) 64 Gewichtsprozent in Grafitnanofasern fand (Rodriguez, Baker, 1998), schien die Wasserstoffspeicherung ein für alle Male gelöst zu sein.

Weltweit erfuhr die Forschung zur Wasserstoffspeicherung in Nanokohlenstoffmaterialien damit einen gewaltigen Schub. Aber keiner Arbeitsgruppe gelang es, den Wert von 64 Gewichtsprozent nur annähernd zu reproduzieren. Jedoch konnten wir im Rahmen eines besonders für diese hochbrisante Thematik formierten Förderprojektes an einer von Projektpartnern entwickelten noch sehr kleinen Kohlenstoffprobe ca. 12 Gewichtsprozent messen, also wesentlich mehr als den Stand der Technik. Minuten nach dem ich diese Nachricht erhielt, gab ich einem Reporter ein lang geplantes Interview zur Arbeitsweise von Brennstoffzellen für eine Kindersendung im Radio. Am Ende des Interviews fragte mich der Reporter, was es denn so Neues im Bereich der Energiespeicherung gebe. Noch überwältigt von der sensationellen Messung berichtete ich darüber – und das Unglück nahm seinen Lauf: Der Reporter stellte diese Information in das Internet. Uns erreichten dazu Hunderte von Anfragen von Kollegen weltweit und auch eine Mail vom Projektleiter, der mich auf die Vertraulichkeitsvereinbarung des Projektes hinwies. Das alles wäre kein besonderes Problem gewesen, hätte dann die Nachmessung mit einer größeren Kohlenstoffmenge, die die untere Probengrenze des Messgerätes nun gerade überschritt, die ursprüngliche Messung bestätigt. Wir fanden aber nur noch 1,2 % Gewichtsprozent und das auch in den darauffolgenden Messungen. Meine Kollegen meinten, ich wäre mehr als eine Woche sehr verstört durch das Institut gelaufen.

Zwei Konsequenzen aus der Episode: Messe bei überraschenden Messergebnissen nach und sei vorsichtig im Umgang mit Journalisten.

Prof. Dr. Jürgen Garche hat viele Jahre an der TU Dresden geforscht und gehörte ab 1991 zu den ersten Mitarbeitern des ZSW in Ulm, das er später als Vorstand leitete. An der Bündelung der Brennstoffzellenaktivitäten auf nationaler, europäischer und internationaler Ebene war er maßgeblich beteiligt.

Um die Entwicklungsarbeiten zielgerichtet weiter voranzutreiben, war es eine der ersten Aufgaben des Projekthauses, das angestrebte Zielfahrzeug und die wichtigsten Schnittstellen wie Einbauraum oder Spannungsniveau für den E-Antrieb festzulegen. Als Zielfahrzeug war von den Kollegen aus dem Fahrzeugbereich schon seit geraumer Zeit die damals neu in den Markt eingeführte A-Klasse vorgeschlagen worden. Unter dem Fahrgastbereich befand

Abb. 3.1 Die A-Klasse von Mercedes-Benz wurde 1997 als Zielfahrzeug für den Brennstoffzellenantrieb festgelegt. Necar3 mit Methanol als Kraftstoff war das erste Brennstoffzellenfahrzeug in der Kompaktklasse

sich so etwas wie ein doppelter Boden, 250 mm hoch (siehe auch Abb. 3.1). Dort sollte die Batterie für batterieelektrische Antriebe oder auch die Brennstoffzelle untergebracht werden.

Für batterieelektrische Antriebe wurde aufgrund der geringen Speicherdichte der Batterien richtigerweise der Fokus auf ein kleines, leichtes (Stadt-) Fahrzeug gelegt. Bis zu dieser Zeit gab es nur Bleibatterien. Diese waren schwer und ihre Lebensdauer von maximal 1000 Ladezyklen war nicht ausreichend. LIB gab es damals nur für die Unterhaltungselektronik.

Die Brennstoffzelle hat große Vorteile in allen Fahrzeugen, die viel Energie speichern müssen. Das heißt, je schwerer das Fahrzeug und/oder je größer die geforderte tägliche Reichweite ist, desto attraktiver ist die Brennstoffzelle im Vergleich zur Batterie. Das liegt an der relativ hohen Energiedichte von Wasserstoff oder Methanol, unserem damaligen Favoriten als Kraftstoff. Unsere Analyse, dass wir beispielsweise eine S-Klasse mit Brennstoffzellenantrieb mit einem Verbrauch von 3 l Dieseläquivalent realisieren könnten, fand kein Gehör. Eine fundierte inhaltliche Diskussion zum Zielfahrzeug war aufgrund einer konservativ hierarchischen Organisation nicht möglich.

Mit dem Mercedes GLC F-Cell gab es 20 Jahre später ein Fahrzeug in einer ähnlichen Kategorie wie die S-Klasse. Es hat einen Verbrauch von 3 l Dieseläquivalent!

Trotzdem halten sich bis heute deutsche Hersteller von Premiumlimousinen bei der Markteinführung von Brennstoffzellenantrieben zurück und versuchen stattdessen, das Tesla Model S zu kopieren. Sie setzen lieber 600 kg schwere Batterien in ihren Fahrzeugen ein, wo die Brennstoffzelle inklusive der Tanks nur noch 250 kg auf die Waage bringt. Erst in jüngster Zeit haben vor allem BMW und Bosch die Brennstoffzelle und Wasserstoff in ihr Produktportfolio aufgenommen.

In der Automobilindustrie ist es üblich, innovative Technologien zuerst in der Premiumklasse anzubieten. Dort kann man die hohen Kosten für Innovationen im frühen Stadium des Markteintrittes leichter erwirtschaften. Am liebsten hätten wir Brennstoffzellenleute schon 1997 ein eigens für die Brennstoffzelle konstruiertes Fahrzeug (Purpose Design) entwickelt, wie es dann ab 2014 von asiatischen Herstellern tatsächlich realisiert wurde. Die extrem hohen Kosten dieses Ansatzes beendeten allerdings die Diskussion in dieser noch frühen Phase der Technologieentwicklung.

Harte Anforderungen an die Brennstoffzelle

Für die Auslegung der Brennstoffzelle waren neben der Leistung das Spannungsniveau und der Einbauraum die entscheidenden Parameter. Die Bruttobrennstoffzellenleistung (ohne Abzug der Nebenverbraucher wie Luftkompressor) wurde mit 80 kW berechnet. Dieser Wert ergibt sich primär aus dem Fahrzeuggewicht, der geforderten Beschleunigung und der maximalen Leistung, die nach damaligem und heutigem Selbstverständnis der meisten Fahrzeugentwickler gleichzeitig auch Dauerleistung sein sollte.

Eine Hybridisierung mit einer großen Batterie (Range Extender) war aus diesem Grund kein Thema: Sollte nach einer längeren, energiefressenden Fahrt die Batterie leer sein, dann könnte das Fahrzeug nicht mehr richtig beschleunigen – ein „K.-o.-Kriterium" zu dieser Zeit. Aus der geforderten Spannung von 250 V bei Volllast und maximal 450 V im Leerlauf ergab sich somit die Anzahl der Zellen. Da eine einzelne Zelle eine Spannung zwischen 0,65 V (Volllast) und etwas mehr als 1 V (Leerlauf) liefert, waren mehr als 400 Zellen erforderlich, wenn man eine langsame Degradation der Zellspannung über die geforderte Lebensdauer mitberücksichtigt.

Im vorgegebenen Einbauraum, dem Doppelboden der A-Klasse, war diese Anforderung sehr anspruchsvoll und mit dem damaligen Stand der Technik nur schwer realisierbar. Die Brennstoffzellenexperten hätten gerne eine niedrigere Stackspannung eingesetzt. Das hätte eine geringere Anzahl an Zellen zur Folge gehabt und wäre für die Optimierung der Baugröße der Brennstoffzelle sehr hilfreich gewesen. Für E-Motor und Leistungselektronik war ein Spannungsniveau von minimal 250 V definiert. Ein Spannungswandler (DC/DC-Steller) zum Hochsetzen der Spannung war damals keine Option. So waren die Brennstoffzellenentwickler erneut gefordert, die dafür notwendigen 420 Zellen in diesem Bauraum unterzubringen (siehe Abb. 3.3 zur Konfiguration der Brennstoffzelle in der A-Klasse). Heutige Brennstoffzellen haben inzwischen eine niedrigere Zahl an Zellen und damit auch eine niedrigere Stackspannung. Sie verwenden einen DC/DC-Steller, um auf die erforderliche Systemspannung zu kommen. Das erwies sich in der Gesamtoptimierung als der bessere Ansatz.

Die hohen Anforderungen an den Brennstoffzellenstack sollten eine interessante technologische Konsequenz haben. Das Merkmal der frühen Ballard-Technologie waren die serpentinenförmig angeordneten Gaskanäle in der Bipolarplatte (siehe Abb. 2.4). Damit konnte die Länge des für die Luft- bzw. Wasserstoffversorgung benötigten Strömungskanals so vergrößert werden, dass der Druckabfall zwischen Einlass und Auslass ausreichend hoch war, um die Wassertropfen (die bei der Reaktion entstehen) aus dem Kanal heraus zu spülen. Dies ermöglicht eine stabile, homogene Versorgung der Elektroden mit Luft und Wasserstoff. In den Lebensdaueruntersuchungen stellten wir allerdings fest, dass im Bereich der Umlenkungen (Richtungsänderung im serpentinenartigen Verlauf) die Membran zur Lochbildung neigte.

Um dieses Phänomen der Lochbildung besser zu verstehen, hatte unser exzellenter, kanadischer Chefentwickler für die Brennstoffzelle eine sehr lange Zelle (ca. 800 mm) konstruiert. Damit konnte er gerade, schmale Gaskanäle, die den gleichen Druckabfall wie die serpentinenförmig angeordneten Kanäle hatten, realisieren. Er wollte den Reaktionsverlauf entlang des Kanals untersuchen. In den ersten Experimenten stellte sich heraus, dass die Leistung dieser Zelle um fast 10 % besser war als die bisherige mit den serpentinenförmigen Kanälen. Diese 10 % höhere Leistung waren genau das, was uns fehlte, um den Anforderungen an den Einbauraum gerecht zu werden. Dieses „straight cell design" hatten wir dann weiter optimiert. Es ist auch zwanzig Jahre später noch das bevorzugte Design für Hochleistungsbrennstoffzellen (Abb. 2.4).

Hintergrundinformation
Eine kleine Anekdote soll veranschaulichen, wie anspruchsvoll die Anforderungen – typisch für Mercedes – an den Brennstoffzellenantrieb damals schon waren: Die Brennstoffzelle sollte den Gefrierkaltstart – das bedeutet von −20 °C im Stillstand auf 80 % der maximalen Leistung – in weniger als einer Minute leisten können. Es

war ein sehr kalter Februartag, als wir Versuche zum Gefrierkaltstart durchführten und nach einiger Zeit auch erfolgreich schafften. Abends verließ ich mein Büro und ging zu meinem Fahrzeug, einer modernen E-Klasse mit Benzinmotor, um noch zum Abendessen zu fahren. Die Temperaturanzeige im Fahrzeug zeigte −15 °C an. So, jetzt wollen wir mal sehen, wie der Gefrierkaltstart bei der etablierten und über einhundert Jahre optimierten Technologie funktioniert. Nach dem Verlassen des Parkplatzes – die erste Betriebsminute war schon lange vorbei – drückte ich das Gaspedal voll durch – und was passierte? Nichts. Mit Mühe erreichte ich eine Geschwindigkeit von 50 km/h und die Leistung des Motors ließ sich nur ganz langsam erhöhen. Da wurde mir plötzlich klar, dass die Fahrzeugentwickler, die, wie man gerne sagt, „Benzin im Blut" haben, uns mit vielleicht unüberlegten Extremforderungen das Leben schwer machten und wenig Flexibilität zeigten, der Konkurrentin Brennstoffzelle zum Erfolg zu verhelfen.

Einige Zeit danach sprach ich den für die Strategie des Daimler Projekthauses Brennstoffzelle verantwortlichen Kollegen auf diese extremen Mercedesanforderungen an und schlug ihm vor, für die erste Generation doch Fahrzeuge von Chrysler zu verwenden. Da sind die Ansprüche nicht so fordernd. Die Antwort war sehr lehrreich: Das geht überhaupt nicht, die Brennstoffzelle steht für Hightech und muss deshalb unbedingt unter dem Mercedesstern stattfinden! Schade.

Zu dieser Zeit brachte Toyota sein erstes Hybridfahrzeug, den Prius, auf den Markt. Kurz danach hatten Fahrzeugexperten analysiert, dass ein Diesel sehr viel sparsamer sei als ein Hybrid, vor allem auf deutschen Autobahnen. Zudem verkaufte Toyota diese Hybridfahrzeuge deutlich unter den Kosten, also mit Verlust. Auch so etwas war damals in unserem Umfeld völlig undenkbar. Zwanzig Jahre später: Toyota ist mit mehr als 15 Mio. verkaufter Hybridfahrzeuge der unangefochtene Marktführer, während die deutschen Hersteller erst sehr spät, gezwungen durch die Gesetzgebung zu den CO_2-Flottenemissionen, und widerwillig das Thema aufgegriffen haben.

Wie viele Brennstoffzellenautos wollen wir produzieren?
Welche Rolle fiel den Kollegen aus dem Produktionsbereich im Projekthaus Brennstoffzelle zu? Die für die Produktion verantwortliche Organisationseinheit spielt in jedem Automobilkonzern eine ganz entscheidende Rolle, denn dort wird das Geld für den Konzern erwirtschaftet. Für die Brennstoffzelle waren zu dieser Zeit zwei Themen aus dem Produktionsbereich von Bedeutung: Produktionsplanung und Produktionsforschung.

Wer Leute aus dem Produktionsbereich kennt, weiß, dass sie eine Eigenschaft gemeinsam haben: Hartnäckigkeit. So auch unser Produktionsexperte im Projekthaus Brennstoffzelle. In unseren Regelbesprechungen forderte er mehrmals Planzahlen für die angedachten Produktionsstückzahlen ein. Ohne diese Zahlen könne er keine Fertigungsprozesse planen, keine Kostenanalysen durchführen und keine Lieferantengespräche führen. Wir, die Mitglieder des Projekthauses, waren mit diesem zugegeben nachvollziehbaren Wunsch vollkommen überfordert. Wir steckten noch tief in unseren Entwicklungsthemen und hatten uns zum Markt und zur Markteinführung bislang nur wenig Gedanken gemacht. Der Vertrieb konnte auch nichts dazu sagen – denn die Rahmenbedingungen für die Markteinführung der Brennstoffzellenfahrzeuge waren noch völlig unklar. Der Kollege blieb aber so lange hartnäckig, bis unser Projektleiter Panik ganz spontan und aus dem Bauch heraus ein paar Zahlen an die Tafel schrieb: 2004 30.000, 2005 70.000 und 2006 100.000 Fahrzeuge. Das sollte einfach eine erste, interne Annahme sein, damit die Produktionsspezialisten ihre Arbeit aufnehmen konnten, was sie auch taten – und das hatte Konsequenzen. Nachdem die Produktionsplaner auch mit Lieferanten geredet hatten, blieben die Zahlen nicht mehr lange intern, sondern verbreiteten sich schnell weltweit. Gleichzeitig führte das zu einer unglaublich hohen Erwartungshaltung, obwohl es bis dahin keine belastbare Basis für die genannten Stückzahlen gab. Viele Jahre später kam immer wieder der Vorwurf auf, dass wir die Welt mit diesen Zahlen in die Irre geführt hätten. Sie waren jedoch nur als Kalkulationsgrundlage gedacht.

Interessant sollte auch die Zusammenarbeit mit der Produktionsforschung werden. Dieser Bereich spielt traditionell eine sehr wichtige Rolle für die Optimierung der Produktionsprozesse von Bauteilen und Aggregaten. Durch die Entwicklung neuer Herstellverfahren, oft verbunden mit neuen Werkstoffen, werden enorme Kostensenkungen möglich und die Prozesse in Bezug auf Qualität und Durchsatz optimiert. Mit der Gründung des Projekthauses sollten sich die Mitarbeiter aus diesem Bereich auch für die Brennstoffzelle begeistern und mit großem Engagement auch bei unserem Partner in Vancouver mitarbeiten. Während wir Brennstoffzellenentwickler noch alle Hände voll zu tun hatten, um Leistung und Lebensdauer zu optimieren, hatten sich die Kollegen aus der Produktionsforschung vorgenommen, die Kosten der damals noch sehr teuren Brennstoffzelle deutlich zu reduzieren.

Hintergrundinformation
Dazu eine sehr lehrreiche Anekdote: Die Elektroden einer Brennstoffzelle werden aus einem etwa 0,2 mm dicken Papier aus Grafitfasern hergestellt. Dieses recht brüchige Papier wurde damals in einzelnen Blättern aus Japan angeliefert und musste dann in mehreren Prozessschritten zu einer funktionsfähigen Elektrode weiterverarbeitet werden – ein sehr aufwendiger, zeitraubender Prozess. Ideal wäre natürlich ein kontinuierlicher Prozess von Rolle zu Rolle. Das war aber mit dem bestehenden

Material nicht möglich. Was machten die Kollegen aus der Produktionsforschung? Sie suchten sich ein neues Elektrodenmaterial, das aus gewobenen Kohlenstofffasern bestand, als Rollenware geliefert wurde und kontinuierlich in einer Maschine weiterverarbeitet werden konnte. Allerdings führten die Kollegen diese Entwicklung ohne Abstimmung mit den Brennstoffzellenexperten durch. Selbst hatten sie erst wenig Erfahrung zu den Details einer Brennstoffzelle gesammelt. Sie investierten sehr viel Zeit und Geld in ihren Ansatz. Eines Tages war es dann so weit, dass eine Managemententscheidung notwendig war, welche Technologie weiterverfolgt werden soll: die mit dem Kohlenstoffgewebe und der kontinuierlichen Fertigung oder die mit dem Kohlenstoffpapier und aufwendigeren Fertigung. In der Besprechung machte ich dann sehr deutlich, dass ich auf absehbare Zeit keine Möglichkeit sehe, auf Basis des Gewebes eine Zelle mit den geforderten Eigenschaften realisieren zu können. Das Gewebe ist nicht formstabil, was unter anderem zum Blockieren der Gaskanäle führt. Damit war das sehr teure Abenteuer der Produktionsforscher mit ihrem eigenen Design wieder beendet.

Ähnliches sollte ich später auch bei den Lithium-Ionen-Batterie (LIB) erleben. Wenn die wirklich exzellenten Produktionsexperten aus der Automobilindustrie sich eine, oberflächlich betrachtet, sehr simpel aussehende Batteriezelle (oder Brennstoffzelle) anschauten und diese gedanklich mit einem extrem komplexen Getriebe oder Verbrennungsmotor verglichen, fragten sie sich, wo denn das Problem einer kostengünstigen Serienfertigung sein sollte? Ließen sie sich dann auf das neue Thema ein, kam oft erst nach Jahren und hohen Investitionen die ernüchternde Erkenntnis, dass es doch nicht so einfach ist, eine gute Zelle zu fertigen. Gelingt es aber, die Experten aus den verschiedenen Disziplinen eng und offen zusammenarbeiten zu lassen, dann werden hervorragende Ergebnisse erzielt. Beides habe ich sowohl bei der Brennstoffzelle als auch bei der Batterie erlebt.

Was kostet ein Brennstoffzellenantrieb (im Vergleich zum Verbrennungsmotor)?

Das war natürlich die drängendste Frage, sobald die Funktionalität erfolgreich nachgewiesen war. Ein in Handarbeit hergestellter Prototyp kostet immer ein Vermögen, und zwar vollkommen unabhängig von der jeweiligen Technologie. Auch die Produktion einer Flotte von z. B. 100 Fahrzeugen ist immer noch extrem teuer. Das wird besonders dann deutlich, wenn es keine Zulieferindustrie für neue Baugruppen wie etwa eine Brennstoffzelle gibt. Wie sieht es dann für große Stückzahlen aus, wie sie bei den Verbrennungsmotoren üblich sind? Hier kommen die Experten aus der Produktionsplanung zum Einsatz. Ein für mich bleibendes Erlebnis war, mit einem dieser Experten alle wesentlichen Bauteile eines Brennstoffzellenantriebs durchzudiskutieren. Wir erklärten ihm die Funktionalität und die Anforderungen des jeweiligen Bauteiles. In kürzester Zeit konnte er auf Basis seiner jahr-

zehntelangen Erfahrung mit ähnlichen Bauteilen aus dem Verbrennungsmotor die Kosten für eine Fertigung in großen Stückzahlen recht zuverlässig
und genau abschätzen. Das Ergebnis: Bei vergleichbaren Stückzahlen sind
die Kosten eines Brennstoffzellenantriebs vergleichbar mit denjenigen eines
klassischen Verbrennungsmotors.

Viele detaillierte Analysen, auch von anderen Organisationen, sollten
das in den folgenden Jahren immer wieder bestätigen. Eine fundamentale
und sehr hilfreiche Analyse wurde von der Boston Consulting Group (BCG
1968) vor mehr als 50 Jahren durchgeführt. Sie untersuchten die Kostenentwicklung von Industriegütern, die über lange Zeiträume und viele Pro-
duktgenerationen hergestellt wurden. Dabei zeigte sich – und zwar ganz unabhängig von der Technologie –, dass sich die Herstellkosten bei einer Ver-
dopplung der Stückzahl auf 70–80 % der ursprünglichen Kosten reduzieren.
Diese als Boston Experience Curve bezeichneten Zusammenhänge werden
in der Diskussion über Kosten einer neuen Technologie leider sehr häufig
vergessen. Ein anderes Dilemma aber bleibt immer: Wie lässt sich das Erreichen der hohen Stückzahlen und der damit verbundenen niedrigen Stück-
kosten finanzieren? Dabei geht es bei einem Fahrzeugantrieb um viele Jahre
und viele Milliarden Euro, bis die Kosten niedrig und wettbewerbsfähig
sind. Angesichts jährlicher Gewinne im Bereich von zig Milliarden sollte das
eigentlich kein Problem sein – wenn da nicht die verflixte Rendite wäre, die
als Gradmesser der Managementleistung gilt. Wenn die Geschäfte aber erst
mal beginnen, schlechter zu laufen, fällt es deutlich schwerer, das notwendige Kapital für solche Basisinnovationen aufzubringen.

Eine neue Organisation und ihre Folgen
Mit der Etablierung des Projekthauses Brennstoffzelle mussten zunächst
auch einige ganz fundamentale, organisatorische Fragen geklärt werden:
Wo wird das Projekthaus seinen Standort haben? Führen wir die Kooperation mit Ballard fort und in welcher Konstellation? Wer aus dem bisherigen
Brennstoffzellenteam in der Forschung wird ins Projekthaus wechseln und
wer wird in der alten Organisation der Forschung bleiben?

Zum Start der Aktivitäten Anfang 1997 bezog das Kernteam des Projekthauses ein Großraumbüro in einem Verwaltungsgebäude in Esslingen. Mein
damaliger Chef und ich waren als Vertreter der Brennstoffzelle Mitglieder
dieses Kernteams. Meistens hielten wir uns allerdings bei unseren Teams in
Immenstaad, Ulm oder Vancouver auf. Der Vertreter der Produktion im
Projekthaus bekam den Auftrag, einen Standort für alle Entwicklungsaktivitäten zum Brennstoffzellenfahrzeug zu suchen, denn es sollte alles unter

einem Dach stattfinden. Das Standortthema ist generell sehr emotional, da viele der betroffenen Mitarbeiter entweder mit ihren Familien umziehen müssen oder zum neuen Arbeitsplatz pendeln und nur noch zum Wochenende nach Hause kommen. Die Kollegen von Dornier bevorzugten natürlich einen Standort in der Nähe von Immenstaad am Bodensee, die aus dem Forschungszentrum in Ulm wollten einen Standort in Ulm haben und die Stuttgarter Kollegen wollten im Großraum Stuttgart bleiben. Zwei Dinge sollten die Entscheidung am Ende beeinflussen: Die Mehrzahl der Mitglieder des Kernteams kamen aus der Region Stuttgart und die Verfügbarkeit von geeigneten, verfügbaren Industrieimmobilien war recht begrenzt. Als mit Abstand attraktivster Standort stellte sich ein Industriepark in dem kleinen Ort Nabern heraus. Er liegt am Fuße des Albaufstiegs, mit der Burg Teck im Süden und wenige Kilometer außerhalb der Stadt Kirchheim/Teck nur 40 km von Stuttgart entfernt. Die Gebäude waren nach dem Zweiten Weltkrieg von Ludwig Bölkow, dem langjährigen Chef des Luft-, Raumfahrt- und Militärtechnikkonzerns MBB, für die Produktion von Schreibmaschinen errichtet worden. Erst viele Jahre später durfte MBB wieder Flugzeuge und Militärtechnik entwickeln und herstellen. Zuletzt wurden in den Gebäuden des Industrieparks in Nabern Lenkflugwaffen produziert. Nach dem Ende des Kalten Krieges musste die DASA, die 1989 die MBB übernommen hatte, ihre Aktivitäten konsolidieren und gab den Standort in Nabern auf. Im Jahr 1997 standen deshalb viele attraktive Flächen leer. Die Stadt Kirchheim/Teck zeigte ein sehr hohes Engagement, um neue Arbeitsplätze in der Region zu schaffen. So entstand der Standort für die Daimler-Brennstoffzellenentwicklung in Nabern, ganz nach dem Motto „Schwerter zu Brennstoffzellen", wie wir den Besuchern gerne die Historie erklärten. Zu Beginn des Jahres 1998 sollten wir dort einziehen. Eine schmerzhafte Entscheidung für alle Kollegen, die vom Bodensee kamen. Denn die Fahrt nach Nabern war mit eineinhalb Stunden zu lang für ein tägliches Pendeln. Von Ulm aus dauerte die Fahrt auf der A8 etwa 30 min. Der Wechsel in die neue Organisation in Nabern war für alle Mitarbeiter freiwillig. Trotz der Möglichkeit zum Homeoffice war die neue Situation für die ehemaligen Dornier-Mitarbeiter eine Zäsur – aber fast alle Kollegen waren von der Vision Brennstoffzelle getrieben und wechselten mit nach Nabern.

Ein interessantes Phänomen konnte ich kurz nach dem Einzug meines Teams in Nabern, das für die Entwicklung der Brennstoffzelle verantwortlich war, beobachten. Ein Teil der Kollegen kam aus Immenstaad und der andere aus Ulm. Zwischen den beiden Standorten mit Daimler in Ulm und Dornier in Immenstaad hatten sich im Lauf der letzten Jahre einige Animositäten entwickelt. Doch sobald sich die Kollegen wieder unter einem Dach und in einer Organisation befanden, nämlich der neu gegründeten Ballard Power Systems GmbH, herrschte ein perfekter Teamgeist mit einer tollen Arbeitsatmosphäre. Für mich persönlich war das ebenfalls eine sehr positive Erfahrung. Als Geschäftsführer durfte ich die Organisation von null an aufbauen, und es gelang, ein sehr harmonisch, effizient und motiviert zusammenarbeitendes Team aufzustellen, das bis 2002 auf etwa 70 Mitarbeiter angewachsen war. Bis heute habe ich diese Organisation in bester Erinnerung und der Kontakt zu vielen Kollegen ist nach wie vor sehr gut.

In den ersten Jahren herrschte bei allen beteiligten Organisationen eine großartige Aufbruchsstimmung. Alle, egal ob sie an der Brennstoffzelle, dem System oder dem Fahrzeug arbeiteten, waren mit Begeisterung dabei und wollten das Produkt der Zukunft mitgestalten. Sehr schön zu erkennen war das, wenn wieder einmal eine Nachtschicht gefordert war. Nachdem die Brennstoffzelle in den Medien so präsent war, konnten wir uns vor hochrangigen Besuchen kaum retten. Alle wollten natürlich mit einem der Brennstoffzellenfahrzeuge fahren. Das waren allerdings allesamt Entwicklungsfahrzeuge, an denen Versuche durchgeführt wurden und die auch noch nicht die Reife eines Serienfahrzeuges hatten. Häufig ging dann am Abend vor dem geplanten Besuch irgendetwas kaputt. Ohne sich mit ihren Chefs abzustimmen, legten die Mitarbeiter aus den verschiedenen Teams einfach noch eine Nachtschicht ein, um das Fahrzeug für den nächsten Tag wieder flott zu machen. Eine Ladung Pizzas aus der nahe gelegenen Pizzeria war das Einzige, worauf die Kollegen bestanden. Sie waren einfach nur stolz auf ihre Technologie und ihre Arbeit.

Von der Kooperation zur strategischen Beteiligung

Wie sollte nun die Kooperation mit Ballard weitergehen? Seit Ende 1991 hatten wir gut zusammengearbeitet und technologisch einiges bewegt. Im Prinzip konnte Daimler die Entwicklung der Brennstoffzelle auch alleine weiter vorantreiben. Doch aus unserer Sicht sprachen zwei Punkte für die Fortführung der Kooperation. Ballard konnte perspektivisch auch andere Automobilhersteller beliefern und damit die Zahl der produzierten Brennstoffzellen schnell nach oben und die Kosten nach unten treiben. Ein Fahrzeughersteller allein würde nicht schnell genug in die Kostendegression kommen. Ein weiteres, sehr wichtiges Argument war der interne Kampf der verschiedenen Antriebstechnologien um die Entwicklungsbudgets des Konzerns. Bei einer rein internen Entwicklung war die Gefahr groß, dass die Brennstoffzelle von der mächtigen Benzin- oder Dieselfraktion in die Ecke gedrängt wurde.

Ballard war seit 1993 an der Börse notiert und hatte seitdem schon einiges an Wert dazugewonnen. Im Jahr 1992 hätte Daimler 50 % von Ballard noch für 30 Mio. DM erhalten können. 1997 betrug die Marktkapitalisierung bereits etwa 800 Mio. Can $. Auch die Zusammenarbeit von Ballard mit anderen Automobilfirmen und die Aktivitäten zu den stationären Stromerzeugungsaggregaten – zu dieser Zeit waren AEG (Allgemeine Elektrizitäts-Gesellschaft) und MTU (Motoren- und Turbinen-Union) Teil des Daimler-Konzerns – konnten ein wichtiges Thema für die Kooperationsverhandlungen werden.

So gingen wir Anfang 1997 in die erste Verhandlungsrunde und trafen uns in einem wunderschön am Meer gelegenen Ressort südlich von Vancouver, kurz nach der Grenze auf US-amerikanischer Seite.

Nachdem es noch keine Vorüberlegungen zur weiteren Kooperation gegeben hatte, waren zu Beginn der Gespräche alle Optionen von einer kompletten Übernahme von Ballard bis zu getrennten Wegen der beiden Firmen auf dem Tisch. Ballard machte in den Gesprächen sehr schnell deutlich, dass die Brennstoffzelle (Stack) das Kerngeschäft der Firma war und sie die Kontrolle darüber behalten wollten. Nachdem Daimler über die letzten Jahre sehr viel Geld in die Entwicklung der Brennstoffzelle gesteckt und ebenfalls großes Know-how dazu aufgebaut hatte, bot Ballard an, diese Aktivitäten zu übernehmen und mit Geschäftsanteilen an der Firma Ballard zu kompensieren. Auf der anderen Seite hatte Ballard mit der Entwicklung der Busse für Chicago auch Erfahrungen zur Systemtechnik gemacht und würde im Gegenzug seine Aktivitäten in ein Joint Venture mit Daimler einbringen.

Diese Konzeption wurde dann zügig konkretisiert (Wall Street 1997). Daimler sollte sich mit etwa 150 Mio. Can $ in bar und etwa 50 Mio. an Vermögenswerten (das entsprach unseren bisherigen Aufwendungen) an Ballard beteiligen. So wurde mein Brennstoffzellenteam in Deutschland zur Ballard Power Systems GmbH, einer 100%igen Tochter der kanadischen Firma. Gleichzeitig entstand das Joint Venture dbb (abgeleitet von Daimler-Benz Ballard – später in Xcellsys umbenannt, heute Cellcentric ein Joint Venture von Daimler Truck und Volvo Truck). Dieses Joint Venture sollte zu 67 % Daimler und 33 % Ballard gehören. Die Aktivitäten zu den Fahrzeugsystemen in Vancouver wurden in eine Tochterfirma, genannt dbb, überführt. Damit war der Grundstein für die strategische Zusammenarbeit gelegt, die im April 1997 in einem Memorandum of Understanding – also einer Absichtserklärung – vereinbart und der Öffentlichkeit präsentiert wurde.

Leider war diese neue Struktur auch der Grundstein für viele Probleme, die uns erst später so richtig bewusst werden sollten. Sowohl die Abstimmung der technischen Schnittstellen als auch die Verfolgung einer gemeinsamen Strategie sollte sich als große Herausforderung erweisen.

Die Beteiligung von Daimler an Ballard wirkte sich nicht nur erheblich auf den Börsenkurs von Ballard und das Selbstbewusstsein der Manager aus, die von den Aktienoptionen enorm profitierten. Auch die Euphorie zur Brennstoffzelle im Auto nahm weltweit an Fahrt auf. Viele Automobilfirmen waren an einer Kooperation mit Ballard interessiert.

Hintergrundinformation
Dazu eine interessante und folgenreiche Anekdote: Im August 1997 trafen wir uns zur finalen Abstimmung des Kooperationsvertrages in einem schönen, nördlich von San Diego, direkt am Pazifikstrand gelegenen Ressort. Zu Beginn der Verhandlung erfuhren wir, dass Ford eine attraktive Entwicklungskooperation mit Ballard starten wollte. Obwohl das in die Gesamtkonzeption passte, wollte Ballard dieses Thema zunächst nicht weiterverfolgen. Erst sollte der Vertrag mit Daimler zur Unterschrift gebracht werden.

Ein knappes Jahr später wurde dann klar, dass der Ballard-CEO damals schon Größeres im Sinn hatte. Ford sollte sich 1998 mit 500 Mio. US$ an den Aktivitäten von Ballard und Daimler beteiligen. Eine neue, noch kompliziertere Beteiligungsstruktur war entstanden. Doch so schön die Beteiligung von Ford an den Daimler- und Ballard-Aktivitäten zunächst für die Außenwelt klang: Uns war klar, dass damit die interne Zusammenarbeit nochmals deutlich komplexer werden würde.

Dazu einige eindrückliche Beispiele: Mit der Integration in die Brennstoffzellenallianz begannen auch die technischen Abstimmungen mit Ford. Brennstoffzelle und System sollten für beide Firmen gleich sein, die Fahrzeuge aber nicht. Wir hatten die Entwicklung der Brennstoffzelle jedoch bereits auf die Daimler A-Klasse abgestimmt. Der Stack musste zwischen die beiden Längsholme in den doppelten Boden unterhalb der Sitze passen. Damit waren die Abmessungen vorgegeben und die entsprechende Entwicklung der Brennstoffzelle war bereits in vollem Gang. Jetzt stellte sich heraus, dass die Geometrie nicht mit dem geplanten Einbauraum des Fordfahrzeuges zusammenpasste. Die Ingenieure von Daimler, Ford und Ballard waren deshalb gefordert, eine gemeinsame Lösung zu finden. Es ging um ganze 10 mm. Diese Abstimmung dauerte trotz massiven Einsatzes der beteiligten Kollegen ganze drei Monate!

Abstimmung wird immer schwieriger
Technologisch ist die Brennstoffzelle sehr eng mit dem dazugehörigen Brennstoffzellensystem verknüpft. Beispielsweise hängen Leistung und Lebensdauer sehr stark von der Befeuchtung der Reaktionsgase (Luft und Wasserstoff) ab. Auch die Dynamik der Luftversorgung über einen elektrisch angetriebenen Kompressor hat einen großen Einfluss auf Leistung und Alterung der Brennstoffzelle. Mit der Aufteilung der Themen auf zwei Firmen entstand schnell ein Lieferanten-Kunden-Verhältnis mit Schnittstellenspezifikatio-

nen, die in diesem frühen Entwicklungsstadium eines Produktes nur schwer und mit größtem Aufwand festzulegen waren. Im Fall von ausgereiften Technologien wie einem Verbrennungsmotor mit vielen Normen und Standards und einer etablierten Zulieferindustrie ist ein solches unternehmerisches Modell natürlich kein Hindernis.

Hintergrundinformation
Dazu zwei beispielhafte Anekdoten: Anfang 1999 war Necar4 – eine A-Klasse mit Wasserstoff und Brennstoffzelle – bei sehr kaltem Wetter am Flughafen in München im Einsatz. Nach einigen Tagen problemlosen Betriebs erhielt ich den erbosten Anruf eines Kollegen der Fahrzeugerprobung, unsere Brennstoffzelle würde nicht mehr funktionieren: „Die bringt nur noch 50 % der geforderten Leistung." Nachdem ich so einen starken Leistungseinbruch noch nie erlebt hatte, ließ ich die Brennstoffzelle ausbauen und auf unserem Teststand überprüfen. Tatsächlich war die Leistung sehr schlecht, verbesserte sich aber von Minute zu Minute und erreichte bald wieder das geforderte, ursprüngliche Leistungsniveau. Die Testingenieure stellten fest, dass die Brennstoffzelle stark mit Öl kontaminiert war, was den Leistungseinbruch nachvollziehbar machte. Das Öl kam aus dem Luftkompressor, bei dem eine Dichtung defekt war und die Elektroden mit einem dichten Film blockierte. Aber zunächst einmal war der Lieferant der Brennstoffzelle schuld. Solche Vorgänge schürten natürlich Emotionen. Außerdem behinderten sie die eigentlich notwendigen, gemeinsamen Anstrengungen für das herausfordernde Ziel.

Ein anderes sehr lehrreiches Beispiel ereignete sich etwa zwei Jahre später: Im November 2000 hatten Daimler-Chef Schrempp und Bundeskanzler Schröder vor einer eindrucksvollen Kulisse am Potsdamer Platz die A-Klasse mit der Methanolbrennstoffzelle (Necar5) der Weltöffentlichkeit präsentiert. Das Fahrzeug war aufgrund vielfältiger technischer Probleme erst mit einjähriger Verzögerung fertig geworden. Vor allem gab es immer wieder Schwierigkeiten mit dem stabilen Betrieb der Brennstoffzelle. Mit viel Aufwand hinter den Kulissen gelang dann die Premiere vor Hunderten von Gästen trotzdem sehr eindrucksvoll.

Die weltweite Strategie zum Kraftstoff lief zu diesem Zeitpunkt schon sehr stark in Richtung Wasserstoff, während Methanol bereits eine Zeitlang unter Beschuss stand. Trotzdem gelang es einem kleinen Team überzeugter Verfechter des Methanolbrennstoffzellenantriebes im Jahr 2001 nochmals eine verbesserte Version des Necar5 aufzubauen und in einem Fahrzeug zu erproben. Wieder gab es die gleichen Probleme mit dem stabilen Betrieb und ungeplanten Abschaltungen des Systems. Der verantwortliche Projektleiter für das Fahrzeug sprach mich eines Tages frustriert an, ob ich denn nicht helfen könnte, eine Lösung zu finden. Ich organisierte mit ihm und einigen der erfahrensten Ingenieure aus meinem Team eine Besprechung. Alle sollten ganz offen die Probleme schildern und Lösungsansätze aufzeigen. Schnell wurde klar, dass die Bedingungen, unter welchen die Brennstoffzelle betrieben wurde, sehr grenzwertig waren. Es wurde zu viel Wasser über die Luftbefeuchter in die Brennstoffzelle eingetragen. Vom Methanolreformer kam der Wasserstoff ebenfalls stark befeuchtet in der Brennstoffzelle an. Gemeinsam mit dem in der Zelle produzierten Wasser war das zu viel des Guten. Die Elektroden wurden mit Wasser geflutet und das blockierte den so wichtigen Gastransport an die Reaktionszone, den Katalysator. Ein starker Spannungseinbruch, der zur Abschaltung des Systems führte, war die Folge. Ich skizzierte stark vereinfacht die Schnittstellen zur Brennstoffzelle auf das Whiteboard im Besprechungszimmer. Wir waren uns schnell einig, dass das so nicht funktionieren kann. Gemeinsam definierten wir geringfügig veränderte Parameter, die einen stabilen Betrieb ermöglichen sollten. „Dann stellt doch gleich die neuen Parameter im Steuergerät ein", schlussfolgerte ich. Die Antwort war ernüchternd: Das ginge nicht, die Parameter lägen außerhalb der offiziell vereinbarten Spezifikation und man könne nicht die Verantwortung für eine mögliche Schädigung der Brennstoffzelle übernehmen. Nachdem ich den Kollegen versicherte, dass ich die volle Verantwortung übernähme, schritten sie zur Tat. Zehn Minuten später waren die Parameter geändert und das System lief stabil und ohne Abschalten. Kurz danach sollte das Fahrzeug problemlos eine Wochenendtour über 1111 km durch Kalifornien absolvieren, und im Frühsommer 2002 dann auch noch problemlos die USA durchqueren – von San Franzisco bis Washington DC mit mehr als 5000 km (Abb. 3.2).

Abb. 3.2 Necar5 bei der Durchquerung der USA 2002. (Quelle: Daimler AG, alle Rechte vorbehalten)

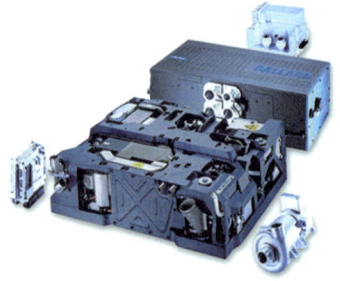 

Abb. 3.3 Brennstoffzellensystem *(linkes Bild)* mit dem Mark 900 Stack von Ballard, wie es 2003 im Unterbodenbereich der F-Cell-Flotte (A-Klasse, *rechtes Bild*) eingebaut wurde. (Quelle: Daimler AG, alle Rechte vorbehalten)

Ein zweistündiges, informelles und offenes Meeting konnte also ein Problem lösen, an dem sich viele Verantwortliche über zwei Jahre in offiziellen Abstimmungen aufgerieben hatten. Aufgrund der hohen Anforderungen an die Lebensdauer der Brennstoffzelle waren die Parameter zu weit auf die sichere Seite geschoben worden, doch die Folgen hatte niemand überschaut. Die Kommunikation zwischen den beteiligten Managern zur Brennstoffzelle auf der einen Seite und zum System auf der anderen Seite war schon längst viel zu emotional und schwierig geworden.

Wie Aufbruchsstimmung und Ingenieursgeist eine gemeinsame Vision tragen

Als junge Mitarbeiterin kam ich mit ein wenig Berufserfahrung aus einem anderen Umfeld als Projektleiterin zur Ballard Power Systems GmbH. Ich war begeistert von dem Geist, der in Nabern und in Vancouver herrschte – es gab das große verbindende Ziel, die Brennstoffzelle auf die Straße zu bringen! So durfte ich früh in meiner beruflichen Laufbahn erleben, wovon heute so viele Managementbücher schwärmen: Ein gemeinsamer „Purpose" und eine menschenzugewandte Kultur, die auf Vertrauen und Wertschätzung basiert, tragen meilenweit!

Der Beitrag eines jeden war in dem 1998 noch recht kleinen Team relevant. Hierarchien spielten zumindest in unserer Wahrnehmung kaum eine Rolle. So war ich auf Dienstreise in Vancouver und *der* Ballard-Entwickler der ersten Stunde – ein Unikum frei von jeglicher Konvention – feierte seine Hochzeit in Blumenshorts in seinem Garten mit einer unbeschreiblich großen Kühltruhe frischer Langusten. Es stand außer Frage, dass auch ich Teil der Familie sei, spontan unbedingt dazu kommen müsse, mir eine schöne Languste aussuchen sollte und so einen grandiosen Tag mit dem Team hatte. Da waren die vielen Nachtschichten völlig irrelevant, es trug der gemeinsame Geist.

Auch in Nabern war diese Atmosphäre auf Arbeitsebene das tragende Element. Offene Fragestellungen wurden zwischen den Ingenieuren für Stack und

System am Tischkicker – 1998 noch eine Besonderheit in deutschen Unternehmen – gelöst, und die Idee des geräuschlosen und emissionsfreien Fahrens hat
unseren Alltag bestimmt. Das galt in den euphorischen Anfangsjahren ganz
besonders, hielt aber auch, als die Zusammenarbeit in oberen Hierarchieebenen immer komplexer wurde. Ich schätzte mich glücklich, Mitglied des kleinen Teams zu sein, wo wir zwar den Kopf über die Langsamkeit unserer großen Partner schüttelten, uns jedoch transparent genug kommuniziert wurde,
warum das eine oder andere nun wieder kompliziert geworden war.

Im Jahr 2000 koordinierte ich seitens Ballard die Schnittstelle der zentralen
Entwicklung in Vancouver mit den dbb/NuCellSys-System-Kollegen in Nabern.
Die Präsentation des Necar5 mit Kanzler Schröder in Berlin am Potsdamer Platz
war schon lange geplant, doch einige technische Themen rund um Brennstoffzellenstack und -system widersetzten sich jeder Lösung. Die Stimmung wurde
zunehmend gereizt, und gegenseitige Schuldzuweisungen der Projektpartner
waren an der Tagesordnung. Eine der großen Herausforderungen in der Entwicklung der Hochleistungsbrennstoffzelle war die Dichtungstechnologie. Sehr
filigrane Dichtungen mit einer Länge von Kilometern über die vielen Zellen
eines Stacks hinweg mussten eine komplexe Funktion erfüllen. So kam es, dass
der Brennstoffzellenstack über Wochen Undichtigkeiten zeigte. Die für das
System verantwortlichen Ingenieure waren zusehends genervt. Schlussendlich
schenkte mir der Projektleiter von dbb/Nucellsys eine symbolische Babywindel,
die hinter den Kulissen sogar demonstrativ mit nach Berlin fuhr und mir immer
wieder vor die Nase gehalten wurde. Heute würde ich mir womöglich Gedanken darüber machen, ob das wohl politisch korrekt sei – im damaligen Kontext
war es Humor, der es auf den Punkt brachte: Die Produkte waren unsere anspruchsvollen Babys. Die Präsentation mit Kanzler Schröder und Daimler-Vorstand Schrempp verlief dann ohne Probleme, die Brennstoffzelle hielt dicht –
und wir feierten alle gemeinsam einen großen Erfolg!

Die Diplom-Physikerin **Bettina Drehmann** war bei Ballard für verschiedene
Projektleitungsaufgaben in der Produktentwicklung tätig, gründete 2006 mit
zwei Kollegen aus den Ballard-Jahren ein eigenes Unternehmen im Bereich der
Brennstoffzellensysteme für stationäre Anwendungen und setzt heute viele
ihrer Erkenntnisse zur Firmenkultur als Personalleiterin und professioneller
Businesscoach um.

Starke kulturelle Unterschiede und viele Standorte

Ballard Power Systems war zu dieser Zeit ein typisches Hightech-Start-up-
Unternehmen. Die kreativen Köpfe der ersten Stunde hatten eine hervorragende Technologie aus der Taufe gehoben. Wie immer fehlte aber Geld.
Die beiden Profis in Marketing und Finanzierung Firoz Rasul als CEO und
Mossadiq Umedaly als CFO schafften es, die Technologie weltweit attraktiv zu positionieren und damit für viel Geld von der Börse und von strategischen Partnern zu sorgen. Damit einher ging ein unglaublich schnelles,
für die Entwicklung einer neuen Organisation zu schnelles Wachstum. Der
Einfluss traditioneller Automobilkonzerne, die dann auch im Aufsichtsrat

saßen, war enorm. Dort hatten sie durchgesetzt, erfahrene Manager aus verschiedenen Großkonzernen in wichtige Managementpositionen des Start-up-Unternehmens zu bringen, um die aus ihrer Sicht notwendige Professionalität zu schaffen. Diese Manager hatten aber weder Erfahrung mit der Technologie noch wie man die wichtigen und richtigen Prozesse in so ein junges Unternehmen einführt. In ihren bisherigen Firmen hatten sie mit jahrzehntelang etablierten Prozessen gearbeitet. Wie aber z. B. ein Qualitätsmanagement neu etabliert wird und wie man eine Organisation weiterentwickelt, hatten sie nie gelernt. Diese Fehleinschätzung führte zu vielen internen Problemen verbunden mit entsprechend häufigen Wechseln im Management.

Bevor die Turbulenzen nach der Jahrtausendwende immer größer wurden, hatte mir die Arbeit über viele Jahre sehr viel Spaß gemacht. Es herrschte eine unglaubliche Aufbruchsstimmung und jeder Mitarbeiter war mit Kreativität und vollem Elan dabei. In Vancouver arbeiteten Kollegen aus 35 Nationen hervorragend zusammen und sorgten für eine abwechslungsreiche und dynamische Atmosphäre. In meiner Rolle als Geschäftsführer der deutschen Tochter suchte ich den Kontakt zu allen Bereichen des Start-up-Unternehmens und lernte dabei viel über Marketing und Vertrieb, Investor Relations, Controlling und Finanzen oder die Zusammenarbeit mit Lieferanten aus der ganzen Welt. Viele und sehr gute Strategieworkshops, meistens in der traumhaften Kulisse von Whistler, sollten die Weiterentwicklung der Organisation unterstützen. Auch die persönliche Weiterbildung der Mitarbeiter hatte einen sehr hohen Stellenwert. Ein eindrucksvolles Beispiel war die Schulung „Persuasive Edge" (überzeugend präsentieren) mit Myles Martel, der einige Zeit für Präsident Ronald Reagan als Berater gearbeitet hatte.

Daimler war zu dieser Zeit ein traditionsreicher, in Stuttgart verwurzelter Konzern. Es war noch nicht lange her, dass die Premiumfahrzeuge in einer langen Warteliste an die Kunden vergeben wurden und nicht wirklich vermarktet werden mussten. Image und Marke waren und sind bis heute enorm stark. Der Vorstandsvorsitzende Schrempp hatte zu dieser Zeit (1998) durch die Verschmelzung mit Chrysler versucht, daraus einen weltweit agierenden Automobilkonzern zu schaffen. Dieser Versuch sollte, unter anderem aufgrund der großen kulturellen Unterschiede zwischen Detroit und Stuttgart, ziemlich schief gehen. Interessant war, dass durch die Verschmelzung auch die neuen Kollegen aus Detroit zum Mitglied der Allianz mit Ford und Ballard wurden. Diese hatten zwar Zugang zu allen Informationen, es gelang aber nie, das Brennstoffzellenteam von Chrysler richtig in unsere Aktivitäten zu integrieren. Als dann eine Führungsperson der Brennstoffzellenaktivitäten des jüngsten Partners überraschend und mit allen strategischen Informationen zum Konkurrenten General Motors (GM) wechselte, war die Aufregung groß.

Im Jahr 1998 trat der uramerikanische Konzern Ford der Allianz bei, der von den Enkeln des Erfinders der Fließbandfertigung, die ab 1908 überhaupt erst die Massenmotorisierung ermöglichte, geführt wurde. So viele unterschiedliche Denkweisen oder Kulturen sollten erfolgreich zusammenarbeiten, dafür sind wir Menschen offenbar nicht geschaffen.

Ich denke oft über das erste technische Meeting mit den neuen Kollegen von Ford in Nabern nach. Wir hatten uns gegenseitig über den aktuellen Stand der Entwicklung in den jeweiligen Firmen informiert. Schnell wurde mir aber klar, dass die Abstimmungsprozesse wieder von vorn losgehen und enorm kompliziert werden sollten. Ohne es mir richtig bewusst zu machen, begann ich in dieser Zeit, mich aus den internationalen Abstimmungen der Allianz zurückzuziehen. Gleichzeitig sollte ich aber noch mehr Zeit in Vancouver verbringen. Neben der Führung der GmbH in Nabern wurde mir auch noch die Verantwortung für die Entwicklung der Zelle in Vancouver übertragen. Einmal pro Monat nach Vancouver fliegen wurde zur Routine. Am Montagmorgen ging es gemütlich nach dem Frühstück von zu Hause weg. Nach 11 h Flug, auf dem ich in Ruhe alle E-Mails abarbeiten konnte, kam ich mit einer Zeitverschiebung von 9 h nachmittags um etwa 16 Uhr bei den kanadischen Kollegen in Vancouver an. Nach einem kurzen Austausch im Büro ging es dann mit ein paar Freunden gleich ins Crazy Kangoroo, einem gemütlichen Neighbourhood Pub in der Nähe. Dort ließen wir unseren Ideen zur Weiterentwicklung der Technologie freien Lauf. Und am Donnerstagnachmittag flog ich wieder zurück nach Deutschland, um rechtzeitig zum Wochenende wieder bei der Familie zu sein.

Das Joint Venture Xcellsys hatte jetzt Tochterunternehmen in Vancouver und San Diego, die sich um die Wasserstoffantriebe für Stadtbusse und Pkw kümmerten. Die Kollegen dort hatten mit ihrem vollkommen anderen kulturellen Hintergrund auch eine andere Vorgehensweise, die häufig zu Missverständnissen und Reibungen mit der Mutter in Kirchheim/Teck führte. Was für das Verständnis der damaligen Gegebenheiten wichtig ist: Eine Führung der verschiedenen Standorte nach reinen Finanzzahlen, wie es in etablierten Geschäften üblich ist, war nicht möglich. Alle beteiligten Organisationen waren komplett auf die Entwicklung ihrer Produkte für einen Markt, den es noch nicht gab, fokussiert.

Mit der Gründung der Brennstoffzellenallianz ging die Verantwortung für die Brennstoffzelle auf Ballard über. Einzige Ausnahme waren Forschungsaktivitäten. Daimler hatte im Gegenzug eine Beteiligung an Ballard erhalten. Die Brennstoffzelle war seit Langem ein wichtiger Bestandteil der Daimler-

Forschung. Das Thema ganz aufzugeben, wäre deshalb sehr schmerzlich gewesen. Die Absicht, trotz der Übertragung der Aktivitäten auf Ballard das Thema bei Daimler weiter zu bearbeiten, führte zu langen Diskussionen bei der Vertragsverhandlung. Am Schluss gab es eine juristische Vereinbarung. Nur die konkrete Abstimmung über die Vorgehensweise in der Praxis wurde nicht definiert. Das führte dann regelmäßig zu unnötigen Diskussionen und Verunsicherung im Management. Das Verhältnis zwischen den beiden Firmen sollte auch über die nächsten 20 Jahre sehr abwechslungsreich bleiben.

Von der Konkurrenz in der Autoindustrie und vom Ende des Methanols als Kraftstoff

Aus der vertraglichen Regelung, dass die Brennstoffzelle (Stack) Kernkompetenz und Produkt von Ballard wurde, entstand eine grundsätzliche Schwierigkeit. Mit der Brennstoffzelle allein kann kaum ein Kunde etwas anfangen. Zum Betrieb wird ein System gebraucht, das Luft, Wasserstoff und Kühlung in der richtigen Menge zur Verfügung stellt. Dieses Zusammenspiel ist alles andere als trivial. Dafür bedarf es großen Detailwissens über Brennstoffzellen und die Systemarchitektur, das nur sehr wenige Firmen haben. Der Kunde konnte natürlich ein komplettes Brennstoffzellensystem bei Xcellsys kaufen. Nur war Xcellsys, durch Daimler kontrolliert, in der Regel ein Konkurrent zu potenziellen Kunden aus der Fahrzeugindustrie. Um dieses Dilemma zu umgehen, hatte die Allianz eine eigene Organisation (Ballard Automotive) geschaffen, die Marketing und Vertrieb für die komplette Allianz durchführen sollte. Der Vertriebsexperte Andre Martin, Co-Autor dieses Buches, kam damit 1998 an Bord und wurde Verantwortlicher für diesen neuen Bereich.

Hintergrundinformation

Zwei Geschichten aus seinem Umfeld haben sich bei mir sehr nachdrücklich eingeprägt und sollten viel Einfluss auf das weitere Geschehen rund um die Brennstoffzelle haben. GM/Opel war damals ebenfalls sehr intensiv in der Entwicklung der Brennstoffzelle engagiert und hatte sich auch für Methanol als Kraftstoff entschieden. Ihr Plan war, spätestens 2004 mit der Methanolbrennstoffzelle auf den Markt zu gehen. Im Jahr 1999 besuchte eine sehr hochrangige GM/Opel-Delegation die Xcellsys in Nabern, um sich die aktuellen Entwicklungen zum Methanolreformer mit all seinen Komponenten und Technologien anzusehen. Das Team hatte mit inzwischen fast 100 Mitarbeitern unglaublich gute Fortschritte gemacht, weit über das hinaus, was im ersten Demonstrator Necar3 präsentiert worden war. Die Experten und Manager von GM/Opel waren begeistert von der Xcellsys-Technologie und Andre Martin erwartete nach vielen vorangegangenen Gesprächen eine große strategische Vereinbarung mit GM/Opel. Doch nichts passierte – niemand meldete sich zurück. Nach drei Monaten konnten wir dann in der Presse lesen, dass GM das Thema Methanol nicht weiterverfolgen würde und sich auf Benzin als Kraftstoff für die Brennstoffzelle fokussieren wollte.

Für alle, die sich mit den Details einer Wasserstofferzeugung aus Kohlenwasserstoffen auskennen, war das ein völlig falscher Ansatz. Benzin in Wasserstoff umzuwandeln, kann man in einer Raffinerie, nicht aber in einem Fahrzeug. Abgesehen davon, dass der Wirkungsgrad unglaublich schlecht wird und es sich um keinen nachhaltigen Kraftstoff handelt. Vermutlich hatte das GM-Management eine strategische Abhängigkeit von Daimler befürchtet und damit begonnen, die Daimler-Strategie öffentlich zu bekämpfen, um den Entwicklungsvorsprung zunichtezumachen.

Eine ähnliche Geschichte ereignete sich mit Volkswagen. Auch dessen Brennstoffzellenteam hatte sich stark für Methanol interessiert und war im engen Austausch mit den Kollegen der Ballard Automotive und der Xcellsys in Nabern. Im Frühjahr 1999 erschien die für uns sehr überraschende Pressemeldung, dass VW Methanol als Kraftstoff nicht weiterverfolgt und stattdessen auf Benzin für die Brennstoffzellenfahrzeuge setzt. Ein Anruf bei den Kollegen von VW führte zur kompletten Verwirrung. Die hatten es ebenfalls aus der Presse erfahren und mussten auch erst verstehen, was da im Konzern passiert war. Eine mögliche Erklärung kam dann von ganz anderer Seite. Ballard-CEO Rasul war kurz vorher zum Weltwirtschaftsforum nach Davos eingeladen worden. Gemeinsam mit vielen Vorständen der Automobilkonzerne hatte er dort das Thema Brennstoffzellenantrieb diskutiert. Er schaffte es, mit seinem Vortrag die Zuhörer so richtig zu begeistern. Das förderte natürlich auch den Wettstreit zwischen den Automobilkonzernen um die technologische Führerschaft und diesen kann man auf vielfältige Weise gestalten.

Große strategische „Spielchen" fanden nicht nur in der Automobilindustrie, sondern auch in anderen Branchen statt und werden oft erst sehr viel später bekannt. Wir hatten in unseren ersten Überlegungen 1990 analysiert, dass der flüssige Kraftstoff Methanol am einfachsten synthetisch hergestellt und auch wieder sehr einfach in seine Bestandteile Wasserstoff und CO_2 gespalten werden kann. In vielen Automobilkonzernen gab es ähnliche Überlegungen. Zur damaligen Zeit standen Schadstoffemissionen wie Stickoxid oder Partikel weit mehr im Vordergrund als das Klimagas CO_2, das heute die Diskussion dominiert. Eine favorisierte Herstellung von Methanol konnte in unseren Augen an den Erdölbohrlöchern stattfinden. Das als Nebenprodukt mit dem Erdöl geförderte Erdgas wurde meistens abgefackelt, da ein Abtransport viel zu aufwendig war. Statt das Erdgas einfach sinnlos zu verbrennen, könnte man es relativ einfach vor Ort in das flüssige Methanol umwandeln und damit Brennstoffzellenfahrzeuge betreiben. Würde man nur 10 % des abgefackelten Erdgases in Methanol umwandeln, könnte man damit 9,5 Mio. Brennstoffzellenfahrzeuge betreiben, so berichtete das American Methanol Institut zu dieser Zeit in einer lesenswerten Studie „The Promise of Methanol Fuel Cell Vehicles" (AMI 1999).

Im Projekthaus Brennstoffzelle wurde damals ein Kollege damit beauftragt, sich mit der Mineralölindustrie über den Aufbau einer Infrastruktur für das Tanken von Methanol abzustimmen. Viele namhafte Firmen, vor allem aus der Mineralölbranche, zeigten sich scheinbar kooperativ. Über viele Jahre gab es Analysen, Studien und unzählige Treffen. Konkrete Umsetzungsschritte der Mineralölindustrie folgten aber nie. Wie sich langsam herausstellte, wollte diese Branche die Diskussion verfolgen, hatte jedoch kein wirkliches Interesse an Methanol. Das bestehende Geschäft mit Erdöl lief hervorragend, und es gab keinen wirklichen Grund für diese Industrie, das bestehende, sehr lukrative Geschäftsmodell aufs Spiel zu setzen.

Ein weiteres, interessantes Ereignis spielte sich in Kalifornien ab. Kalifornien war mit seiner ZEV-Gesetzgebung 1990 der Auslöser für die intensive Entwicklung emissionsfreier Antriebe gewesen. Daraus entstand eine enge Zusammenarbeit der Akteure mit dem California Air Resources Board (CARB), das für die Gesetzgebung verantwortlich war. Viele der Fahrzeugdemonstrationen fanden deshalb in Kalifornien statt. In Sacramento gab es sogar ein von der Automobilindustrie gemeinsam betriebenes Wartungszentrum für die Brennstoffzellenfahrzeuge. Da Kalifornien der erste Markt sein sollte, fand dort auch die Konzeptentwicklung für die Betankungsinfrastruktur statt. Ein leicht nachvollziehbares Ergebnis der ersten Analysen war, dass der finanzielle Aufwand für die Errichtung einer Methanolzapfsäule um Größenordnungen niedriger war als der für eine Wasserstofftankstelle.

Im Jahr 2000 tauchten dann in den USA vermehrt Pressemeldungen über die tödliche Gefahr von Methyl-Tertiär-Butyl-Ether (MTBE; MTBE, Wikipedia) auf. Was war passiert? Bei einigen der alten Tankstellen in Kalifornien waren die Lagertanks für Benzin durchgerostet und das Benzin in das Grundwasser gelangt. Benzin enthält seit der Einführung des Dreiwegekatalysators das Additiv MTBE, um das Klopfen des Motors zu verhindern. Vor der Einführung des Abgaskatalysators 1975 wurde dafür das sehr viel giftigere Tetraethylblei verwendet. Auch MTBE ist sehr giftig und wurde nach den oben genannten Vorfällen im Trinkwasser nachgewiesen. MTBE wird aus Methanol hergestellt und ist das wichtigste Geschäft der Methanolindustrie. MTBE ist aber eine ganz andere chemische Verbindung als Methanol. Trotzdem kam in diesem Zusammenhang auch Methanol immer mehr in Verruf und eine differenzierte Betrachtung war in der breiten Öffentlichkeit nicht mehr möglich.

In Folge der vielen Negativberichte zu Methanol gingen immer mehr Automobilfirmen dazu über, auf Wasserstoff als Kraftstoff zu setzen, weil es der vermeintlich einfachere Weg war. Die kurz aufgeflammte Idee, Benzin als Kraftstoff für Brennstoffzellenfahrzeuge zu verwenden, wurde schnell wieder fallen gelassen, weil es technisch nicht sinnvoll umsetzbar ist. Nachdem Firmen wie Honda, Nissan, GM und andere sehr euphorische Meldungen zum Markteintritt (2002/2003) mit Wasserstoff verkündeten, war auch unsere Allianz gezwungen, ihre Strategie zu überdenken.

So wurde im Jahr 2000 beschlossen, eine erste Fahrzeugflotte mit Wasserstoff auf Basis der A-Klasse von Mercedes und dem Ford-Focus ab 2002 auf die Straße zu bringen (siehe Abb. 3.3). Parallel dazu stieg auch das Interesse an Stadtbussen. Schon ein Jahr später sollten 36 Busse für neun europäische Städte sowie für Reykjavik, Peking und Perth gebaut werden (siehe auch Abb. 4.3).

Der strategische Schwenk hin zu Wasserstoff und zu den ersten Kleinserien stellte die Entwicklungsteams enorm unter Druck. Der Betrieb mit reinem Wasserstoff, statt mit der Mischung aus Wasserstoff und CO_2, die aus dem Methanolreformer kommt, hatte viele Änderungen in Bauteilen, Subsystemen und Betriebsbedingungen zur Folge. Gleichzeitig mussten in sehr kurzer Zeit alle Themen angegangen werden, die für eine Kleinserie von Fahrzeugen in Kundenhand plötzlich enorm wichtig wurden. Die Alltagstauglichkeit manifestiert sich in vielen Details, angefangen von einem schnellen Start der Brennstoffzellen, über den robusten Betrieb unter allen typischen Wetter- und Einsatzbedingungen bis hin zur Lebensdauer über viele Jahre. Auch die Herstellung in Handarbeit war dafür selbstverständlich nicht die beste Lösung. Teilautomatisierte Prozesse mussten schnell entwickelt werden. Qualitätsmanagement stand plötzlich im Vordergrund. Wir alle mussten viel dazulernen. Eine Übertragung des Know-hows aus der Entwicklung und Fertigung von Verbrennungsmotoren funktionierte aufgrund der Verschiedenartigkeit der Prozesse und Materialien nicht so einfach und eine reife Zulieferindustrie gab es ebenfalls nicht.

Hintergrundinformation

Eine kleine Geschichte bringt das sehr schön auf den Punkt: Ich bekam die Gelegenheit, das Motorenprüffeld von Mercedes zu besuchen. Dort finden die Abnahmetests für die Motoren statt, bevor sie für die Serienproduktion freigegeben werden. Der Leiter des Prüffeldes erklärte uns, dass der Motor einen definierten Prüfzyklus durchlaufen muss, der etwa 800 h dauert. Wenn der Motor diesen Zyklus unbeschadet übersteht, kann man sicher sein, dass dieser im Alltag auch zwanzig Jahre durchhält. So einen Prüfzyklus wollte ich natürlich für meine Brennstoffzellen auch haben. Auf meine Frage, wie denn so ein Prüfzyklus definiert wird, erhielt ich die Antwort: Dahinter stecken 100 Jahre Erfahrung auf der Straße!

Da wurde mir klar, dass die Entwicklung eines beschleunigten Lebensdauertests sehr viel Zeit benötigt und die Übertragung der Prozesse einer etablierten Technologie auf eine komplett neue Technologie nicht so einfach möglich ist. Infolgedessen muss die Markteinführungsstrategie disruptiver Innovationen in solchen Anwendungen auch ganz anders verlaufen.

Medien und Politik

Das mediale Interesse war damals schon groß und wurde durch einen jahrelangen öffentlichen Schlagabtausch zwischen den Erzrivalen BMW und Daimler befeuert. BMW setzte auf einen mit Wasserstoff betriebenen Verbrennungsmotor. Das Hauptargument war, dass ein Verbrennungsmotor im Gegensatz zur Brennstoffzelle nicht erst entwickelt werden muss und bereits in großen Stückzahlen produziert wird. Wir sahen dagegen den Wirkungsgradvorteil der Brennstoffzelle als ausschlaggebendes Argument. Der Wirkungsgrad eines Verbrennungsmotors ist nur halb so hoch wie der eines Brennstoffzellenantriebs. Versinnbildlicht bedeutet das, die halbe Reichweite mit der gleichen Menge Wasserstoff im Tank. Um das zu kompensieren, setzte BMW auf die Speicherung von Wasserstoff in flüssiger Form bei −253 °C. Die Verflüssigung und Isolierung für die Speicherung und den Transport des Wasserstoffs sind sehr aufwendig. Hinzu kam, sollte das Fahrzeug nach damaligem technischen Stand über einige Tage nicht genutzt werden, musste der langsam verdampfende Wasserstoff über ein Ventil abgelassen werden. Deshalb wurde gerne die erfundene Geschichte vom H_2-BMW-Fahrer erzählt, der sein Fahrzeug am Flughafen parkt und nach zwei Wochen Urlaub bei seiner Rückkehr feststellt, dass der Tank inzwischen leer ist. Das hat sich in vielen Köpfen festgesetzt und selbst nach 20 Jahren kam bei meinen Vorträgen von den Zuhörern immer wieder dieses Argument gegen Wasserstoff. Sie wussten jedoch nicht, dass das nur für Tanks mit flüssigem Wasserstoff gilt und weit übertrieben war. Druckgasspeicher dagegen sind vollkommen dicht und haben keine Selbstentladung.

Eine wenig hilfreiche Rolle in den Medien spielte zu dieser Zeit das Umweltbundesamt (UBA). Von dort kamen immer wieder negative Botschaften zu alternativen Antrieben. Zuerst wurden Batteriefahrzeuge aus dem Rügen-Projekt kritisiert (Spiegel 47/1996, Rügen-Projekt) und dann die Brennstoffzellenfahrzeuge. In einem eintägigen Workshop tauschten viele Akteure aus Forschung, Politik und Industrie die gegensätzlichen Argumente zur Brennstoffzelle mit den Vertretern des UBA aus, die bei ihrer Meinung blieben, die da lautete: Nur Brennstoffzellen für die stationäre Stromversorgung seien sinnvoll. Für das Auto lehnten sie die Brennstoffzelle kategorisch ab (FAZ 10.10.2000, UBA).

Kurz nach diesen Ereignissen präsentierten wir die erste A-Klasse mit Wasserstoffbrennstoffzellen (Necar4) der Öffentlichkeit. Die Arbeitsgemeinschaft der öffentlich-rechtlichen Rundfunkanstalten der Bundesrepublik Deutschland (ARD) drehte einen schönen Bericht zum Fahrzeug. Voller Begeisterung sah ich mir die Reportage in der Tagesschau um 20 Uhr an. Es war ein toller Beitrag, doch dann kam der Nachspann – ein Interview mit dem Verantwortlichen für Fahrzeuge am UBA. Er machte vernichtende Äußerungen zum Brennstoffzellenantrieb. Meine Stimmung war wieder auf dem Nullpunkt und die Öffentlichkeit war nachhaltig verunsichert. Bis heute hält diese Verunsicherung durch viele und immer wieder erneuerte widersprüchliche Botschaften zu alternativen Antrieben von Forschungsinstituten, in den Medien und aus der Politik an und lähmt damit den Fortschritt.

Roman Herzog, der damals Bundespräsident war, wollte die Innovationskraft deutscher Unternehmen stärken und vergab einmal im Jahr sehr medienwirksam den hoch dotierten Innovationspreis an die erfolgreichsten Akteure. Im Jahr 1998 wurden wir mit unserem Brennstoffzellenfahrzeug für diesen Preis nominiert. Wir, das waren Dr. Günther Dietrich (verantwortlich für die Entwicklung des Brennstoffzellensystems), Dr. Jürgen Friedrich (verantwortlich für die Entwicklung des Elektroantriebs) und ich. Die fünf Finalisten, zu denen wir gehörten, und ihre Themen wurden in Berlin in einer aufwendig produzierten Fernsehschau mit dem Bundespräsidenten und viel Prominenz dem Fernsehpublikum präsentiert. Es war sehr eindrucksvoll, das live mitzuerleben. Hinter mir saß Hildegard Knef, vor mir Brad Pitt, zur großen Freude meiner Freunde, die das von zu Hause aus mitverfolgten. Die Brennstoffzelle wurde in der „Gerüchteküche" als klarer Favorit gehandelt. Es hat dann doch nicht geklappt. Ein ostdeutsches Unternehmen durfte den hoch dotierten ersten Preis mit nach Hause nehmen. Für uns war es trotzdem ein einmaliges Erlebnis.

Hintergrundinformation

Das große mediale Interesse an der Brennstoffzelle war begleitet von vielen Besuchen hochrangiger Politiker im kleinen Dorf Nabern am Trauf der Schwäbischen Alb. Dazu drei kurze, sehr unterschiedliche Beispiele aus der Zeit kurz nach der Jahrtausendwende: Erwin Teufel, der damalige baden-württembergische Ministerpräsident, kam nur in Begleitung seines persönlichen Referenten zu Besuch. Es war noch ein Pressevertreter dabei und passend zu seiner Art verlief der Besuch völlig unspektakulär. Als ich ihm in unseren Labors die Technologie erklären wollte, hörte er nicht zu und ging einfach zu den in der Nähe arbeitenden Kollegen und fragte sie, an welcher Hochschule sie denn studiert hatten. Zufällig kamen alle Befragten von Hochschulen aus der Region, was den Ministerpräsidenten natürlich sehr erfreute.

Der Besuch der Bundestagsfraktion der Grünen kurz danach lief dagegen völlig anders ab. Die gesamte Fraktion kam gemeinsam im Bus und zusammen mit ihr eine hohe Zahl an Journalisten, um der Pressekonferenz beizuwohnen. Mindestens fünf Fernsehteams filmten den Besuch. Alles war ein großes Spektakel und die Medienpräsenz am nächsten Tag entsprechend hoch.

Wiederum völlig anders ging der Besuch einer etwa 20-köpfigen chinesischen Delegation im Jahr 2000 mit dem Minister für Technologie vonstatten. Das Mittagessen war geprägt von interessanten Gesprächen über die Technologie und mögliche gemeinsame Aktivitäten. Dr. Panik schlug eine Demonstrationsfahrt mit einem Brennstoffzellenfahrzeug von Peking nach Shanghai vor. Einer der Ingenieure gab zu bedenken, dass Wasserstoff in Drucktanks auf chinesischen Straßen nicht zugelassen ist. Darauf antwortete der Minister, dass so ein Thema doch schnell und einfach zu lösen sei! Ich fragte die Runde, warum denn China an Wasserstoff und Brennstoffzellenfahrzeugen interessiert sei. Darauf erhielt ich von Professor Wan Gang, der zu dieser Zeit Präsident der Universität von Shanghai und später Minister für Technologie war, eine beeindruckende Antwort. Er ging an ein bereitstehendes Flipchart und zeichnete eine Grafik zur Entwicklung der Anzahl der Fahrzeuge in China. Er erklärte, dass China im Jahr 2000 dort steht, wo der Westen vor etwa 100 Jahren stand. Die Zahl der Fahrzeuge wird sich in den kommenden Jahrzehnten von etwa fünf Fahrzeugen pro tausend Einwohner auf das westliche Niveau von 500 bis 700 Fahrzeugen erhöhen. Im Jahr 2000 gab China bereits ein Drittel seines Bruttosozialproduktes für Erdöl aus. Auch die geopolitischen Risiken für die Versorgung von Erdöl waren enorm groß. Die Lösung konnten nur erneuerbare Energien in Verbindung mit Wasserstoff sein! Das war eine tolle strategische Analyse.

China hat in den darauffolgenden Jahren intensiv analysiert, ob es die Technologie des Verbrennungsmotors überspringen und gleich in die Wasserstofftechnologie investieren soll. Sie kamen jedoch zu dem Schluss, dass für so eine radikale Vorgehensweise noch zu wenig reife Produkte verfügbar waren. So wurde China zunächst zum weltweit größten Hersteller von Fahrzeugen mit Verbrennungsmotoren. Ab etwa 2015 begann man in China zunächst Stadtbusse und anschließend Pkw mit Elektroantrieb und Batterien auszurüsten und wurde schließlich zum weltweit größten Hersteller von Lithium-Ionen-Batterien (LIB.) Ab 2019 ging es im nächsten Schritt mit Vollgas in die Umsetzung der Wasserstofftechnologie.

Brennstoffzellen für den öffentlichen Personennahverkehr
Die aus meiner Sicht attraktivste und naheliegende Anwendung für Brennstoffzellen sind Stadtbusse. Brennstoffzellenantriebe haben besonders in gro-

ßen Fahrzeugen, die sehr viel Energie verbrauchen, einen Vorteil gegenüber den schweren Batterien. Die Betankungsinfrastruktur kann relativ einfach im Busdepot errichtet werden. Ballard hatte schon sehr früh auf Busse gesetzt und auch für Daimler war das ein interessantes Thema.

Noch in der Forschung bauten wir 1996 den ersten Stadtbus auf. Nach der öffentlichen Präsentation 1997 war der Bus weltweit zu Demonstrationsfahrten unterwegs: im Winter bei Schneematsch in Oslo, auf staubigen Pisten in Australien sowie in der dünnen und schmutzigen Luft von Mexiko-Stadt. Der Antrieb lief sehr zuverlässig und die Brennstoffzelle hatte nach den vielen Einsätzen immer noch die gleiche Leistung wie bei der Inbetriebnahme. Aus diesen ersten Erfolgen entstand die Idee eines größeren Feldtests, der dann durch die Europäische Union gefördert wurde. Im Projekt Clean Urban Transport for Europe (CUTE) wurden 27 Busse in neun europäischen Städten über Clean Urban Transport for Europe mehrere Jahre getestet. Hinzu kamen je drei Busse in Reykjavik, Perth und Peking.

Ein besonderes Erlebnis für mich war die Besichtigung der Busfertigung im Werk in Mannheim: Die Brennstoffzellenbusse waren in die ganz normale Fertigungslinie für Stadtbusse integriert. Die Karosserie unterschied sich nur durch ein zusätzliches Loch für die Durchführung der Rohrleitungen. Für die Integration des Antriebs kam statt des Dieselmotors ein Brennstoffzellenaggregat ans Band und wurde dort von speziell geschulten Mitarbeitern eingebaut. Es war unglaublich schön, die Begeisterung der Mitarbeiter am Band zu erleben, die diese neue Technologie montieren durften. Der Xcellsys-Projektleiter hatte ganze Arbeit geleistet. Die Euphorie, mit der er vom ersten Bus 1996 bis zur ersten Kleinserienfertigung dabei war, hatte auf alle seine Kollegen übergegriffen.

Die Brennstoffzelle, die in diese Busflotte eingebaut wurde, hatte im Labor im Dauerversuch erst einige hundert Stunden Betriebserfahrung gesammelt. Entsprechend groß waren die Ängste der Vorstände hinsichtlich der Lebensdauer im Alltagseinsatz. Für das CUTE-Projekt waren drei Jahre Alltagsbetrieb gefordert. Ersatzbrennstoffzellen wurden zur Sicherheit bereitgestellt und die Kaufleute machten sicherheitshalber Rückstellungen in Höhe von 10 Mio. Dollar. Wie sich dann ab 2003 zeigte, waren die Ängste unberechtigt. Die Busse absolvierten problemlos ihren ganz normalen Betrieb und beförderten emissionsfrei viele Millionen Fahrgäste. Die meisten dieser Busse waren nach sieben Jahren immer noch im Einsatz und viele Städte hätten künftig Brennstoffzellenbusse kaufen wollen. Doch es lief anders. Für einen Einstieg in die kommerzielle Serienfertigung hätte die Entwicklung der Brennstoffzellenantriebe von der Bussparte finanziert werden müssen. Nachdem es aber keine Regelwerke gab, die solche Busse gefordert hätten, und damals auch kein Konkurrent in der Lage war, solche Busse zu liefern, blieb alles wie bisher – beim Dieselmotor.

Erst Ende der 2010er-Jahre kam Bewegung ins Spiel. Zunächst waren immer mehr Städte aufgrund der Feinstaubbelastung gezwungen, emissionsfreie Stadtbusse zu kaufen, und die neue EU-Gesetzgebung forderte eine deutliche Reduzierung der CO_2-Emissionen bis 2030. Dies war eine Chance für chinesische Bushersteller, die in ihrer Heimat schon Hunderttausende von Elektrobussen (mit Batterie) im Einsatz hatten, auch den europäischen Markt zu beliefern. Somit wurde es für die deutschen Bushersteller allerhöchste Zeit zu handeln.

Noch eine schöne Anekdote zum Abschluss der Busgeschichte: Als es Anfang 2003 ernst wurde mit der Felderprobung der Busse in den europäischen Städten, suchten wir erfahrene Ingenieure, die bereit waren, die Busse bei den Feldtests technisch zu betreuen. Bestimmte Städte wie London oder Madrid waren heiß begehrt. Für die Betreuung in anderen Städten war auch etwas Überredungskunst erforderlich. Einer meiner Mitarbeiter hatte während der Betreuung der Busse in der neuen Stadt die Liebe seines Lebens kennengelernt und sie dann tatsächlich auch im Brennstoffzellenbus geheiratet.

9/11 und das Platzen der Dot-Com-Blase

Anfang September 2001 nahmen wir am Grove-Symposium in London teil, einer renommierten internationalen Brennstoffzellenkonferenz vor historischer Kulisse, direkt neben der Westminster Cathedral. Wir, das Team aus Nabern, hatten angeboten, unseren Brennstoffzellengokart für Demofahrten mitzubringen. Ein Student hatte in seiner Diplomarbeit ein Gokart mit einem Brennstoffzellenantrieb entwickelt. Die Brennstoffzelle mit einer Leistung von 5 KW wurde aus Überresten der Entwicklungsaktivitäten zusammengebaut. Dazu kamen sehr viele Bauteile, die sich der Student aus dem Internet zusammengekauft hatte: ein Elektromotor, ein Luftkompressor, ein kleiner Wasserstofftank und noch einiges mehr. Viele meiner Mitarbeiter waren wie ich am Bodensee zu Hause. Sie hatten unter der Woche am Abend Zeit übrig. Erst am Wochenende ging es wieder zurück zur Familie. Dadurch hatte unser Diplomand tatkräftige Unterstützung von erfahrenen Ingenieuren, die mit Begeisterung am Gokart mitarbeiteten. Dann folgten die ersten Fahrten im Betriebsgelände von Nabern. Die unglaublich hohe Dynamik des Antriebs, auch ganz ohne Hybridbatterie, sorgte für qualmende Reifen und sehr viel Spaß. Und diesen Spaß hatten auch die vielen

Teilnehmer des Grove-Symposiums, als sie auf dem Kopfsteinpflaster vor dem Konferenzgebäude richtig durchgeschüttelt wurden.

Am Nachmittag des 11. September fuhr ich dann mit der S-Bahn zum Flughafen Heathrow, um nach Vancouver zu fliegen. Für die nächsten Tage hatten wir dort umfangreiche Meetings mit Kollegen aus allen Standorten weltweit vereinbart. In der S-Bahn hatten einige gegenübersitzende Gäste auf ihren Handys Nachrichten von einem Flugzeugabsturz gelesen. Am Flughafen konnte ich ganz normal für meinen Flug einchecken. In der Lounge liefen dann schon die ersten Bilder von den brennenden Wolkenkratzern in New York auf den Bildschirmen. Es sah schrecklich aus. Gegen 16 Uhr war das Boarding geplant, dass sich dann immer weiter verzögerte, bis der Flug gegen 17 Uhr endgültig abgesagt wurde. Ich rief meine Assistentin in Nabern an, um sie zu fragen, ob sie mich auf einen Flug zurück nach Stuttgart buchen könnte. Sie wollte gerade nach Hause gehen, aber zehn Minuten später rief sie mich zurück. Es hat geklappt, ich habe einen Sitzplatz in der Maschine um 19 Uhr nach Stuttgart. Es sollte die letzte Maschine sein, die für die nächsten Tage noch in Heathrow starten durfte. Um Mitternacht war ich glücklich wieder zu Hause. Die meisten Kollegen hatten weniger Glück. Sie strandeten auf irgendwelchen Flughäfen in Kanada oder den USA und brauchten zum Teil eine ganze Woche, um wieder nach Hause zu kommen.

Dieser 9/11-Terroranschlag sollte nicht nur die ganze Welt verändern, sondern auch der Euphorie um die Brennstoffzelle ein baldiges Ende bescheren. Nach diesem Ereignis begannen die Aktienkurse weltweit zu fallen. Besonders schnell vollzog sich das im „Neuen Markt". Die sogenannte Dot-Com-Blase begann zu platzen. Sehr viele der Start-up-Firmen waren stark überbewertet und so begann die große Ernüchterung. Die Ballard-Aktie war Anfang 2000 bis auf 196 Can $ gestiegen. Die Marktkapitalisierung lag bei etwa 10 Mrd. Can $. Ballard hatte zwar kaum Umsätze, war aber damals ein Viertel so viel wert wie der Daimler-Konzern.

Ein Erlebnis der ganz besonderen Art zum Thema Aktien hatte ich ihm Frühjahr 1998. Wir waren gerade dabei, unsere Labors in Nabern aufzubauen. Die dafür vorgesehene Halle war eine einzige Baustelle voller Staub, Dreck und Lärm. Und genau zu dieser Zeit lud Ballard-CFO Umedaly die Analysten von sieben großen Investmentfirmen nach Nabern ein. Er hatte für die folgenden Wochen eine Kapitalerhöhung geplant, um die weiteren Entwicklungen zu finanzieren. Wir präsentierten unsere Pläne zu den Brennstoffzellenfahrzeugen. Die vielen Baustellen signalisierten den Analysten, dass etwas Großes bevorstand. Im Anschluss ging es auf die Einfahrbahn, die Fahrzeugteststrecke in Untertürkheim. Profifahrer rasten mit den Analysten aus der Finanzwelt auf dem Beifahrersitz in den teuersten Sportwagen mit 180 km/h durch die 90-Grad-Steilkurve, ein echter Nervenkitzel. Zum Abendessen waren wir mit einem der Daimler Vorstände verabredet, der unsere Pläne zur Brennstoffzelle bestätigte. Für die richtige Stimmung bei den potenziellen Investoren war gesorgt. Während des Mittagessens am nächsten Tag konnte ich hautnah miterleben, wie die sieben konkurrierenden Investmenthäuser um den Auftrag zur Kapitalerhöhung wetteiferten. Das Ergebnis war wenige Wochen später sichtbar. Die Kapitalerhöhung war erfolgreich und der Börsenkurs hatte sich in kürzester Zeit verdoppelt.

Nach 9/11 ging es in die andere Richtung. Die Kurse fielen rasant und die Weltwirtschaft begann, zunehmend zu leiden. Infolgedessen mussten alle Firmen weltweit konsolidieren, um zu überleben, so auch die Konzerne der Brennstoffzellenallianz. Die Entwicklungsbudgets wurden massiv gekürzt. Zuerst wurde die Entwicklung der kompletten Methanolaktivitäten auf Eis gelegt. Die Wasserstofffahrzeuge mussten dagegen zügig fertiggestellt werden. Die Konkurrenz war schließlich auch unterwegs. Als Nächstes wurde die Struktur der Brennstoffzellenallianz massiv verändert. Alle Joint-Venture-Unternehmen und ihre weltweiten Töchter wurden unter dem Dach von Ballard zusammengeführt. Die inzwischen auf 1500 Mitarbeiter angewachsene Organisation musste deutlich verschlankt werden, um Kosten zu sparen.

Diese Zeit hat sich bei mir mit der folgenden Begebenheit ganz besonders eingeprägt. Es war ein wunderschöner Sommertag und ich hatte Urlaub. Mit der Familie fuhr ich vom Wandern im Bregenzerwald gerade zurück nach Hause, als mich ein Anruf aus Vancouver erreichte: Das Management der Brennstoffzellenallianz hatte unter anderem beschlossen, meine Ballard Power Systems GmbH aufzulösen, die Hälfte der Mitarbeiter zu Daimler zu transferieren und die andere Hälfte zu entlassen. Das war es dann mit der Urlaubsentspannung. Ich begann zu überlegen, wie das zu verhindern wäre. Die Strukturen in der Allianz waren komplex und Veränderungen deshalb nicht so einfach umzusetzen. Es gelang, meine GmbH in die deutsche Ballard AG einzubringen und am Schluss niemanden zu entlassen. Alle Mitarbeiter hatten ihren Arbeitsplatz zwar behalten, organisatorisch hatte sich aber vieles verändert. So kam auch für mich die Zeit, mich neu zu orientieren. Denn meine Organisation, die ich als Geschäftsführer über viele Jahre aufgebaut hatte, gab es durch die Beschlüsse der Allianz nicht mehr. Das freundschaftliche Verhältnis zu vielen meiner Mitarbeiter blieb aber zum Glück erhalten und es sollte danach noch viele interessante Begegnungen geben.

Im Sommer 2003 hatte ich zum Abschluss meiner Zeit in Nabern noch ein besonders schönes Erlebnis mit einem der ersten Kleinserienfahrzeuge – der F-

Cell-A-Klasse. An einem wunderschönen Tag, Ende Juni, fuhr ich mit meinem Sohn nach Nabern, um mein Dienstfahrzeug abzugeben. Es war nach der extrem turbulenten Zeit mein letzter Arbeitstag, bevor ich kurz darauf bei der Süd-Chemie in München die Leitung des Geschäftsbereiches für Katalysatoren im Umwelt- und Energiebereich übernehmen sollte. Ich zeigte meinem Sohn die Bereiche, in denen ich über die ganzen Jahre gearbeitet hatte. Natürlich war die Halle, in der die Fahrzeuge aufgebaut wurden, am interessantesten. Die Kollegen waren gerade dabei, die Exponate für die Internationale Automobilausstellung IAA fertig zu machen, und fragten mich, ob ich eine kleine Spazierfahrt machen wollte. Sie drückten mir die Fahrzeugschlüssel in die Hand und los ging es mit meinem Sohn auf dem Beifahrersitz. Mit offenen Fenstern und Schiebedach glitten wir lautlos durch die wunderschönen Dörfer und Obstplantagen am Fuße des Albtraufs. Alles war leise und still, wir rochen sommerlich frische Luft und keinerlei Abgase, einfach ein wunderbares Dahingleiten. Am nächsten Tag sollte ich mein neues Dienstfahrzeug, ein nagelneuer BMW – mit Dieselmotor –, in München abholen. Was für ein Unterschied im Vergleich zur Brennstoffzelle! Der Diesel gab ein lautes Rattern von sich und die Abgase waren in der Tiefgarage mehr als unangenehm. Man muss den Unterschied erleben, um zu verstehen, wie groß er tatsächlich ist.

Die Geschichte erzählt von André Martin

3.2 Tücken der Komplexität

Die ersten Eindrücke – „Draft of tomorrow's press release"[1]
Bis 1988 war Ballard eine Forschungsgarage, sehr kreativ, aber die Firma hing am Tropf staatlicher Fördergelder. Kurz nach dem Eintritt des neuen CEO Firoz Rasul in die Firma hielt dieser eine bemerkenswerte Rede vor den Mitarbeitern. Sein zentrales Statement lautete: „Wenn Ihr nach einem Nobelpreis strebt, seid Ihr hier am falschen Platz. Wenn Ihr eine Menge Geld verdienen wollt, dann seid Ihr hier richtig" (reference for business 2005).

Er leitete einen grundsätzlichen Kulturwandel ein. Die Firma sollte nicht länger von staatlichen Forschungsgeldern abhängig sein, sondern unternehmerisch am Markt agieren. Es gelang ihm und Mossadiq Umedaly, dem damaligen Finanzchef, innerhalb weniger Jahre Ballard zu einer der verheißungsvollsten Technologiefirmen der Welt zu machen. Zehn Jahre später,

---

[1] Sinngemäß: Entwurf der morgigen Pressemitteilung.

1998, wurde Ballard als „Weltmarktführer in der automobilen Brennstoff-zellentechnologie" gehandelt und weltweit anerkannt. Erreicht wurde das durch ein Netz globaler Allianzen mit Autoherstellern und Firmen der Ener-giebranche sowie durch eine geschickte Öffentlichkeitsarbeit, unterstützt von vielen Fahrzeugpräsentationen gemeinsam mit den strategischen Partnern. Ballard ging 1993 an die Börse und hatte 1998 eine Marktkapitalisierung von 1,7 Mrd. $ (US) erreicht – eine Firma mit 350 Angestellten und einem Umsatz von 16 Mio. $ (US), die bis dahin nur Verluste geschrieben hatte (wardsauto 1998; ycharts 2021). Zusammen mit internationalen Schwerge-wichten wie Ford, DaimlerChrysler, ARCO, Shell, Texaco und dem Bundes-staat Kalifornien gründete Ballard 1999 die „California Fuel Cell Partner-ship". Ballard war im „Who is Who" der Industrie angekommen.

Ich war über einen Headhunter angesprochen worden und begann meine Tätigkeit bei Ballard nach einem Auswahlverfahren im Mai 1998. Eines meiner ersten Erlebnisse in meiner neuen Stelle als Verantwortlicher für Ver-trieb und Marketing der Ballard Automotive in Europa war die Teilnahme an einer Konferenz in London im Jahr 1998. Ein Kollege präsentierte die Freiheit der Mobilität und die Kommerzialisierung von Wasserstoff und Brennstoffzellen. Ihm zur Seite stand ein illustrer Kreis aus Vertretern von Texaco, Shell und Honda. Firoz Rasul ließ sich mit dem Statement zitieren, dass die Brennstoffzellentechnologie das Potenzial habe, eine Mainstream-technologie zu werden. Der CEO von Texaco, Peter Bijur, stellte fest, dass die Tage der traditionellen Ölfirmen gezählt seien. Die Vertreter von Shell und Honda waren etwas vorsichtiger bezüglich des Zeitrahmens, äußerten sich aber ähnlich euphorisch (siehe Abb. 3.4).

Zu diesem Zeitpunkt, d. h. 1998, gab es weniger als eine Handvoll Tech-nologieträger bei Daimler und einige Busse bei Ballard. Jedes dieser Fahr-zeuge und jedes in ihnen verbaute Teil war ein Unikat, weit entfernt von einem industriellen Entwicklungsprozess, weit entfernt von einem Pro-dukt. Die Fahrzeuge wurden mit vielen Einschränkungen und unter Zuhil-fenahme eines halben Dutzend Laptops betrieben, was für den damaligen Entwicklungsstand nicht überraschend war. Es gab keinerlei fahrzeugtaugli-che Erfahrungen, auf die man sich stützen konnte, und keine Zulieferindus-trie: Es fehlte an allem, was für eine Industrialisierung nötig war. Für mich als Newcomer war es faszinierend zu beobachten, wie hochrangige Industrie-akteure mit diesem Hintergrund eine Diskussion zur Ablösung konventio-neller Antriebe vor einem internationalen Publikum führten. Hier wurde ein ganz großes Rad gedreht, das mir trotz geringer Erfahrung mit dem Thema nicht so recht zum tatsächlichen Stand der Entwicklung zu passen schien.

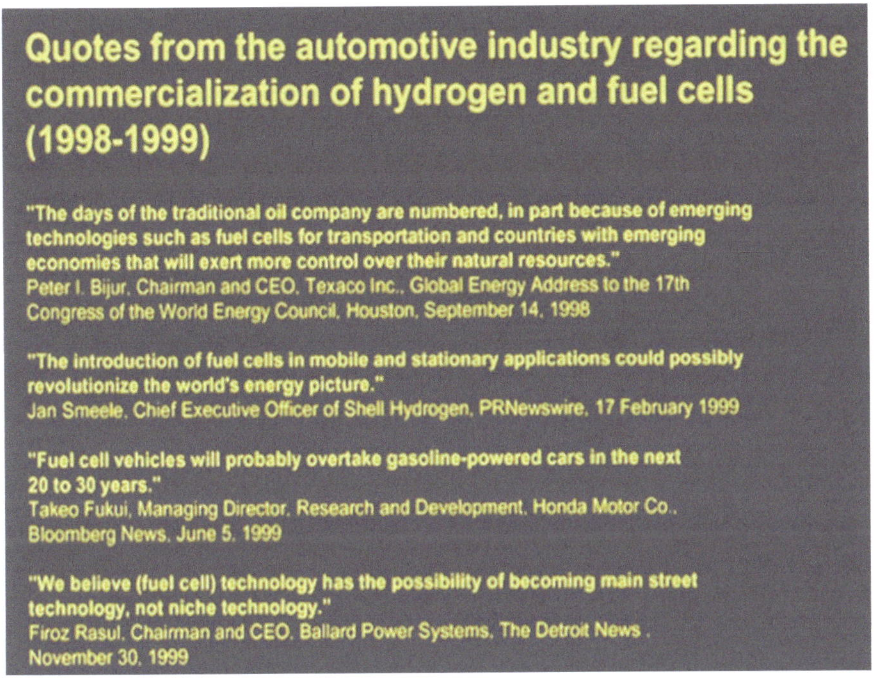

Quotes from the automotive industry regarding the commercialization of hydrogen and fuel cells (1998-1999)

"The days of the traditional oil company are numbered, in part because of emerging technologies such as fuel cells for transportation and countries with emerging economies that will exert more control over their natural resources."
Peter I. Bijur, Chairman and CEO, Texaco Inc., Global Energy Address to the 17th Congress of the World Energy Council, Houston, September 14, 1998

"The introduction of fuel cells in mobile and stationary applications could possibly revolutionize the world's energy picture."
Jan Smeele, Chief Executive Officer of Shell Hydrogen, PRNewswire, 17 February 1999

"Fuel cell vehicles will probably overtake gasoline-powered cars in the next 20 to 30 years."
Takeo Fukui, Managing Director, Research and Development, Honda Motor Co., Bloomberg News, June 5, 1999

"We believe (fuel cell) technology has the possibility of becoming main street technology, not niche technology."
Firoz Rasul, Chairman and CEO, Ballard Power Systems, The Detroit News, November 30, 1999

Abb. 3.4 Zitate aus der Fahrzeug- und Kraftstoffindustrie 1998/1999. (Quelle: Hydrogen Ambassador, alle Rechte vorbehalten; einige Grafikelemente wurden entfernt)

Das Muster des großen öffentlichen Auftritts in Kombination mit verheißungsvoller Sprache und regelmäßigen, geschickt platzierten Kampagnen zog sich durch die gesamte Geschichte. Die öffentlichen Auftritte des Managements bewegten sich auf einem schmalen Grat zwischen dem Schüren von Erwartungen und tatsächlicher Substanz des Unternehmens. Das Publikum erhielt Zugang zu einer verheißungsvollen Zukunft, auch wenn es in der Gegenwart noch viele offene Fragen gab. Das kam an, und nicht nur Ballard agierte auf diese Weise. Es war die Zeit des Neuen Marktes mit explodierenden Bewertungen von Start-up-Firmen, die große Visionen verkauften und nur wenige Produkte. Auch viele andere Akteure, die an der Entwicklung teilnahmen, wollten nicht, dass die Kette guter Nachrichten abriss. Das Ballard Mission Statement „Power to change the World"[2] brachte die dahinterliegende Haltung auf den Punkt: Es ging um nichts weniger, als die Welt zu verändern. Das war aus der Position eines kleinen Start-ups eine

---

[2] Sinngemäß: Energie, die die Welt verändert.

kühne Aussage, aber niemand zog sie in Zweifel und die Investoren schienen sie besonders zu mögen.

Am 30. August 2000 ging ein Schreiben des US-Präsidenten Bill Clinton bei Jürgen Schrempp, dem damaligen Vorstandsvorsitzenden der DaimlerChrysler AG ein, in dem er DaimlerChrysler zur Entwicklung von Brennstoffzellenfahrzeugen beglückwünschte und hervorhob, „dass er besonders froh darüber sei, dass bereits erste kommerzielle Applikationen sichtbar sind, die einen echten Kundennutzen zeigten". Das Schreiben hinterließ nachhaltigen Eindruck und hing für längere Zeit im öffentlichen Eingangsbereich unseres Bürotrakts in Nabern.

Bill Clinton unterlag demselben Eindruck wie viele andere Beobachter. Die Technologie funktionierte in Fahrzeugen und wurde durch Industriegiganten entwickelt. Folglich konnte man ihre Produktnähe nicht in Zweifel ziehen. Wie weit Geschäftsentwicklung ging und wo Nachrichtenproduktion begann, war nur schwer zu unterscheiden. Die Aufbereitung von Fakten und Nachrichten ähnelte deshalb oft einem Balanceakt. Die Frage nach dieser Balance wurde innerhalb der Allianz kaum thematisiert.

Zum Bild gehört, dass die Bezahlung von Mitarbeitern und Management bei Ballard mit Aktienoptionen eine eigene Dynamik entfaltet. Mit Optionen kann man, falls der Aktienpreis ausreichend steigt, viel mehr Geld verdienen als mit einem normalen Gehalt. Bei einer entsprechenden Position in der Hierarchie kann es sich um Millionen handeln. Bei solchen Beträgen kann die Motivation der handelnden Personen davon nicht unbeeinflusst bleiben. Der Aktienpreis ist deshalb eine primäre Zielfunktion des Managements und er hängt naturgemäß ganz wesentlich von der Stimmung der Investoren ab. Futter für Investoren sind gute Nachrichten. Daran hat sich bis heute nichts geändert. Ballard hatte darin eine gewisse Meisterschaft erreicht. Den erfahreneren Mitarbeitern des Unternehmens blieben gewisse Diskrepanzen zwischen externer Kommunikation und interner Unternehmensrealität jedoch nicht verborgen. Im Januar 2001 zirkulierte im Unternehmen eine fiktive Pressemitteilung, die ein unbekannter Witzbold entworfen hatte. Sie brachte eine weitverbreitete Stimmung, satirisch überspitzt, gut auf den Punkt (siehe Abb. 3.5).

Hintergrundinformation

Übersetzung Abb. 3.5

Ballard kündigte heute an, eine weitere Ankündigung zu machen.

„Aufgrund des Fehlens jeglichen messbaren Fortschritts haben wir uns entschlossen, diese Ankündigung zu veröffentlichen, und hoffen, dass sie die Aufmerksamkeit von der Tatsache ablenkt, dass alles, was wir in den letzten fünf Jahren produziert haben, An-

YAHOO! *FINANCE*

Finance Home - Message Boards Help - Yahoo!

powered by **COMPAQ**

Top > Business & Finance > Investments > Sectors > Technology > Electronic Instruments and Controls > **BLDP** (Ballard Power Systems)

Options - Edit Public Profile - Sign In

< Previous | **Next >** [First | Last | **Msg List**] Msg #:_____ | Go 📝 Reply 📝 Post   ADVE

Recommend this Post - This post has 15 recommendati Ignore this User | Report Abuse

Draft of tomorrow's press release
10/01/01 04:59 pm
Msg: 45787 of 45882
by: aliceknowsballard

Ballard today announced that it was making another announcement.

"Absent any measurable progress or success, we have decided to make this announcement in the hope that it would deflect attention from the fact that all we have produced in the past five years are announcements about products, instead of actual products," said ▇▇▇▇, Chairman and CEO.

"We have decided to remake our product line-up and devote all of our energies to producing press releases," said ▇▇. "It is what we know best, it is what we have been doing for all these years and it is what our investors seem to enjoy us doing. And we have enough cash on our balance sheet to produce lots of press releases for the next two to three hundred years."

Ballard plans to team with Ford and Daimler, who are more than happy to pretend that fuel cells cars might some day work, in the effort to produce lots and lots of press releases and press conferences.

"This press conference today will be the first of many press conferences that Ford will be holding with Ballard," said ▇▇▇▇▇▇, Vice-Chairman, Ford Motor Company. "We like press conferences. This one should be fun."

"We are looking forward to diverting the press's attention from the fact that our stock price is near an all time historical low and that our collaboration with Ballard has produced exactly ZERO since 1995, said ▇▇▇▇▇▇, Member of the Board of Management of DaimlerChrysler AG. "I just wish that jerk ▇▇▇▇▇▇ had a clue as to getting us into this pig in a poke in the first place."

Ballard officials indicated that they might be able to increase their press release production to at least three a month, though would not commit to those numbers.

Message Thread [View]   Ignore this User | Report Abuse

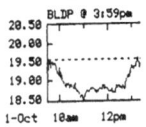

BLDP Snapshot

BLDP @ 3:59pm
20.50
20.00
19.50
19.00
18.50
1-Oct   10am   12pm

BLDP

quotes delayo
Syn

WHAT A
GU
WAN
12 FR

10/2/01 8:27 AM

of 2

Abb. 3.5 Zeitdokument, 2001: „Draft of Tomorrow's Press Release"; Verfasser unbekannt

kündigungen von Produkten waren anstelle tatsächlicher Produkte." – sagte … Chairman und CEO.

„Wir haben uns deshalb entschlossen, unsere Produktpalette zu modifizieren und zukünftig unsere ganze Kraft der Herstellung von Pressemitteilungen zu widmen," so … „Es ist das, was wir am besten können, was wir seit vielen Jahren gemacht haben und was auch unsere Investoren an uns zu schätzen scheinen. Wir haben genug Geld in unserer Bilanz, um in den nächsten 200–300 Jahren Unmengen an Pressemitteilungen zu produzieren."

Ballard hat die Absicht, mit Daimler und Ford zusammenzuarbeiten, die sehr gerne behaupten, dass Brennstoffzellenfahrzeuge eines Tages funktionieren würden, um möglichst viele Pressemitteilungen und Pressekonferenzen produzieren zu können.

„Die heutige Pressekonferenz wird die erste von vielen Pressekonferenzen sein, die Ford mit Ballard abhalten wird," sagte … Vice-Chairman, Ford Motor Company. „Wir lieben Pressekonferenzen. Und diese macht uns besonders Spaß."

„Wir freuen uns, die Aufmerksamkeit der Presse von der Tatsache abzulenken, dass unser Aktienkurs in der Nähe eines historischen Tiefs ist und dass unsere Zusammenarbeit mit Ballard seit 1995 exakt null produziert hat," sagte … Mitglied des Vorstandes der DaimlerChrysler AG. „Ich hätte mir gewünscht, dass der Trottel … einen blassen Schimmer gehabt hätte, bevor er uns diese Katze im Sack kaufen ließ."

Ballard-Repräsentanten deuteten an, dass sie die Produktion von Pressemitteilungen auf mindestens drei pro Monat steigern könnten, würden sich jedoch auf diese Zahl nicht festlegen."

Die fiktive Pressemitteilung war im typischen Verlautbarungsduktus aufgemacht. Hoch gespannte Erwartungen wurden kombiniert mit prominenten Akteuren. Große Vorhaben wurden verkündet, aber kaum konkrete Ziele benannt. So konnte man später auf nichts festgelegt werden. Interessanter sind jedoch die Kernaussagen des Textes: Wenn in einem Unternehmen der Eindruck entsteht, dass das Executive Management stärker mit der positiven Außendarstellung des Unternehmens als mit der Technologieentwicklung und einem nachhaltigen Geschäftsmodell beschäftigt ist, entstehen Zweifel unter den Mitarbeitern. Die Allianz mit DaimlerChrysler und Ford hatte nicht den erwarteten Entwicklungsschub ausgelöst. Die Geschwindigkeit der Entwicklung hatte sich scheinbar verlangsamt, obwohl die Ressourcen sich vervielfacht hatten. Die Entwicklungsdynamik hatte nachgelassen.

Technologische Durchbrüche am laufenden Band

Im Jahr 1997 kam der Kooperationsvertrag zwischen Ballard und Daimler zustande. Bereits ein Jahr später, 1998, trat Ford der Kooperation bei, was zur Gründung der sogenannten Fuel Cell Alliance (Brennstoffzellenallianz) führte. Sie verfolgte das Ziel, die gemeinsame, gleichberechtigte Entwicklung der Brennstoffzellentechnologie für den Einsatz in Fahrzeugen durchzuführen, wofür mehrere Tochterunternehmen gebildet wurden. Eine davon sollte automobile Brennstoffzellensysteme entwickeln, eine weitere sich um die Entwicklung elektrischer Antriebe kümmern. Die Brennstoffzellenentwicklung, d. h. die Entwicklung der Kerntechnologie, die bis dahin parallel erfolgt war, wurde vollständig bei Ballard konzentriert und die deutschen Brennstoffzellenentwickler in die Ballard Power Systems GmbH mit Sitz in Kirchheim/Teck überführt, deren Leitung Werner Tillmetz übernahm. Um die Ernsthaftigkeit der Marktaktivitäten zu unterstreichen, gründete man die Ballard Automotive Inc., eine unselbstständige Niederlassung der Ballard Corp., ebenfalls mit Sitz in Kirchheim/Teck, die fortan zuständig für das Marketing in Europa war und die ich nach meiner Einstellung führte. Im Jahr 1999 wurde die dbb mit großem Aufwand in Xcellsys umbenannt. Der Name, der sich aus Daimler-Benz und Ballard ableitete, war sowohl durch den Eintritt eines weiteren Partners in die Allianz als auch den Zusammenschluss von Daimler mit Chrysler obsolet geworden.

Was folgerichtig klang, die Ausgründung der Technologieentwicklung in kleinere flexible Tochterunternehmen und die Fokussierung der Allianzpartner auf jeweils einen Teil der Gesamtentwicklung erzeugte eine hochkomplexe Organisationsstruktur mit weit voneinander entfernten, z. T. überseeischen Standorten in verschiedenen Zeitzonen und mit sehr unterschiedlichen Entwicklungsmentalitäten. Wichtige Beschlüsse bzw. Entscheidungen konnten nur von allen Partnern gemeinsam und gleichberechtigt getroffen werden. Der Zulieferer hatte die gleichen Rechte wie die beiden Fahrzeughersteller. Die drei Technologiefirmen waren in der technischen Entwicklung relativ selbstständig, hingen aber am Geldhahn der großen Automobilfirmen.

Dieses Gesamtkonstrukt sollte sich als schwere Hypothek für die Produktentwicklung und die Kooperation als Ganzes herausstellen. Im Jahr 1998 war die Stimmung jedoch noch euphorisch, voller hochgeschraubter Erwartungen. Die Allianz galt als eine einmalige Organisation und sie trug maßgeblich zum damaligen Börsenwert von Ballard bei. Daimler und Ballard hatten in kurzer Folge Brennstoffzellenfahrzeuge vorgestellt und auf die Straße gebracht. Bei diesen Fahrzeugen handelte es sich um Technologieträger, d. h. Unikate, die den jeweiligen Technologieentwicklungsstand repräsentierten und die Fortschritte eindrücklich unter Beweis stellten. Sie erbrachten den grundsätzlichen Nachweis, dass sich die Brennstoffzellentechnologie für den Antrieb von Fahrzeugen eignete. Viele hatten das zu dieser Zeit und auch später noch bezweifelt.

Voraussetzung für die rasante Abfolge technologischer Entwicklungs-schritte und ihrer Demonstration in Fahrzeugen waren enorme Fortschritte in der Entwicklung der Brennstoffzellenstacks, ohne die solche Unterneh-mungen unmöglich gewesen wären. Ebenso beeindruckend war die Re-formertechnik von Necar3, die chemische Prozesse in kompakter Form an Bord eines Fahrzeuges ausführte, die man bis dahin nur aus dem Chemiean-lagenbau kannte (siehe Abb. 3.7).

Es handelte sich um bahnbrechende Innovationen. Niemand konnte zu diesem Zeitpunkt Vergleichbares vorweisen. Die in kurzer Folge demonst-rierten Fahrzeuge, vor allem aber die rasante Technologieentwicklung, be-eindruckten viele Beobachter und Wettbewerber. In kürzester Zeit wurden Sprünge in der Leistungsdichte gezeigt, die man bis dahin für unmöglich gehalten hatte. Die Allianz, und mit ihr Ballard, stand damals ohne Zweifel an der Spitze der weltweiten Technologieentwicklung.

Die Erfolge waren mehreren Elementen zu verdanken, die in nahezu optimaler Weise zusammenkamen: Es standen reichlich Mittel zur Verfü-gung, die in die Entwicklung einflossen. Junge, hoch motivierte Entwick-lungsteams und flache Hierarchien ermöglichten massenhaft Ideen, nahmen sie mutig auf und setzten sie schnell um. Es gab keine Denkverbote und kaum Restriktionen. Die Organisation war auf technologische Durchbrüche getrimmt und sie produzierte technologische Durchbrüche. Es wurde nicht gekleckert, es wurde geklotzt. Hindernisse wurden unbürokratisch beiseite geräumt. Es war ein Paradies für Technologieentwickler.

Die Jahrtausendwende war in vielen Bereichen eine Zeit des technologi-schen Aufbruchs. Dot-Com-Start-ups beflügelten die Fantasie der Investo-ren weltweit. Heutige Global Player wie Apple, Amazon, Google oder Mi-crosoft machten ihre ersten Schritte oder waren bereits in der frühen Phase ihres rasanten Aufstiegs. Der 10 Jahre zurückliegende Zusammenbruch des Ostblocks hatte völlig neue Potenziale eröffnet, die sich gerade zu entfalten begannen. China befreite sich aus seiner selbst auferlegten Isolation. Die Welt träumte von einer neuen Ära der Zusammenarbeit und des technologi-schen Fortschritts.

Die Aufbruchsstimmung machte auch um die Autoindustrie keinen Bogen. Alte Elektrifizierungsvisionen feierten ihre Auferstehung. Die Ent-wickler hatten bereits in den 1980er-Jahren erste Versuche mit batterieelek-trischen Antrieben gemacht, die wegen der unzureichenden Energiedichte der damaligen Batterietechnologie und der in ihrer Folge deutlich zu ge-ringen Reichweiten erfolglos aufgegeben wurden. Im Jahr 1990 ergriff das CARB mit seinem Zero-Emission-Mandate (Nullemissionsmandat) eine einzigartige Initiative. Alle Fahrzeughersteller, die zukünftig in Kalifornien

Autos verkaufen wollten, wurden dazu verpflichtet, ab einem bestimmten Zeitpunkt einen Anteil an Nullemissionsfahrzeugen in Relation zu ihren Verkaufsvolumen zu liefern. Das Ziel war, eine deutliche Verbesserung der Luftqualität in Kalifornien zu erreichen.

Das Zero-Emission-Mandate führte zur Gründung der California Fuel Cell Partnership (CAFCP), die von der Allianz maßgeblich unterstützt wurde, indem sie dem CARB Informationen und Fakten zur Verfügung stellte, die die politische Strategie untermauerten. Neben anderen erklärten sich DaimlerChrysler, Ford und Ballard bereit, die Aktivitäten des CARB öffentlich zu unterstützen. Die Partnership sollte in einem eigens dafür aufgebauten Standort Demonstrationsfahrzeuge und die Betankungsinfrastruktur testen und auf ihren breiteren Einsatz unter dem Mandat vorbereiten. Sie stand allen interessierten Auto- und Kraftstoffherstellern offen. Ein zentrales Element der ZEV-Regulierung war die Forderung, dass Nullemissionsfahrzeuge eine bestimmte Mindestreichweite erfüllen mussten, um als solche anerkannt zu werden.

Bis dahin hatte die Brennstoffzelle in der Fahrzeugindustrie ein zwar exklusives, aber eher esoterisches Nischendasein als Technologievision und Hightechforschungsthema gefristet. Jetzt rückte sie als mögliche Technologiealternative zur Erfüllung des Mandats und damit knallharter wirtschaftlicher Interessen in den Mittelpunkt. Das Mandat löste große Betriebsamkeit unter allen Autoherstellern aus, die auch zukünftig ihre Fahrzeuge auf dem interessanten kalifornischen Markt verkaufen wollten.

Jeder spricht mit jedem – Einigung in weiter Ferne
Es begann eine Periode zahlreicher Kooperationsgespräche, da es vielen Firmen sinnvoll erschien, Ressourcen für die Entwicklung zu bündeln. Zwischen 1999 und 2001 redete fast jeder mit jedem in der Autoindustrie. Vielfältige Bündnisse wurden öffentlich verkündet und ebenso schnell wieder fallengelassen. Ballard hatte die Gründung der CAFCP naturgemäß nach Kräften unterstützt. Die Aufbruchsstimmung, die das Zero-Emission-Mandat erzeugte, passte vorzüglich in unsere Strategie, andere Autohersteller von der Brennstoffzellentechnologie zu überzeugen und daraus ein Moment für die Gesamtentwicklung und das Umsatzwachstum zu generieren.

Ich hatte bereits Mitte 1998 den Gesprächsfaden mit dem General Alternative Propulsion Center (GAPC) von GM in Mainz-Kastell aufgenommen. Wir waren uns mit den Kollegen bei vielen Themen, die die Technologie betrafen, häufig schnell einig. Schwierig wurde es immer dann, wenn wir das Minenfeld der Firmenpolitik betraten.

Eines der ersten konkreten Ergebnisse unserer Diskussionen war die Lieferung eines Wasserstoffsystems, mit dem GM eine Erprobung durchführen wollte. Der von GM übermittelte Kaufvertrag hatte 120 Seiten und steckte voller juristischer Spitzfindigkeiten. Während einer Ballard-Schulung in La Jolla in der Nähe von San Diego Mitte 1999 gingen wir den Vertrag gemeinsam mit einem Juristen durch. Wir einigten uns, die aus unserer Sicht problematischen Inhalte gegenüber GM zu thematisieren. In mehreren Diskussionsrunden und mit zugedrückten Augen gelang es uns, diese Klippe zu umschiffen und den Vertrag in trockene Tücher zu bekommen.

Im November 1999 organisierten wir bei Xcellsys in Nabern ein hochrangiges Treffen mit dem GAPC sowie Ballard Automotive und dem DaimlerChrysler-Projekthaus. Für das Treffen waren drei Themenbereiche vereinbart worden: Kraftstoff und Infrastruktur, Demonstrationsprojekte und die weitere technische Zusammenarbeit. Die Diskussion zum Kraftstoff legte die unterschiedlichen Positionen offen. Wir waren uns schnell einig, dass eine Vereinbarung zwischen den wichtigsten Autoherstellern zum bevorzugten Kraftstoff essenziell für den Aufbau einer Infrastruktur war, jedoch keineswegs, welcher Kraftstoff das sein sollte. GM zweifelte an der Priorität, die wir Methanol dabei zuwiesen, und konnte insbesondere unsere technischen Argumente nicht nachvollziehen. Die vereinbarte Lieferung des Wasserstoffsystems war dafür ein deutlicher Fingerzeig. Wir einigten uns schließlich, eine gemeinsame Initiative von GM, Toyota, DaimlerChrysler und Ford zur Beurteilung der infrage kommenden Kraftstoffoptionen anzuregen.

Außerdem versuchten wir, GM zu motivieren, sich ebenfalls an der CAFCP zu beteiligen, die zu diesem Zeitpunkt die wichtigste Veranstaltung dieser Art war und aus unserer Sicht für sie ein Heimspiel sein sollte. Sie machten jedoch deutlich, dass sie eine Zusammenarbeit mit dem CARB aufgrund „schlechter Erfahrungen" in der Vergangenheit kritisch beurteilten, würden den Vorschlag jedoch nochmals intern diskutieren. Tatsächlich beteiligten sie sich einige Zeit später an der Partnership, allerdings nicht in dem von uns angestrebten und erwarteten kooperativen Rahmen.

Nach dem Mittagessen war eine Labortour vorgesehen, die wir nach längerem Für und Wider ins Programm genommen hatten. Für Außenstehende muss erklärt werden, dass es sich dabei um eine sensible, wenn nicht heikle Entscheidung handelt, weil für Experten, denn darum handelte es sich bei den GM-Kollegen, eine direkte Einsicht in den Stand und den Umfang der Entwicklung möglich wird. Wettbewerbern wird ein solcher Einblick typischerweise nicht ermöglicht. Die vorangegangenen Diskussionen mit GM und die Atmosphäre der Gespräche hatte uns bewogen, die Chancen einer möglichen Zusammenarbeit in den Vordergrund zu stellen.

Wir führten die Kollegen durch einige ausgewählte Laborbereiche der Stack- und Systementwicklung, zeigten die neuen Stacks von Ballard und den letzten Stand der Gaserzeugungstechnologie zur Reformierung von Methanol. Die Labore umfassten bereits damals mehrere Tausend Quadratmeter Fläche mit einigen Dutzend Testständen. Die Kollegen von GM schienen vollkommen überrascht und beeindruckt vom Ausmaß des Testfelds und des demonstrierten technologischen Standes und erbaten am Ende des Rundgangs eine Beratungszeit.

Nach der Unterbrechung diskutierten wir die weitere technische Zusammenarbeit und boten an, eine spezifische Systementwicklung nach GM-Spezifikationen durchzuführen. Die Reaktion war positiv und wir vereinbarten, ein weiteres Meeting im Januar 2000 durchzuführen, um die Spezifikation für ein Methanolsystem zu diskutieren. Das war unzweifelhaft eine unmittelbare und spontane Reaktion auf die Eindrücke der Labortour. Wir waren uns deshalb sicher, alles richtig gemacht zu haben, und hatten den Eindruck, dass wir einen entscheidenden Schritt in der angestrebten längerfristigen Zusammenarbeit vorangekommen waren. Nach dem Meeting herrschte jedoch Funkstille. Trotz mehrerer Anläufe, den Austausch fortzusetzen, kamen nur ausweichende Antworten.

Kurz nach dem Besuch im Oktober 1999 fand die Electric Vehicle Show (EVS 16) in Peking statt, auf der wir vertreten waren. Honda präsentierte zwei Prototypfahrzeuge, FCX-V1 mit einer Ballard-Brennstoffzelle und FCX-V2 mit einem eigenen Brennstoffzellenkonzept. Auf dem Ausstellungsstand von GM registrierten wir ebenfalls überwiegend Brennstoffzellentechnologie, was damals und noch lange danach keine Selbstverständlichkeit für Autohersteller war. Zentrales Exponat war ein 30-kW-Brennstoffzellensystem mit einer Wasserstofferzeugung aus Benzin. Außerdem wurde das Modell eines Brennstoffzellenstacks mit einer Spitzenleistung von 80 kW gezeigt. Inzwischen hatte GM auch Gespräche zu einer Kooperation mit Toyota begonnen, über die die Medien berichteten.

Wir unternahmen einen weiteren Versuch, den Dialog zu neuem Leben zu erwecken, und trafen uns mit einigen GM-Kollegen in einem Pekinger Großrestaurant zum Abendessen. Einer der Chief Engineers, ein alter Haudegen des GAPC aus Detroit, gab Anekdoten zur Elektrifizierungsgeschichte von GM zum Besten. Der Abend war unterhaltsam, wir hatten einen freundlichen Austausch mit den Amerikanern und den Kollegen aus Mainz. Aber wir kamen in der Sache keinen Schritt weiter.

GM hatte, wie wir wussten, im April 1999 eine breit angelegte Entwicklungskooperation mit Toyota begonnen, die auch Brennstoffzellen beinhaltete. Eines der Ziele war die Bestimmung des für Brennstoffzellen am besten geeigneten Kraftstoffs (latimes 1999). Einige Zeit später, im Mai 2001, kam dann die Meldung, dass sie sich für Benzin entschieden hatten und 200 Ingenieure einstellten, um die Benzinreformierung zu entwickeln. Als Hauptgrund gaben sie die Nutzung der vorhandenen Betankungsinfrastruktur an (autonews 2001).

Wir hatten zu diesem Zeitpunkt mit hoher Sicherheit die weltweit umfassendste Erfahrung zu allen Aspekten der Kraftstoffreformierung unter Fahrzeugbedingungen und waren durch unsere Analysen zu dem Schluss gekommen, dass Benzin als Kraftstoff für einen Brennstoffzellenantrieb keine sinnvolle Option war. Neben der Komplexität, dem Gewicht und Volumen sowie den Kosten eines solchen Systems waren der unzureichende Wirkungsgrad und die verbleibenden Emissionen klare Ausschlusskriterien. Deshalb konnten wir diese Entscheidung in keiner Weise nachvollziehen.

Wie sich zeigte, hatte unsere gut gemeinte Laborführung die Ingenieure überzeugt, aber die Konzernstrategen hatten andere Pläne. Wie sich ebenfalls später zeigte, hatten wir mit unseren Analysen recht, denn die Benzinreformierung verschwand sehr schnell von der Agenda, nachdem man festgestellt hatte, wie groß die technologischen Herausforderungen sind.

Ab etwa Mitte 1998 begannen wir auch den Dialog mit einem weiteren starken potenziellen Partner. Wir führten Gespräche mit den Kollegen des Volkswagen-Konzernforschungszentrums Motor, Kraftstoffe und Emissionen in Wolfsburg. Wir hatten sie in einer Reihe technischer Diskussionen überzeugt, Erprobungen der Brennstoffzellenantriebe durchzuführen, und diskutierten erste Schritte einer Zusammenarbeit. Das interne Projekt trug dort den Namen X100. Zunächst sollte eine Erprobung der Necar3-Technologie erfolgen, danach die Necar5-Technologie (beide mit Methanol als Kraftstoff) an die Reihe kommen (siehe Abb. 3.7). Unsere Gesprächspartner äußerten außerdem Überlegungen, im Anschluss an die Erprobung eine Flottendemonstration von bis zu 50 Fahrzeugen durchzuführen. Die internen Abstimmungen dazu mit den Geschäftsbereichen liefen vielversprechend. Sie erwarteten durch die wachsenden Umsätze mit ihrem „New Beetle" in Kalifornien, in den Status eines „großen Produzenten" befördert zu werden, was die Anwendung des Zero-Emission-Mandats des CARB auf ihre Fahrzeuglieferungen zur Folge gehabt hätte.

Mitte 1999 erfolgte die Lieferung des ersten Systems. Wir unterstützten den Einbau und die Inbetriebnahme. Die Fahrzeugintegration erwies sich als schwierig, da die Packaginganforderungen mehrfach verändert wurden, was zusätzlichen Konstruktions- und Anpassungsaufwand nach sich zog. Ende 1999 wurde das Fahrzeug erfolgreich in Betrieb genommen und die Erprobung begann.

Im August und Oktober 1999 sowie im Februar 2000 unternahmen wir mehrere Versuche, VW eine weitergehende strategische Zusammenarbeit vorzuschlagen, jedoch ohne Erfolg. Keiner unserer Briefe wurde beantwortet und es kam nicht zu weiteren Gesprächen. Im Frühjahr 2000 erhielten wir dann die Nachricht, dass VW Methanol als Kraftstoff nicht weiterverfolgt und stattdessen auf Benzinreformierung setzte. Auch in diesem Fall machten wir eine ähnliche Erfahrung wie bei vorangegangenen Gesprächen mit GM. Wir konnten die Ingenieure überzeugen, aber die Strategen blockierten eine Zusammenarbeit und gingen stattdessen in den Konkurrenzmodus.

Auch mit BMW gab es viele Diskussionen, die damals auf den Einsatz von Wasserstoff im Verbrennungsmotor setzten. Ich hatte zahlreiche Gespräche mit ihrem damaligen Cheflobbyisten, den ich häufig in Brüssel traf. Wir organisierten einen Besuch bei Ballard in Vancouver, um die Diskussionen zu vertiefen. Bei einem Rundgang durch die Labore zeigten wir die dortigen Aktivitäten. Der unmittelbare Eindruck führte zu angeregten Diskussionen bei den Kollegen. Während eines gemeinsamen Frühstücks im Pan Pacific Hotel schwärmten sie urplötzlich vom Potenzial der Brennstoffzelle und schmiedeten Pläne. Die Schwärmerei erlosch so schnell, wie sie aufgekommen war. Auch aus diesem Kooperationsansatz wurde nichts. Ganz im Gegenteil lieferten sich Vertreter beider Unternehmen, auch bei öffentlichen Gelegenheiten, immer wieder heftige Schlagabtausche.

BMW schlug dann einen aus unserer Sicht ebenfalls ziemlich exotischen Weg ein, indem sie versuchten, die Solid-Oxide-Fuel-Cell-Technologie (SOFC-Technologie; Festoxidbrennstoffzelle, die bei etwa 800 °C betrieben wird) als Auxiliary Power Unit (APU, Bordstromversorgung) für den Betrieb mit Benzin im Fahrzeug zu entwickeln. Die Idee der autothermen Benzinreformierung in Fahrzeugen wurde damals auch durch das Fraunhofer-Institut in Freiburg propagiert (solarserver 2002).

Trotz großem Interesse aller Akteure gelang es uns nicht, die Autoindustrie zu einer gemeinsamen Vorgehensweise zu bewegen, was sich in den folgenden Jahren als schwere Hypothek erweisen sollte. Im Zentrum der strategischen Diskrepanzen stand die Kraftstoffwahl. Sie war, das muss zweifellos berücksichtigt werden, damals und noch lange danach ein komplexes, vielschichtiges, von Interessen geleitetes und deshalb heftig umkämpftes Thema. Sie definierte nicht nur die Technologieentwicklung, sondern vor allem auch das Ausmaß der nötigen Veränderungen des gesamten Umfelds, insbesondere der Infrastruktur. Aber sie bestimmte auch die Wettbewerbsposition der Unternehmen, je nachdem welchen Entwicklungsstand sie bei welcher Option erreicht hatten.

Die Repräsentanten der drei Lager Wasserstoff, Benzin und Methanol lieferten sich viele öffentliche und nichtöffentliche Auseinandersetzungen. Das führte jedoch selten zu echten Diskussionen, da meist sehr selektiv entlang der Vorteile der jeweils bevorzugten Option argumentiert wurde. Offensichtliche Widersprüche wurden ignoriert oder bagatellisiert. Benzin wurde als Kraftstoff für die Brennstoffzelle eine „Brückenfunktion" nachgesagt, ohne die fehlende technologische Machbarkeit und die erheblichen Nachteile seines Einsatzes zu benennen. Methanol wiederum wurde als giftig apostrophiert und damit wurden Ängste geschürt. Ein zweifelhaftes Argument, wenn man die Eigenschaften von Benzin bedenkt. Wasserstoff hatte Nachteile in der Speicherung und vor allem aufgrund des nötigen Aufbaus einer komplett neuen Infrastruktur. In einem Pressestatement von GM aus dem Jahre 2001 ist die damalige Diskussion in wenigen Sätzen auf den Punkt gebracht (autonews 2001). Dass Wasserstoff schließlich das Rennen machte, ist neben der fehlenden Machbarkeit der Benzinreformierung im Fahrzeug möglicherweise dem Umstand zu verdanken, dass viele Protagonisten die Entwicklung für einfacher hielten als den Weg über Methanol. Während dies auf den Antrieb zweifellos zutrifft, gilt es für die Infrastruktur leider nicht. Diese Entscheidung legte die Grundlage für das sogenannte Henne-Ei-Problem, das auf den obskuren Streit hinauslief, ob man zuerst eine ausreichende Anzahl an Fahrzeugen oder die Infrastruktur für ihren Betrieb bräuchte. Alle Akteure, deren Ziel darin bestand, die Entwicklung zu verzögern oder einfach kein Risiko einzugehen, hatten jetzt ein vortreffliches Argument für ein Schwarzer-Peter-Spiel in der Hand. Sie mussten nur der jeweils anderen Fraktion die Schuld für den unzureichenden Fortschritt zuweisen. Dieses Spiel bestimmte die Diskussionen über viele Jahre.

Allianzen und ihre unbeabsichtigten Folgen

Die 1998 begonnene neue Phase der Zusammenarbeit in der Brennstoffzellenallianz wurde durch die sogenannten Allianzverträge geregelt. Die Entwicklungsziele der Kooperation sollten durch die beteiligten Partner gemeinsam festgelegt, ihre Erfüllung überwacht und die Entwicklungsergebnisse gemeinsam genutzt werden. Dazu wurde ein „Alliance Council" gebildet, der aus den drei CEO der beteiligten Firmen bestand, die durch wenige Mitarbeiter unterstützt wurden. Für das Monitoring der Entwicklungsarbeiten waren vierteljährliche Allianzmeetings vorgesehen, in denen die Entwicklungsteams über den Stand der Arbeiten berichten und Entscheidungen des Alliance Council getroffen werden sollten.

Die drei Technologiefelder Brennstoffzelle, Fahrzeugsystem und E-Antrieb waren so aufgeteilt, dass je eine der Firmen die Entwicklungsverantwortung für ein Technologiefeld hatte und die beiden anderen im Innenverhältnis als Kunden behandelt wurden. Im Zentrum der Diskussion zwischen den Partnern standen regelmäßig die Spezifikationsanforderungen, die die Entwicklungsziele bestimmten, jedoch aus der jeweiligen Perspektive durchaus konträr beurteilt werden konnten. In dieser frühen Phase der Technologieentwicklung war es noch schwierig, präzise und belastbare Spezifikationsanforderungen zu definieren, da eine ausreichende Entwicklungserfahrung fehlte. Anforderungen der Fahrzeugseite wurden 1:1 von konventionellen Antrieben übertragen, ohne das gesamte Fahrzeugsystem und daraus ableitbare Synergien im Auge zu haben.

Was im freien Marktverhältnis durch einen dosierten Verhandlungsprozess erreicht wird, führte in der Allianz zu einem Kampf um Prioritäten und Ziele. Die unterschiedlichen Fahrzeugentwicklungsphilosophien der beiden Automobilfirmen verursachten abweichende Entwicklungsprioritäten. Die geteilte Verantwortung für Stack- und Systementwicklung kreierte Zielkonflikte und Schnittstellenprobleme, erschwerte die Vereinbarung gemeinsamer Entwicklungsziele und diente im Zweifelsfall auch als Begründung für unzureichenden Entwicklungsfortschritt.

Einer der Hauptkonflikte aus technischer Sicht war das Zusammenspiel der eigentlichen Brennstoffzelle mit dem System und dessen Komponenten, wie Luft- und Wasserstoffversorgung, Luftbefeuchtung und vieles mehr. Die Autohersteller und mit ihnen die Systementwickler der Xcellsys forderten, dass der Stack alle technischen Anforderungen des Fahrzeugs bedingungslos zu erfüllen hatte. Die Stackentwickler hingegen erwarteten, dass sich die Systemtechnik auf die Eigenschaften der Brennstoffzelle einstellen sollte, meist als „Schwächen der Stacktechnologie ausbügeln" formuliert. Jeder hatte auf seine Art recht und unrecht zugleich. Beiden Seiten mangelte es an einem ausreichenden Willen, die systemischen Zusammenhänge gemeinsam zu betrachten und zu entwickeln. Die Entwicklungsverantwortlichen schlossen zu diesem Zeitpunkt eine Hybridisierung des Antriebsstrangs grundsätzlich aus. Hintergrund waren die leidvollen Erfahrungen mit Batteriefahrzeugen in den Achziger- und Neunzigerjahren. Dass sich die Frage der Kombination von Batterien mit der Brennstoffzelle durch die Verfügbarkeit einer fortgeschrittenen Batterietechnologie in der Zukunft völlig neu stellen würde, war kaum vorhersehbar. Dazu kam, dass bis 2003 keines der Brennstoffzellenfahrzeuge hybridisiert, aber trotzdem voll funktionsfähig war. Ungeachtet des Bestrebens der Beteiligten, in der Entwicklung erfolgreich zu sein, bauten sich Konflikte auf, die, je länger es dauerte, sich immer mehr verhärteten.

Die Allianzmeetings fanden im Wechsel an den Standorten der drei Firmen oder einem anderen Ort nach Vereinbarung statt. Jede der drei Firmen entsandte dazu die wichtigsten Mitarbeiter aus den Entwicklungsteams, die über den Fortschritt der Arbeiten zu berichten hatten. Die Delegationen bestanden in der Regel aus 3–5 Personen pro Firma. Einschließlich der CEOs handelte es sich also um insgesamt 15–20 Personen, die zwei Tage in Meetings saßen, häufig aus Übersee anreisten und sich tagelang vorbereiten mussten. Dabei konnten bis zu 10 Arbeitstage pro Person zu Buche schlagen. Derartige Meetings fraßen also ohne Weiteres 150 oder 200 Arbeitstage von den Akteuren, die ohnehin eine Fülle von Entwicklungs- und Managementaufgaben um die Ohren hatten.

Wenn handelnde Personen wie im Falle des Alliance Council in erster Linie den Interessen ihrer jeweiligen Kapital- bzw. Arbeitgeber verpflichtet sind, erschwert das die Diskussionen. Im Eifer des Gefechts kam es dann auch vor, dass die Grenzen eines geschäftsmäßigen Umgangs miteinander überschritten wurden und man zur Unterstützung der eigenen Position das Gewicht der Mutterfirma in die Waagschale warf. Das alles ist wenig hilfreich für die Vertrauensbildung und bringt eine durchaus drohende Komponente ins Spiel. Trotz gründlicher Vorbereitung aller Beteiligten verlies man diese Meetings deshalb häufig ziemlich frustriert und orientierungslos. Die nachfolgende Abstimmung der Protokolle dauerte lange. Nicht lösbare Konflikte wurden durch Formelkompromisse zugeschüttet. Als operative Handlungsanweisung waren sie deshalb nur bedingt zu gebrauchen.

Mit Inkrafttreten der Allianz hatte sich die Entwicklungszielstellung verändert, ohne dass es tatsächlich im Bewusstsein der Entwicklungsorganisationen angekommen war. Kreative Atmosphäre, flache Hierarchien, ein junges Entwicklungsteam und reichliche Mittelverfügbarkeit hatten in den Vorjahren die Technologieführerschaft begründet. Bisher waren in schneller Folge Technologieträger vorgestellt und demonstriert worden, die erhebliche Leistungssprünge zeigten. Die Technologie war jedoch tatsächlich noch weit entfernt von den Eigenschaften, die für Serienfahrzeuge notwendig sind. Es mangelte an Robustheit. Wir waren noch ein ganzes Stück von den Lebensdauerzielen entfernt. Trotz großer Fortschritte in der Leistungsdichte war das Fahrzeugsystem für die üblichen Einbauanforderungen immer noch eine Herausforderung. Nicht zuletzt waren der Materialaufwand, die Teileanzahl und die Konstruktion noch weit von den Zielkosten entfernt. Jetzt sollte die Technologie fahrzeugfähig werden. Die Fahrzeughersteller verlangten, die Entwicklung stärker an diesen Forderungen auszurichten, ohne ausreichend zu klären, was das im Einzelnen bedeutete und welche Folgerungen daraus abzuleiten waren.

In dieser Zeit erhielten wir eine wachsende Anzahl von Anfragen für Demonstrationsprojekte aus allen möglichen Bereichen der Industrie. Das Interesse an der Brennstoffzelle war riesengroß. Kaum eine Anfrage wurde abgelehnt. Die Mannschaft war gierig auf Themen. Die Budgetverfügbarkeit ging scheinbar gegen unendlich, weshalb es kaum Grenzen für die Übernahme neuer Projekte gab. Falls nötig, wurde schnell ein Betrag locker gemacht, der dem Preis eines McLaren F1 entspricht, um ein interessantes Projekt zu finanzieren. Das führte zu einem bunten Strauß an Technologiethemen und Projekten, die alle gleichzeitig bearbeitet wurden. Wer, wie ich, aus einem mittelständischen Unternehmen kam, konnte ob solcher Lässigkeit beim Umgang mit den Ressourcen nur staunen.

Vor Übernahme solcher Projekte erfolgte in der Regel eine Ressourcenanalyse. Die zugrunde gelegten Annahmen wurden allerdings häufig von der Realität überholt. Sei es wegen zu optimistischer Annahmen oder unvorhergesehenen Schwierigkeiten oder einer Kombination aus beiden. Interessante Projekte wurden ohnehin nicht abgelehnt. Deshalb war die Ressourcensituation bereits im Normalfall immer angespannt. Kam es dann zu Engpässen oder zusätzlichen Aufwänden in einem Projekt, was bei Entwicklungen eher die Regel als die Ausnahme ist, wurde auf personelle und finanzielle Ressourcen anderer Projekte zurückgegriffen, was einen Dominoeffekt nach sich zog. Möglich war das, weil die Funktionalorganisation die Budgetverantwortung für alle Entwicklungsprojekte hatte. Das strategische Fahrzeugentwicklungsprogramm für DaimlerChrysler und Ford, für das Hunderte von Millionen Dollar aus der Beteiligung gedacht waren, wurde bis zum Jahr 2001 beim Ressourcenmanagement wie eines dieser Projekte behandelt und unterlag paradoxerweise den gleichen Rahmenbedingungen. Man kann sich leicht vorstellen, dass planmäßige Entwicklungsarbeit unter solchen Bedingungen eine Herausforderung darstellt.

Hinzu kam, dass in dieser frühen Phase Brennstoffzellensysteme und Komponenten für zwei unterschiedliche Kraftstoffe, Methanol und Wasserstoff, entwickelt werden mussten, die sich deutlich voneinander unterschieden. Für die zweigleisige Entwicklung gab es, wie bereits geschildert wurde, gewichtige Gründe. Eine Richtungsentscheidung zugunsten eines favorisierten Kraftstoffs war in der global agierenden Industrie noch nicht getroffen worden. Aus unserer Sicht sprach vieles dafür, auf einen flüssigen Kraftstoff zu setzen, da er wesentliche Vorteile hinsichtlich der Fahrzeugintegration (keine großen, zylinderförmigen Gastanks), der Betankung und der Infrastrukturanforderungen hatte. Nachteil war die technische Herausforderung der chemischen Umwandlung in ein wasserstoffreiches Gas an Bord des Fahrzeugs. Deshalb setzten viele Fahrzeughersteller ausschließlich auf den

Einsatz von Wasserstoff, den man direkt aus der chemischen Industrie beziehen konnte. Der gravierende Nachteil dieses Konzepts war, und ist bis heute, die aufwendige Druckspeicherung an Bord des Fahrzeugs sowie der Bedarf für eine komplett neue Betankungstechnik und Infrastruktur.

Viele Akteure der Allianz hielten die Wasserstoffdiskussion aufgrund der exzellenten Fortschritte in der Entwicklung der Reformertechnologie noch im Jahr 2000 für überflüssig. Es gab Gründe anzunehmen, dass die Diskussion zu den angeblichen Nachteilen von Methanol und den Vorteilen von Wasserstoff durch Wettbewerber inszeniert war. Aus damaliger Sicht, in der das Thema CO_2 als Treibhausgas in der öffentlichen Diskussion noch keine Rolle spielte, bewerteten wir die Herausforderungen für die Entwicklung einer komplett neuen Infrastruktur in allen Dimensionen wesentlich kritischer als die Entwicklung und Umstellung auf Methanol. Aus unserer Sicht handelte es sich um eine Verzögerungstaktik und wir fassten die Diskussion unter dem ironischen Motto zusammen: „Wasserstoff ist der Kraftstoff der Zukunft und wird es immer bleiben."

Ganz unrecht hatten wir damit nicht, wenn man sich die Geschichte der letzten 20 Jahre vor Augen hält. Es dauerte viele Jahre, bis in Deutschland wenigstens einige Dutzend Wasserstofftankstellen errichtet waren. Im Jahr 2020 gab es noch keine hundert Tankstellen. Um einen breiten Marktstart zu unterstützen, werden jedoch mindestens einige Hundert benötigt. Die Entwicklung der neuen Betankungstechnik brauchte sehr lange, bis ein ausreichender Reifegrad erreicht wurde, auch weil es zunächst nur wenige Anbieter gab. Neue Sicherheitsanforderungen mussten beim Bau der Tankstellen und dem Betankungsvorgang berücksichtigt werden. Die Kosten der Betankungstechnik waren am Anfang extrem hoch. Eine Tankstelle konnte durchaus zwei Millionen Euro kosten. Auch heute und auf Dauer liegen die Kosten der Betankungstechnik deutlich höher als für flüssige Kraftstoffe und werden sich vermutlich erst im Laufe der Zeit auf dem Niveau anderer gasförmiger Kraftstoffe einpegeln. Dieser sehr mühsame Fortschritt eignete sich lange Zeit als hervorragendes Argument, die Technologieeinführung zu verzögern, und bildete, wenn man so will, die Sollbruchstelle für die Kommerzialisierung. Ob und wie man eine solche Situation vermeiden kann, darauf kommen wir im Strategie-Kap. 7 zurück.

Die Entwicklung der Wasserstoffsysteme für unsere Fahrzeuge fand im kalifornischen Poway/San Diego statt, wo Xcellsys eine Niederlassung unterhielt. Die deutschen Entwickler, die zu diesem Zeitpunkt noch voll auf Methanol setzten, betrachteten Poway als das ungeliebte Stiefkind. Die Entwicklung der Methanolsystemtechnik dagegen fand in Nabern/Kirchheim statt und wurde dort naturgemäß präferiert. Die Entwicklung der Brennstoffzelle, die sich für beide Anwendungen deutlich unterschied, erfolgte in

Vancouver und in Kirchheim/Teck. Diese parallelen Entwicklungen schufen eine Konkurrenzsituation im Unternehmen, die durch die Lagerbildung zum Kraftstoff noch befeuert wurde. Profilierungsversuche der jeweils Verantwortlichen waren deshalb keine Seltenheit und führten zu Reibungsverlusten. Mögliche Synergien in der Entwicklung wurden kaum betrachtet und noch weniger genutzt. Die Systemtechnik wurde so in zwei Parallelwelten entwickelt und hatte kaum Gemeinsamkeiten. Die Entwicklungsteams wurden dadurch mit einer schwer überschaubaren Zahl technischer Fragestellungen überrollt und waren daneben für eine Vielzahl von Projekten zuständig, die, häufig selbst verschuldet, aus mehr oder weniger guten Gründen parallel abgewickelt wurden. Die Entwicklung an drei Standorten verursachte aufwendige und zeitraubende Abstimmungsprozesse, was schon für sich allein betrachtet eine erhebliche Herausforderung darstellt.

Die Folge war eine Fragmentierung der Management- und Entwicklungsressourcen und eine unzureichende Kontrolle des Gesamtentwicklungsprozesses. Die Planung und das Monitoring des strategischen Fahrzeugentwicklungsprogramms, die bei einer hochkomplexen Entwicklungsaufgabe wie dieser kritisch sind, standen subjektiv und objektiv in gleicher Reihe mit einer Vielzahl anderer Projekte, die in Wirklichkeit nicht annähernd die gleiche Bedeutung hatten. Die Folge war, dass vereinbarte Entwicklungsziele nicht erreicht wurden und was noch schlimmer war: Das Bewusstsein in der Entwicklungsmannschaft und in Teilen des Managements, dass das ein ernst zu nehmendes Problem war, fehlte. Bis dahin war die Breite und Vielfalt von Technologieansätzen, die Kreativität und Technikverliebtheit der jungen Ingenieure ein wesentliches Element der Innovationskraft und der gewünschte „modus operandi" gewesen. Mit zunehmender Produktorientierung im Rahmen des Fahrzeugprogramms erwiesen sich diese Haltung und die fehlende Reife der sie begünstigenden Organisationsform als ein gravierendes Defizit.

Hintergrundinformation

Exemplarisch dafür waren unzählige Meetings mit einer ausufernden Anzahl an Teilnehmern, unklarer Zielstellung und wenigen oder keinen Festlegungen. Die Diskussionen hangelten sich „basisdemokratisch" an vage formulierten Fragestellungen entlang, die eher den Charakter eines Brainstormings als den eines operativen Arbeitsmeetings hatten. Infolge Unerfahrenheit wurde nicht selten eine klare Positionierung der Verantwortlichen aus Rücksichtnahme auf andere Positionen vermieden. Die Besprechungen begannen stets verspätet. In der Regel verstrichen 15–20 min, bis sich alle Teilnehmer eingefunden hatten. Begann man vorher, war es üblich, das Besprochene z. T. mehrfach zu wiederholen. Es war außerdem „normal", Meetings wegen eingehender Anrufe auf dem Mobiltelefon zu verlassen oder am Laptop andere Themen zu bearbeiten. Die Teilnahme wurde gern auch als

Nachweis der eigenen Bedeutung verstanden. Es fehlte an Disziplin und es fehlte am Bewusstsein für den effizienten Umgang mit Zeit. Das war allerdings nicht schuld der jungen Entwickler, sondern Ergebnis fehlender Schwerpunktsetzung und struktureller Defizite der Gesamtorganisation.

Eine große Herausforderung waren Telefonkonferenzen mit den amerikanischen oder kanadischen Kollegen. Telefonate in einer Fremdsprache zu hochkomplexen Sachverhalten verursachen regelmäßig unabsichtliche Kollateralschäden, weil die eine oder andere sprachliche Nuance verloren geht oder falsch interpretiert wird. Vorbereitung und Struktur der Konferenzen waren ähnlich unzulänglich wie in anderen Meetings, sodass solche Telefonate häufig zwei oder drei Stunden dauerten und wenig Substanz erzeugten. Aufgrund der Zeitverschiebung von 9 h begannen sie selten vor 17 Uhr, d. h. am Ende eines durchaus intensiven Arbeitstags in Deutschland. Wenn man sich pünktlich einwählte, herrschte auf der Gegenseite meist absolute Stille, bis sich einer nach dem anderen einwählte und das Telefonat nach einer ewig langen Vorlaufzeit endlich begann. Ein texanischer Kollege brachte das einmal originell auf den Punkt: „You know, what the challenge is in the beginning of Ballard meetings? The loneliness."[3]

Die Marketingstrategie der Allianz verfolgte das Ziel, auch andere potenzielle Kunden im Fahrzeugsektor zu gewinnen, um die Akzeptanz für die Technologie zu erhöhen und daraus ein Moment zu erzeugen, das die Kommerzialisierung voranbrachte. So war es in den Allianzverträgen hinterlegt und es klang plausibel. Es lag allerdings auch auf der Hand, dass aus dieser Strategie Reibungsflächen mit den beiden Fahrzeugherstellern entstehen mussten, die große Teile der Entwicklung bei Ballard finanzierten. Schon bei der Abfassung der Verträge hatten sie sich nur widerwillig damit einverstanden erklärt, die von ihnen finanzierte Technologie Dritten zugänglich zu machen. Ballard hatte sich jedoch in den Verhandlungen durchgesetzt und war motiviert, diese Diskussion durchzufechten.

Die Praxis sah so aus, dass eingehende Anfragen anderer Automobilhersteller in einem Memorandum stichwortartig beschrieben und zur internen Freigabe an die beiden Autohersteller weitergeleitet wurden. Der damalige Entwicklungsvorstand von DaimlerChrysler musste über einen Geschäftsvorgang befinden, bei dem es um die Lieferung und Integration einer einzigen Brennstoffzelle für einen Demonstrator ging. Ähnlich lief es bei Ford. Nicht selten fanden diese Diskussionen auch noch ihren Weg in den Alliance Council. Die Fahrzeughersteller wollten ihre Technologie schützen und Ballard wollte sie möglichst breit vermarkten. Kaum etwas hatte mehr

---

[3] Sinngemäß: Weißt Du, was das Problem zu Beginn von Ballard-Meetings ist? Die Einsamkeit!

Einfluss auf den Aktienkurs von Ballard als Marketingerfolge. Das Ballard-Management kämpfte deshalb erbittert um jedes Projekt und hatte dabei die Allianzverträge auf seiner Seite. Meistens gewannen sie diese Schlachten, aber sie hinterließen verbrannte Erde. Die Fahrzeughersteller fühlten sich düpiert und ausgenutzt. Die Diskussionen waren kräftezehrend und alle fühlten sich von der Gegenseite nicht ernst genommen. Was in den Verträgen sinnvoll und plausibel klang, erwies sich im richtigen Leben als ein zäher unerfreulicher Vorgang, der lange Reaktionszeiten und viele Reibungsverluste nach sich zog und wenig von der gewünschten und benötigten Dynamik übrig ließ. Die Beteiligung der Fahrzeughersteller an Ballard stellte für andere Automobilfirmen ein Hindernis zur Zusammenarbeit dar. Sie befürchteten Risiken für die Vertraulichkeit und Einflussnahme auf geschäftliche Entscheidungen. Wie wir gesehen haben, waren diese Bedenken trotz bester Absichten der Beteiligten nicht vollkommen unbegründet.

Die widerstrebende Interessenlage führte auch zu vertrauensschädigenden Aktionen. Vorstände in Vancouver versuchten ohne Abstimmung mit den beiden Allianzpartnern Entwicklungsprogramme mit anderen europäischen Automobilfirmen zu vereinbaren. Was das bedeutete, war unschwer zu verstehen: Es lief auf einen Technologietransfer zulasten der anderen beiden Allianzpartner hinaus. Das Vorhaben sickerte auf unbekanntem Weg durch und führte zu den erwartbaren Reaktionen. Die geschilderten Interessenkonflikte führten bei Ballard zu Überlegungen, Vertrieb und Marketing wieder eigenständig ohne Beteiligung der Allianzpartner durchzuführen, um ähnlichen Konflikten zukünftig aus dem Weg gehen zu können.

Die Komplexität der Allianzstrukturen und die Probleme in ihrer Arbeitsweise absorbierten viel Kraft und Zeit. Trotzdem ging die Technologieentwicklung in großem Tempo weiter. Im Jahr 1998 wurde Necar4 (siehe Abb. 3.6) vorgestellt, eine A-Klasse mit einem 75-kW-H_2-System. Es war das erste Fahrzeug, in dem das komplette Brennstoffzellensystem im Unterbo-

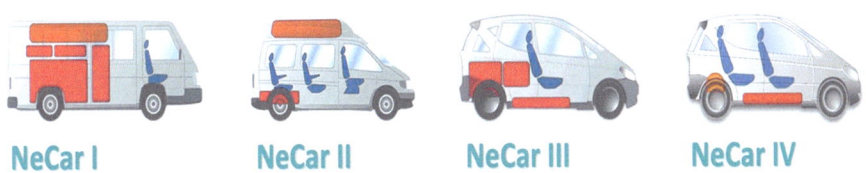

NeCar I   **NeCar II**   **NeCar III**   **NeCar IV**

Abb. 3.6 Entwicklung der Leistungsdichte von Necar1 bis Necar4 anhand der schematischen Einbausituation. (Quelle: Daimler AG, alle Rechte vorbehalten)

den eines Kompaktwagens eingebaut war, ohne zusätzlichen Platz im Fahr-
zeuginnenraum zu belegen. Dieser Prototyp erreichte mit einem 2,5-kg-300-
bar-H_2-Tank (heute sind 5–7 kg bei 700 bar für einen Pkw üblich) damals
immerhin eine Reichweite von 180 km und eine Spitzengeschwindigkeit
von 145 km/h.

Im Jahr 2000 wurde Necar5 vorgestellt, ebenfalls eine A-Klasse, die einen
weiteren Quantensprung der Entwicklung sowohl der Brennstoffzellentechnologie als auch des Gaserzeugungssystems zur Reformierung von Methanol bedeutete. Gegenüber Necar3 hatte sich das Volumen des Reformersystems von 225 l auf 110 l verringert, d. h. mehr als halbiert, und hatte nur
noch die Größe eines Reisekoffers (siehe Abb. 3.7). Das Fahrzeug hatte eine
Bruttoleistung von 75 kW und brachte immerhin 58 kW Nettoantriebsleis-
tung an die Räder. Es hatte eine Reichweite von 200 km und eine Höchstgeschwindigkeit von 150 km/h. Auch hier passte die gesamte Einheit bereits in
den Unterboden des Fahrzeugs.

Wenig später, im Juli 2001, wurde der Sprinter F-Cell mit einem 75-kW-
Wasserstoffsystem vorgestellt (siehe Abb. 3.8), der im Auftrag des Hermes
Versand Service aufgebaut worden war. Auch in diesem Fall war das komplette System einschließlich mehrerer H_2-Tanks im Unterboden verbaut und
zeigte das Potenzial des Einsatzes mit leichten Nutzfahrzeugen. Parallel wurden immer wieder Ford-Fahrzeuge wie der P2000 und der Ford Focus FCV

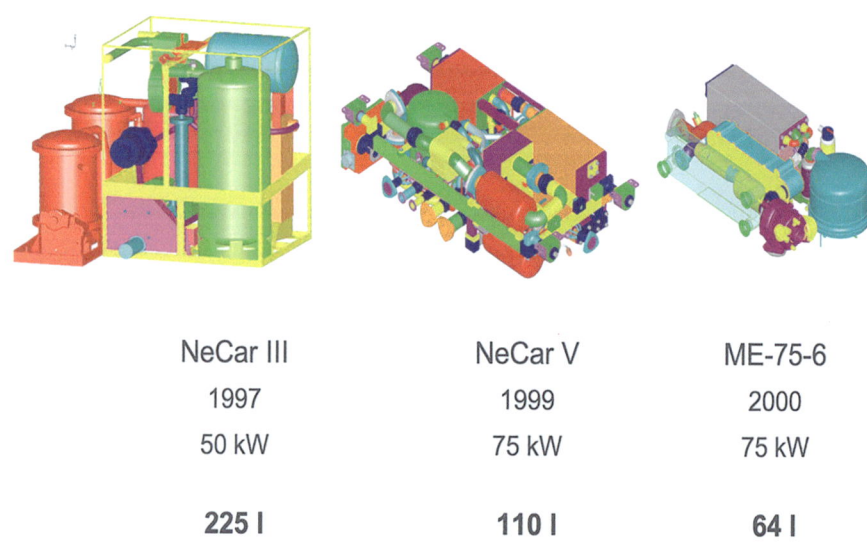

NeCar III	NeCar V	ME-75-6
1997	1999	2000
50 kW	75 kW	75 kW
225 l	**110 l**	**64 l**

Abb. 3.7 Entwicklungsfortschritt des Reformersystems von Necar3 bis ME-75–6.
(Quelle: Daimler AG, alle Rechte vorbehalten)

vorgestellt, ein Fahrzeug von Mazda wurde ausgerüstet und auch ein Nissan Tino.

Im Jahr 1999 hatte Ballard Automotive Anbahnungen mit insgesamt 30 verschiedenen Interessenten. Unter ihnen waren Automobilfirmen, Bushersteller und Verkehrsbetriebe in den USA, Kanada und Europa. Wir verhandelten zu Gabelstaplern, über Bordstromversorgung für schwere Nutzfahrzeuge, Wohnmobile und Transporter. Viele der Anbahnungen waren erfolgreich und führten zu frühen Demonstrationsprojekten in den verschiedensten Anwendungen und Märkten. Die Aufzählung zeigt die Vielfalt der Themen, mit denen wir uns beschäftigten. Das Interesse war überwältigend und die Allianz stand im Zentrum des weltweiten Interesses.

Nicht so sichtbar, aber auf die Zukunft gerichtet, liefen zeitgleich die Entwicklungsarbeiten für das erste Pkw-Flottendemonstrationsprogramm, das zunächst „Go Fast" hieß und später in „HyWay1" umbenannt wurde. Die Xcellsys-Niederlassung in Vancouver entwickelte eine neue Generation von Busantrieben mit etwas mehr als 200 kW Antriebsleistung. Eine 5-kW-Bordstromversorgung für Schwerlast-Lkw war in der Planung und eine Vielzahl anderer Themen wurde mehr oder weniger intensiv bearbeitet. So manche Firma wäre stolz gewesen, hätte sie nur eines der Themen auf der Agenda gehabt und erfolgreich zu Ende gebracht.

Es gab deshalb eigentlich wenig Grund zu Pessimismus. Die Allianz war bis dahin eine eindrucksvolle Erfolgsgeschichte. Das trotzdem vorhandene Unbehagen hatte andere Gründe. Die Organisation befand sich in einer Umbruchphase, die bis dahin weder genau beschrieben noch artikuliert worden war. Die Anforderungen der Fahrzeugentwicklungsprogramme bezüglich Qualität, Termineinhaltung, Budgetdisziplin und Schnittstellen-

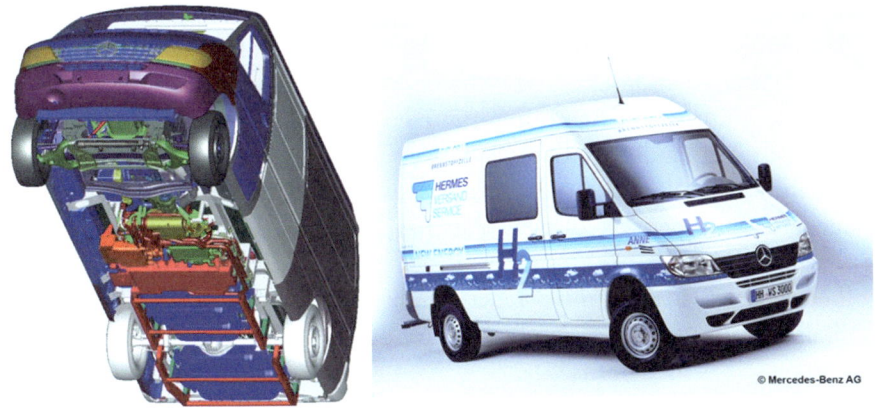

Abb. 3.8 Packaging des Hermes-Sprinters und Außenansicht des Fahrzeugs. (Quelle: Daimler AG, alle Rechte vorbehalten)

kommunikation hatten noch keine organisatorische Antwort erhalten. Die improvisierende, innovative Arbeitsweise, das schöpferische Chaos der ersten Jahre, erwies sich dafür als zunehmend ungeeignet. Die Vielzahl der Themen erzeugte reihenweise Zielkonflikte, die nicht gelöst wurden. Meilensteine des Fahrzeugprogramms wurden nicht oder deutlich später erfüllt als vereinbart. In der Allianz prallten vermehrt unterschiedliche strategische Ambitionen der Partner aufeinander, die eine konstruktive Zusammenarbeit erschwerten und einer Lösung harrten.

Restrukturierung oder „the Power of One"[4]

Die Allianz hatte im Jahr 2001 eine Vielzahl organisatorischer, operativer und strategischer Schwierigkeiten. Gleichzeitig fand ein rasantes Wachstum auf bis zu 1500 Mitarbeiter statt, um die wachsende Zahl von Aufgaben und Themen bearbeiten zu können. Auch das Umfeld wurde schwieriger. Die Terroranschläge in New York und das Platzen der Dot-com-Blase hinterließen tiefe Spuren in der Weltwirtschaft.

Um den Diskussionen in der Allianz eine konstruktivere Richtung zu geben, wurde die Position eines Alliance Secretary geschaffen, der tatsächlich einiges zum Besseren änderte. Die Entflechtung des Marketings, das durch Ballard betrieben worden war, sorgte ebenfalls für Erleichterung unter den Partnern, weil zeitraubende Abstimmungsprozesse entfielen. Die tiefer liegenden Konflikte schwelten jedoch weiter, denn keines der grundlegenden organisatorischen, operativen oder strategischen Probleme war damit tatsächlich gelöst worden. Trotz der atmosphärischen Verbesserungen wurde zunehmend klar, dass die bis dahin ergriffenen Maßnahmen nicht ausreichten und weitergehende organisatorische und strategische Änderungen nötig waren.

Das Projekt zur Neuordnung der Allianz bekam den schönen Doppelnamen „Strength-Kansas". Heerscharen von M&A-Leuten, Anwälten und Controllern arbeiteten sich durch die relevanten Themen begleitet von monatelangen Verhandlungen im Alliance Council. Am 1. Dezember 2001 übernahm Ballard 100 % von Xcellsys und EcoStar. Die Übernahme war eingebettet in einen 20-jährigen Allianzvertrag. Ballard sollte eine zentrale Rolle in der Allianz bekommen und das gesamte operative Geschäft kontrollieren. Die beiden Autohersteller erhöhten im Gegenzug ihre Beteiligung an Ballard, um mehr strategische Kontrolle ausüben zu können. Die Absicht

---

[4] Sinngemäß: die Stärke des Einen.

dahinter war, die Führungsstruktur zu vereinfachen und vor allem Interessenkonflikte zwischen den Allianzpartnern zu verringern. Ballard hatte allerdings in den Verhandlungen verhindert, dass die beiden Automobilfirmen eine Kapitalmehrheit übernehmen konnten, die ihnen erlaubt hätte, gewünschte Entscheidungen auch tatsächlich durchzusetzen.

Xcellsys wurde zu Ballard Power Systems AG und war für die Entwicklung und das Marketing von Fahrzeugsystemen verantwortlich. Ballard Vancouver blieb weiterhin allein für die Stackentwicklung zuständig, hatte intern die Rolle eines Zulieferers, behielt aber das Recht, Brennstoffzellenstacks außerhalb der Allianz zu vermarkten. Die Entwicklung der E-Antriebe nahm, wie bereits vorher, eine gewisse Sonderrolle ein, indem sie weder in die Wertschöpfungskette des Brennstoffzellensystems direkt integriert war, noch relevante Schnittstellen mit den Entwicklungen in Vancouver und Nabern hatte. De facto hatte sich gar nicht so viel verändert. Auch im Projekthaus gab es einen Führungswechsel. Andreas Truckenbrodt wurde als Nachfolger von Ferdinand Panik eingesetzt. Ich wurde im November 2001 zum Vice President Sales, Marketing and Programs ernannt und erhielt die Verantwortung für die Neuordnung des Fahrzeugentwicklungsprogramms.

Ballard begleitete die Reorganisation mit einer Public-Relations-Kampagne (PR-Kampagne) unter dem lakonischen Motto: „the Power of One". Der Slogan war ein Paradox. Gewöhnlich entsteht Stärke aus der sinnvollen Kombination von Kräften. Den Satz konnte man auch anders verstehen. Er setzte auf die Stärke des einen und stellte sie in den Mittelpunkt der Kampagne. Wenn man sich vor Augen hält, welche Partner Ballard hatte, war das schon eine seltsame Überlegung. Die Formulierung war jedoch so einfach und suggestiv, dass man sich ihrer Wirkung nicht entziehen konnte. Es war eine Demonstration der Kraft des Marketings.

Eine meiner ersten Aktionen in meiner neuen Rolle war ein Besuch bei Ford in Dearborn. Ford war seit geraumer Zeit unzufrieden mit der Führung des Fahrzeugprogramms und der damit verbundenen Kommunikation. Mein Gesprächspartner war der Ford-Programmleiter, ein Manager alten Schlags. Es war für ihn nicht tolerabel, dass Programmziele immer wieder verfehlt wurden und der Informationsfluss nicht funktionierte. Unser Gespräch begann deshalb kühl und distanziert, wechselte jedoch in kurzer Zeit in einen intensiven Dialog. Unsere Analysen zum Status quo ähnelten sich und wir hatten gleiche Vorstellungen davon, was zu tun war. Ein ähnlich schwieriges Thema des Gesprächs war die Verlagerung der Entwicklungsaktivitäten von Poway nach Kirchheim, da Poway aus Kostengründen geschlossen werden sollte. Ford verlangte als Voraussetzung für ihre Zustimmung, das Reengineering auf ein Minimum zu beschränken, um erneute Programmverzögerungen zu vermeiden. Ich war mit dieser Forderung einverstanden und wir einigten uns auch zu diesem Punkt.

Etwa zeitgleich fand ein Workshop des Ballard Board of Directors mit einer Unternehmensberatung in London statt. Die Berater sollten das technische und kommerzielle Potenzial der Firma beleuchten. Ballard hatte als Gruppe im Jahr 2001 noch einen dreistelligen Millionenbetrag „verbrannt". Am Ende des Jahres 2002 lag die „burn rate" (Mittelverbrauch) trotz Kostensenkung immer noch in einer ähnlichen Größenordnung.

Aus ihrer Marktanalyse folgerten die Berater, dass in den kommenden 10 Jahren nicht mit einem Markt für Transportanwendungen gerechnet werden konnte und alle diesbezüglichen Umsatzprojektionen kassiert werden mussten. Das Ergebnis der Analyse war demgemäß beunruhigend. Sie stellten fest, dass bei Fortsetzung des Mittelverbrauchs die weitere Finanzierung der Firma ab spätestens 2005 nicht mehr gesichert war. Die daraus resultierende Implikation lautete, dass entweder die Fahrzeughersteller bereit sein mussten, die Fahrzeugentwicklung über strategische Investments zu finanzieren, oder sie musste beendet werden.

Eines der zentralen Ziele der Reorganisation bestand deshalb darin, den jährlichen Mittelverbrauch bis 2005 deutlich zu drücken, um die Überlebensfähigkeit des Unternehmens zu stärken. Dazu sollten die Betriebsausgaben und die Anzahl der Mitarbeiter um 25–35 % pro Jahr reduziert und der Eigenkapitalverbrauch insgesamt auf die Hälfte reduziert werden. Gleichzeitig musste ein Weg gefunden werden, das Fahrzeugentwicklungsprogramm durch strategische Investments der beiden Autohersteller zu finanzieren, weil sonst alle Anstrengungen zur Reduzierung des Cash Burn ins Leere laufen würden.

Mitte 2002 setzten wir einen Programmmanager für das HyWay-Fahrzeugprogramm ein, der ein kleines Team zur Unterstützung bekam. Alle Programmentscheidungen sollten von da an ausschließlich durch das Programmmanagement in Abstimmung mit, aber nicht mehr durch das Funktionalmanagement getroffen werden. Ein zweiter entscheidender Schritt war die Einsetzung von Kernteams für die Stack- und Systementwicklung, d. h. zugesicherten Entwicklungsressourcen, die innerhalb des Programms unter eine einheitliche technische Leitung gestellt wurden. Der Budgetprozess wurde auf neue Füße gestellt und wesentlich enger mit den Entwicklungszielen verknüpft. Dieser sogenannte Engineering-Development-and-Test-Prozess (ED&T-Prozess) bildete die Grundlage für unsere Programm- und Zahlungsmeilensteine gegenüber den beiden Fahrzeugherstellern.

Ballard gelang es im Dezember 2002, eine Investorengruppe davon zu überzeugen, weitere 100 Mio. US$ in die Firma zu investieren. Damit war ein finanzielles Polster geschaffen worden, um die beschlossenen Maßnahmen umzusetzen und mittelfristig in besseres Fahrwasser zu gelangen. Schon für 2003 wurde das ambitionierte Ziel ausgegeben, die operativen Kosten einschließlich der noch anfallenden Restrukturierungskosten um mehr als 50 % gegenüber 2002 zu reduzieren.

Am 01.01.2003 wurde ich zum CEO der Ballard Power Systems AG berufen, der deutschen Tochter der kanadischen Ballard Power Systems Inc. Am 31.03.2003 trat Dennis Campell sein Amt als neuer President und Chief Operating Officer von Ballard an. Kurz nach seiner Amtsübernahme wurde ein Budgetreview in Nabern angesetzt. Unsere Aufgabe lautete, noch für das laufende Jahr eine 20%ige Budgetreduzierung zu erreichen.

In den Vorbereitungen mit den Entwicklungsabteilungen stießen wir auf einige Ungereimtheiten. Wir wussten aus den regelmäßigen Statusberichten, dass die geplanten Entwicklungskosten für das Fahrzeugprogramm regelmäßig unterschritten wurden. Während der Analysen stießen wir auf mehrere Ursachen: Risiken aus unvorhergesehenen Ereignissen, die in einer Entwicklung immer auftreten, waren kaum berücksichtigt. Die Verfügbarkeit der Mitarbeiter für direkte Entwicklungsleistungen war zu hoch angesetzt. Jede Abteilung hatte Budgetreserven eingestellt, um für „Eventualitäten" gerüstet zu sein. Die budgetierte Entwicklungsleistung war deshalb unrealistisch hoch und konnte in der Realität, selbst wenn alles glatt lief, nie erreicht werden. Aus Sicht der Entwickler war das wichtigste Ziel Budgetverfügbarkeit. Aus Unternehmenssicht ging es aber darum, den geplanten Umsatz zu generieren und dafür eine möglichst realistische Vorschau zu entwickeln.

Es gelang uns in den Vorbereitungen, die 20%-Zielmarke zu erreichen, ohne Abstriche an den tatsächlich benötigten Entwicklungsbudgets machen zu müssen. Aus den Analysen zogen wir grundsätzliche Folgerungen für den zukünftigen Budgetprozess mit dem Ergebnis, dass unsere Umsatzvorhersagen wesentlich präziser wurden und häufig sogar Punktlandungen gelangen.

Kurz nach Einführung der neuen Organisation brachte Ballard erneut eine Änderung auf den Weg: Anstelle der bisherigen divisionalen Struktur wurde eine funktionale Struktur mit direkten Berichtslinien nach Vancouver installiert. Ziel war es, den Durchgriff auf die Entscheidungen in Nabern sicherzustellen. Trotz der erkennbaren Absicht gab es keine Intervention der Autohersteller. Das gerade eingeführte Modell der Entwicklungs-Core-Teams mit einheitlicher technischer Leitung des Fahrzeugprogramms wurde durch die neuen Berichtslinien ausgehebelt und hörte bereits nach wenigen Monaten de facto auf zu existieren.

Etwa zur gleichen Zeit beendeten wir nach langen internen Auseinandersetzungen die Entwicklungsaktivitäten zur Methanolreformierung. Wir hatten entscheidende Durchbrüche in der Reformertechnologie und inzwischen auch eine fahrzeugkompatible Leistungsdichte erreicht. Das Systemkonzept um den flüssigen Kraftstoff Methanol war Teil der ursprünglichen Gründungsvision der Brennstoffzellenentwicklung gewesen. Die Entscheidung war deshalb auch ein Abschied von dieser Vision und einem ganzen Jahrzehnt der Entwicklung. Die dazu angesetzte Mitarbeiterversammlung verlief entsprechend emotional und keiner der Anwesenden, mich eingeschlossen, konnte sich dem entziehen.

Die hohe Dynamik der Entwicklung war bis dahin ganz wesentlich von dieser Gründungsvision inspiriert. Das Team arbeitete voller Enthusiasmus mit der Überzeugung, dass sich der Einsatz lohnte. Jetzt wurde diese Überzeugung erstmals infrage gestellt, denn wir mussten zahlreichen Kollegen mitteilen, dass sie nicht mehr gebraucht wurden. Viele der Verbleibenden stellten sich die Frage, was als Nächstes kommen würde und wann sie selbst an die Reihe kämen, das Schiff zu verlassen. In den vielen Monaten seit Beginn der Integration in die Ballard-Organisation musste sich das Management um Jobklassifikationen, neue Arbeitsverträge, Personalreduzierung, Budgetkürzung und darüber hinaus mit freiwilliger Fluktuation beschäftigen. Wir verhandelten ununterbrochen mit dem Betriebsrat und mussten den Kanadiern erklären, warum das notwendig war. Wir beschäftigten uns mit allem Möglichen, jedoch kaum mit Technologie und Entwicklung.

Trotz der fordernden und zum Teil widrigen Umstände begann im zweiten Quartal 2003 der Roll-out der Hyway1-Fahrzeuge für die Flottenerprobung von mehr als 100 A-Klasse-Fahrzeugen. Es war die erste Kleinserie von Brennstoffzellenfahrzeugen weltweit, ein gewaltiger Schritt nach vorn. Erstmals gingen Brennstoffzellenfahrzeuge in Kundenhand. Der Betrieb der Fahrzeugflotte verlangte ein anspruchsvolles Überwachungs- und Managementsystem, reaktionsschnellen Field Support und eine ausgefeilte Logistik, die wir Schritt für Schritt aufbauten. Das waren Aufgaben, die eigentlich volle Konzentration benötigt hätten. Aufgrund der geschilderten Rahmenbedingungen hatten wir jedoch viele andere Baustellen zu bearbeiten.

Auf Reorganisation folgt … – Reorganisation

Das Executive Management in Vancouver plante bereits den nächsten Schritt. Der ED&T-Prozess war trotz der eingeführten Optimierungen ein aufwendiges und ressourcenzehrendes Verfahren. Das Programm beinhaltete ausschließlich Entwicklungsaufgaben für die beiden Fahrzeughersteller. Die Entwicklungsausgaben mussten im Idealfall mindestens drei Monate, regelmäßig aber deutlich länger vorfinanziert werden. Wenn die Entwicklungsziele nicht vollständig erreicht wurden, gab es Abschläge von den Zahlungen, die sich negativ auf den Umsatz und den verfügbaren Cashflow (Liquidität) auswirkten. Deshalb wurde die Forderung in den Raum gestellt, dass die Fahrzeughersteller auch die laufende Finanzierung der Entwicklung übernehmen sollten. Die Erkenntnis, dass das Fahrzeugprogramm auf viele Jahre hinaus keine substanziellen Umsätze im Markt generieren würde, hatte daran ursächlichen Anteil.

Nach schwierigen Diskussionen einigten sich Ballard und die beiden Fahrzeughersteller auf ein neues Konzept. DaimlerChrysler und Ford übernahmen ab Mitte 2003 die direkte und vollständige Finanzierung des Fahrzeugprogramms. Damit übernahmen sie de facto auch die Entscheidungshoheit zu allen Programmaspekten.

Wie zu erwarten war, generierte dieses System neue Konflikte und Widersprüche. Ballard Vancouver forderte, bei Entscheidungen weiterhin einbezogen zu werden, hatte sich jedoch durch die Änderung des Finanzierungskonzepts die materielle Basis dafür entzogen. Schon seit geraumer Zeit waren Verhandlungen über ein Nachfolgeprogramm von HyWay1 geführt worden, die jetzt ins Stocken gerieten. Ballard wollte vor der Programmfreigabe keine Mittelbindung mehr akzeptieren. Die Fahrzeughersteller hatten ihre Strategie noch nicht festgelegt und hielten sich bedeckt. Die Folge war, dass wir als Systementwickler zwischen allen Stühlen saßen und eine Hängepartie begann. Wir mussten unsere Mannschaft sinnvoll beschäftigen, hatten aber noch keine technischen Vorgaben der Fahrzeughersteller. Vor allem aber mussten wir die Lehren aus dem HyWay1-Programm ziehen, das uns wichtige Erkenntnisse für die Weiterentwicklung der Technik gebracht hatte. Neben weiteren Leistungssteigerungen zählte dazu eine deutliche Erhöhung der Leistungsdichte, der Lebensdauer und der Robustheit. Wir benötigten ein neues Packagingkonzept, das flexibler auf die Anforderungen der vorhandenen Fahrzeugbauräume angepasst werden konnte. Die Anzahl der Schnittstellen und Bauteile sollte verringert und das System deutlich vereinfacht werden.

In dieser Zeit wurde die Kommunikation zwischen Vancouver und Nabern immer schwieriger. Trotz der permanenten Unruhe durch viele Organisationsänderungen und hoher Belastung der Mannschaft verlangte das Executive Management einen weiteren Personalabbau. Ballard wollte zudem nicht akzeptieren, dass die Fahrzeughersteller inzwischen alle Budgetentscheidungen zum Fahrzeugprogramm selbstständig trafen. Der Konflikt wurde dem Vorstand in Nabern angelastet. Das Klima war zunehmend vergiftet. „The Power of One" erwies sich als ein Missverständnis mit desaströsen Folgen.

Am 17.09.2003 besuchte der damalige Daimler-Entwicklungsvorstand unseren Standort in Nabern. Bei dieser Gelegenheit setzte ich einige unmissverständliche Botschaften ab, um die Dringlichkeit einer Veränderung zu unterstreichen. Das Treffen hatte eine positive Resonanz und löste Überlegungen aus, die einige Zeit später zu konkreten Veränderungen führen sollten. Ende 2003 traten die Partner in Verhandlungen ein, um die gesamten Fahrzeugentwicklungsaktivitäten aus der kanadischen Firma herauszulösen und in die Organisation der Fahrzeughersteller einzugliedern. Wir erwarteten ein schnelles Ende der Hängepartie.

Wie bereits bei den vorherigen Reorganisationen wurden erneut Heerscharen von Anwälten, Controllern und M&A-Leuten beschäftigt. Der Abschluss der Verhandlungen sollte sich jedoch 18 Monate hinziehen und die Hängepartie setzte sich weiter fort. Die widersprüchlichen Erwartungen und Anforderungen beider Seiten unter einen Hut zu bringen, blieb ein andauernder und schwieriger Balanceakt. Wir setzten alle Hoffnungen auf die neue Organisation.

Mitte 2005 war es dann so weit: Die Fahrzeughersteller DaimlerChrysler und Ford Motor Company übernahmen zu je 50 % die Systementwicklungsaktivitäten von Ballard. Die Ballard Power Systems AG wurde umfirmiert in die NuCellSys GmbH. Ballard Corp. in Kanada behielt die Stackentwicklung und sollte zukünftig nur noch als Stacklieferant an die beiden Original Equipment Manufacturer (OEMs) tätig sein, jedoch nicht mehr an Dritte. Die neuen Eigentümer stellten ihre Pläne in einer Betriebsversammlung vor. Anschließend gab es einen kleinen Umtrunk auf dem Firmengelände. Die Stimmung war positiv und voller Erwartungen. Organisatorisch waren viele Mitarbeiter nach einer längeren Reise durch unterschiedliche Beteiligungsverhältnisse an ihren Ausgangspunkt heimgekehrt. Christian Mohrdieck übernahm die Leitung des Projekthauses bei Daimler und Scott Staley, den ich noch gut aus der Xcellsys-Zeit kannte, übernahm die Leitung der Aktivitäten bei Ford. Für die neu gegründete NuCellSys GmbH setzte jeder der beiden Autohersteller einen Geschäftsführer ein. Ich wurde als dritter Geschäftsführer bestellt. Durch die internen Berichtslinien war bereits zu Beginn der neuen Organisation wieder viel Politik im Spiel.

Kurze Zeit später begannen wir mit dem offiziellen Start der Entwicklungsarbeiten zum nächsten Fahrzeugprogramm. Die Zusammenarbeit mit den beiden Fahrzeugherstellern war zunächst durch Aufbruchsstimmung geprägt und verlief auf operativer Ebene weitestgehend konfliktfrei. Endlich mussten wir keine Interventionen mehr abwehren und konnten uns wenigstens für kurze Zeit auf die Entwicklungsziele konzentrieren.

Mitte 2006 legten beide Konzerne Sparprogramme auf. Eine Folge war, dass wir die Zahl unserer Mitarbeiter erneut deutlich reduzieren sollten, ohne an den Entwicklungsaufgaben Abstriche zu machen. Ich hielt die damalige Mitarbeiterzahl aufgrund der Erfahrungen der Vorjahre für angemessen und brachte das zum Ausdruck. Die Entscheidung auf Konzernebene war jedoch bereits gefallen. In gleichem Maße, wie die Mitarbeiterzahl verringert wurde, stieg dann die Zahl der externen Dienstleister. Unter dem Strich wurden keine Kosten gespart, sondern Aufwendungen nur aus einem Budget in ein anderes verschoben. Besonders besorgniserregend war, dass die externen Dienstleister einen hohen Anleitungs- und Kontrollaufwand bei unseren eigenen Mitarbeitern verursachten. Deren Zeitbudget für ihre eigentlichen Aufgaben wurde dadurch noch verringert, ganz zu schweigen von dem Motivationsverlust im Team. Es war eine typische Top-down-Konzernmaßnahme, wie ich sie schon mehrfach vorher erlebt hatte. Wie üblich wurde haufenweise Porzellan zerschlagen, um bestenfalls zweifelhafte Ziele zu erreichen.

Im selben Meeting wurde uns mitgeteilt, dass die Fahrzeughersteller beschlossen hatten, die Geschäftsentwicklung mit Kunden außerhalb der Allianz nicht weiterzuführen. Das dafür zuständige kleine Applikations- und Marketingteam hatte sehr erfolgreich gearbeitet und erheblich zu unserer damals ausgezeichneten internationalen Präsenz beigetragen. Auch wirtschaftlich waren die Aktivitäten ein Erfolg, denn aus den Projektumsätzen wurde ein erheblicher Nettokostenbeitrag erwirtschaftet. Auch in diesem Fall war die Entscheidung gesetzt. Die Mitarbeiter der Geschäftsentwicklung und des Applikationsingenieurteams sollten andere Aufgaben übernehmen oder das Haus verlassen. Mein Vorschlag, diese Aktivitäten in ein Spin-off auszugründen, wurde mit dem Argument abgeschmettert, dann müsse man ja wieder komplizierte Verträge aufsetzen. Die Zeichen waren unmissverständlich. Der zwei Jahre früher begonnene Weg mit den Fahrzeugherstellern war auf eine administrative Schiene abgedriftet, die nur noch wenig mit den ursprünglichen Ambitionen zu tun hatte, aber inzwischen sehr viel mit Selbstachtung. Es war Zeit, die Reißleine zu ziehen und neue Wege zu gehen.

3.3   Erkenntnisse aus dieser Zeit, die von organisatorischen Themen geprägt war

Die frühe Technologieentwicklung der Brennstoffzelle bei Daimler und Ballard erzeugte enormen technologischen Fortschritt und überwand viele Hindernisse. Der Erfolg wurde durch eine konsequent verfolgte strategische Vision, eine enthusiastische Entwicklungsmannschaft und eine ausgezeichnete Ressourcenausstattung möglich. Mit der Präsentation des ersten überzeugenden Fahrzeugkonzepts (Necar2) rückten die Forschungsaktivitäten zur Brennstoffzelle ins Rampenlicht der internationalen Automobilindustrie.

Der frühe und rasante Entwicklungsfortschritt belegte, dass das Potenzial der Brennstoffzelle in den anfänglichen Technologieanalysen richtig bewertet worden war. Die dynamische Entwicklung erzeugte ein starkes Moment und große Euphorie bei Investoren und industriellen Akteuren. Der Aktienkurs von Ballard kannte – wie bei vielen anderen Start-ups im Neuen Markt – nur eine Richtung: steil nach oben. Er verschleierte lange Zeit, dass zwei der größten und erfolgreichsten Branchen der Welt, die Fahrzeughersteller mit ihren etablierten Verbrennungsmotoren und die Erdölgiganten, die Kraft- und Schmierstoffe dazu lieferten, diesen Wandel nicht so einfach mitmachen würden. Der für die Kommerzialisierung unerlässliche Strukturbruch des gesamten Umfelds und die daraus entstehenden Widerstände wurden unterschätzt.

Erst 2002 reifte die Erkenntnis, dass mit einer schnellen Markteinführung nicht gerechnet werden konnte. Bis dahin war versäumt worden, eine umfassende Analyse der Marktbedingungen vorzunehmen und daraus eine schlüssige Gesamtstrategie für die Markteinführung zu entwickeln. Mit der Entscheidung des Californian Air Ressources Board im Jahr 2003, die Anforderungen zu den ZEV extrem abzuschwächen, verschwand der regulatorische Druck auf die Fahrzeughersteller. Die Gesetzgebung sollte erst 15 Jahre später wieder ihre Kraft entwickeln, jedoch neue Hindernisse errichten.

Für ein so großes Abenteuer schien es durchaus folgerichtig, schlagkräftige industrielle Akteure zusammenzubringen. Die Kooperation mit den beiden Autoherstellern verhalf Ballard zu einem erheblichen strategischen Vorteil für die Entwicklung von Fahrzeugantrieben. Gleichzeitig entstanden Hindernisse für die breitere Vermarktung an andere Fahrzeughersteller, was zu massiven Interessenkonflikten zwischen den Partnern führte. Die kulturellen Unterschiede zwischen einem jungen Start-up-Unternehmen aus Kanada, einem schwäbischen Konzern, der gerade versucht, zum globalen Spieler zu mutieren, und einem konservativen, amerikanischen Automobilgiganten konnten nicht größer sein. Die Technologieentwicklung in dieser Allianz voranzutreiben, war deshalb eine große, schwer zu bewältigende Herausforderung.

Die organisatorische und örtliche Trennung der Entwicklung von Stack und System und eine fast unüberschaubare Vielfalt an Themen erzeugten eine Fragmentierung der Entwicklungsaktivitäten und zahllose Zielkonflikte. Das hatte komplexe Schnittstellen und hohen Managementaufwand zur Folge, wo das Gegenteil nötig gewesen wäre, um effiziente und schnelle Kommunikation zu ermöglichen, Synergien zu nutzen und pragmatisches Arbeiten an Konzepten zu ermöglichen. Das Erreichen der Entwicklungsziele wurde durch eine überkomplexe Organisation, strapaziöses Interessen- und Konfliktmanagement sowie häufige Änderungen der Besitzverhältnisse in stärkster Weise kompromittiert. Zahlreiche organisatorische Änderungen, die wenig mit der Entwicklung, aber sehr viel mit Firmenpolitik zu tun hatten, waren die Folge.

Der für die Produktentwicklung nötige Mentalitätswechsel zu einem gut strukturierten und disziplinierten Entwicklungsprozess konnte nur langsam und gegen viele innere Widerstände umgesetzt werden. Die nötigen Konsolidierungsmaßnahmen infolge des langen, unkontrollierten Wachstums und des Wildwuchses bei Themen und Projekten wurden von firmenpolitischen Interessen beeinflusst, konzeptionell widersprüchlich umgesetzt und verfehlten deshalb in weiten Teilen die beabsichtigte Wirkung.

Die reichliche Mittelverfügbarkeit erwies sich zudem als zweischneidiges Schwert. Einerseits sicherte sie den benötigten Mittelzufluss, um die hohen Kosten des Technologieentwicklungsprogramms überhaupt stemmen zu können. Gleichzeitig wurden viele der Mittel für eine Diversifizierungsstrategie eingesetzt, die die Industrialisierungsziele der Autohersteller kompromittierte. Der zwingend nötige interne Industrialisierungsprozess wurde nicht mit gleicher Nachhaltigkeit verfolgt. Das führte zu einer suboptimalen Nutzung des vorhandenen Potenzials, Vertrauensverlust zwischen den Partnern und Schäden für die Glaubwürdigkeit nach innen und außen.

Die ursprüngliche Priorisierung auf den flüssigen Kraftstoff Methanol und die zunächst überwiegend ingenieurtechnische Betrachtung des Themas Infrastruktur führten zu einer Unterschätzung der nötigen industriellen Änderungsprozesse und der daraus entstehenden Risiken. Trotz früher und intensiver Abstimmungsprozesse in der Automobilindustrie und mit der Mineralölindustrie gelang es nicht, eine Vereinbarung zugunsten von Methanol zu erreichen. Kraftstoff und Infrastruktur entwickelten sich damit zu einem Risiko für die Gesamtentwicklung, das auch nach späterer Festlegung auf Wasserstoff eine der größten systemischen Hürden für die Kommerzialisierung werden sollte. Trotz vielfältiger Initiativen gelang es nicht, eine tragfähige Strategie zur Überwindung der externen Risiken zu entwickeln.

Unsere Erfahrungen zeigen exemplarisch, dass Großunternehmen trotz oder gerade wegen großer Kapitalkraft und Marktmacht kein geeignetes Umfeld für die Entwicklung disruptiver Innovationen sind. Die ihnen eigene organisatorische und firmenpolitische Komplexität errichtet massive Hindernisse für die freie Entfaltung von Ideen und Aktivitäten, schnelles und effizientes Entscheiden und mutige Umsetzung der Ergebnisse. Selbst bei größten Entwicklungsfortschritten besteht jederzeit das Risiko, dass Technologieführung firmenpolitischen Interessen geopfert wird.

Literatur

AMI, 1999: American Methanol Institute, The Promise of Methanol Fuel Cell Vehicles 1999

autonews, 2001: https://www.autonews.com/article/20010521/ANA/105210763/why-gm-bets-on-gasoline-fuel-cells,

BCG 1968: Bruce Henderson, Boston Consulting Group 1968, https://www.bcg.com/publications/1968/business-unit-strategy-growth-experience-curve

FAZ 10.10.2000, UBA: https://www.faz.net/aktuell/wirtschaft/brennstoffzellen-umweltbundesamt-praesident-troge-glaubt-nicht-an-die-brennstoffzelle-im-auto-112473.html

latimes, 1999: https://www.latimes.com/archives/la-xpm-1999-apr-20-fi-29093-story.html,

MTBE,Wikipedia: https://en.wikipedia.org/wiki/MTBE_controversy

reference for business, 2005: https://www.referenceforbusiness.com/history/Al-Be/Ballard-Power-Systems-Inc.html#ixzz69b7uTN5o,

Rodriguez, Baker 1998: A. Chambers, C. Park, R.T.K. Baker, N.M. Rodriguez, J. Phys. Chem. B, 102 (1998) 4253

solarserver, 2002: https://www.solarserver.de/2002/12/11/fraunhofer-ise-entwickelt-benzinreformierung-fuer-brennstoffzellen/

Spiegel 47/1996, Rügen-Projekt: https://www.spiegel.de/politik/rollende-heizung-a-0c1d99be-0002-0001-0000-000009121379

Wall Street, 1997: The Wall Street Journal; https://www.wsj.com/articles/SB872620830457462500;

wardsauto, 1998: https://www.wardsauto.com/news-analysis/ballard-battling-breakthrough-daimler-and-ford-behind-it-vancouver-firm-sets-fuel-cell-agenda,

ycharts, 2021: https://ycharts.com/companies/BLDP/revenues_annual

4

Der lange Weg zur Markteinführung

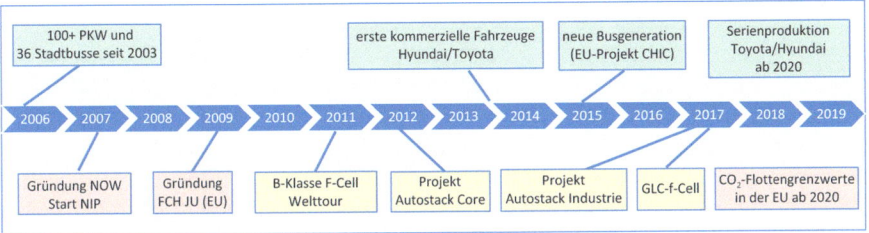

Die Geschichte erzählt von André Martin

4.1 Fahrzeugflotten weltweit – asiatische Tiger im Vormarsch

Von der Demonstration der Technologie zu den ersten Kleinserien

Von 1997 bis 2002 brachten Daimler und Ballard, später auch Ford, in dichter Folge Brennstoffzellenfahrzeuge auf die Straße, die den jeweiligen Technologieentwicklungsstand demonstrierten. Dazu zählten u. a. die Versuchsträger Necar1 bis Necar5, sechs verschiedene prototypische Busversionen (siehe Abb. 4.1) und ein Transporter. Insgesamt rüsteten wir in dieser Zeit 45 Fahrzeuge von sechs Fahrzeugherstellern mit Brennstoffzellenantrieben aus.

© Der/die Autor(en), exklusiv lizenziert an Springer Fachmedien Wiesbaden GmbH, ein Teil von Springer Nature 2025
A. Martin und W. Tillmetz, *Wasserstoff auf dem Weg zur Elektromobilität,*
https://doi.org/10.1007/978-3-658-49231-1_4

Abb. 4.1 Auswahl an Bussen, die bis 2002 mit Brennstoffzellenantrieben der Allianz ausgerüstet wurden. (Quelle: Ballard Power Systems, alle Rechte vorbehalten)

Im Jahr 2002 begann eine neue Zeitrechnung. Daimler und Ford produzierten die erste Kleinserie von Brennstoffzellenfahrzeugen weltweit und führten die erste große Flottenerprobung solcher Fahrzeuge durch. Deutlich mehr als 100 Fahrzeuge wurden mit der HyWay1-Technologie gebaut. Davon kam der überwiegende Teil in Kundenhand. Ein weiterer Teil der Fahrzeuge wurde für verschiedenste Erprobungen der Fahrzeughersteller genutzt. Das erste Mal in der Geschichte der Brennstoffzellentechnologie wurde die Technik in einer industriellen Manufaktur reproduzierbar hergestellt und der gleiche Technologiestand in einer größeren Anzahl von Fahrzeugen eingesetzt und erprobt.

Wir hatten in einer unserer Hallen in Nabern einen Fertigungsbereich eingerichtet, in dem das System montiert, der Stack mit dem System verheiratet und der Fabrikabnahmetest durchgeführt wurde. Es gab zwei Packagingversionen, um den unterschiedlichen Fahrzeugbauräumen der beiden Hersteller gerecht zu werden (siehe Abb. 4.2). Die Montage eines Systems bis zur Endabnahme dauerte etwa drei Tage, d. h., die Montagestation

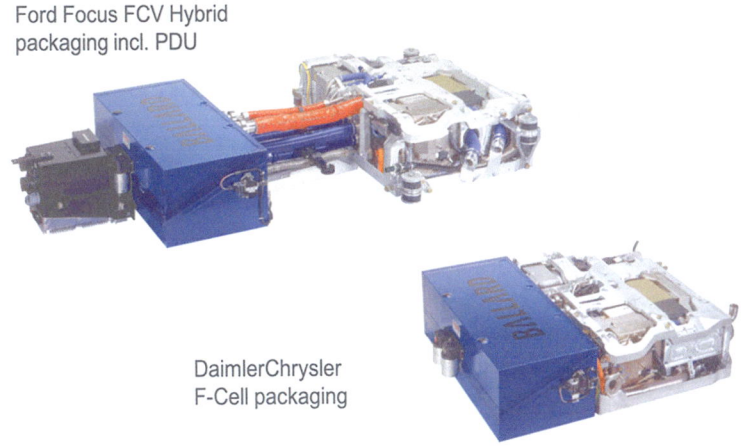

Abb. 4.2 Packagingvarianten des 80-kW-HyWay1-Systems für den Ford Focus und den Daimler Chrysler F-Cell mit dem Brennstoffzellenstack von Ballard (blau), der Systemtechnik und Power Distribution Unit (PDU, schwarz) (Quelle: Daimler AG, alle Rechte vorbehalten)

hatte eine jährliche Kapazität von etwa 100 Einheiten im Einschichtbetrieb. Was für einen Fahrzeughersteller ein winziges Volumen ist, glich für die Brennstoffzellentechnologie der damaligen Zeit einer kleinen Revolution.

Das HyWay1-Entwicklungsprogramm, das unter vielen Schwierigkeiten stattgefunden hatte, war schließlich erfolgreich abgeschlossen worden und hatte die technische Grundlage für die erste Kleinserie gelegt. Zum ersten Mal seit Beginn der Entwicklung bekamen wir echte Felddaten vom Einsatz einer größeren Anzahl von Fahrzeugen und lernten in rasender Geschwindigkeit viel Neues. Um Mängel oder Schwachstellen im Einsatz erkennen zu können, werteten wir die Felddaten systematisch alle vier Wochen aus. Im Ergebnis der Analyse wurden technische Maßnahmen festgelegt, um bereits während der laufenden Erprobung Verbesserungen einführen zu können und die Verfügbarkeit der Fahrzeuge insgesamt zu erhöhen. Außerdem implementierten wir ein Austauschkonzept, um bei aufwendigeren Reparaturen fehlerhafter Systeme keine langen Unterbrechungen für den Betrieb der Fahrzeuge zu verursachen.

Naturgemäß gab es in der ersten Phase der Erprobung eine ganze Reihe von kleineren Mängeln und Unzulänglichkeiten. Die Ergebnisse des Fahrzeugbetriebs übertrafen jedoch insgesamt unsere Erwartungen und auch die der Autohersteller. Die Systeme liefen robuster als erwartet und die tatsächliche Lebensdauer der Stacks war im Durchschnitt doppelt so hoch, wie die Daten der Labortests erwarten ließen. Im Laufe des Programms gelang es uns, die Mean Time Between Failures (MTBF, mittlere Zeit zwischen zwei Ausfällen) ohne signifikante Hardwareänderungen auf ein Mehrfaches zu verbessern, was den Wert einer Flottenerprobung nachdrücklich unterstreicht. Der Realbetrieb der Fahrzeuge zeigte, dass wir uns auf dem richtigen Weg befanden.

Brennstoffzellen im öffentlichen Nahverkehr – ein attraktives Marktsegment

Ebenfalls im Jahr 2002 erhielt Daimler den Zuschlag für das europäische Brennstoffzellenbusprojekt Clean Urban Transport for Europe (CUTE), das die Entwicklung, Herstellung und den Betrieb von 27 Brennstoffzellenbussen in 9 europäischen Hauptstädten vorsah. Die Architektur des Busses baute auf der Plattform des CITARO 12-m-Stadtbusses auf (siehe Abb. 4.3). Ballard wurde mit der Entwicklung und Lieferung der Brennstoffzellenantriebe beauftragt. Zu diesem Zeitpunkt lief die Entwicklung des P5-Bus-Systems (Name des internen Projektes) bereits seit mehr als zwei Jahren, zunächst bei dbb und nach der Umfirmierung bei Ballard in Vancouver.

Das Busprojekt war nicht vom Himmel gefallen. Wir hatten uns etwa ein Jahr intensiv um die Durchführung und Finanzierung des Projekts bei der EU-Kommission bemüht. Unsere Bemühungen bestanden vor allem darin, den Entscheidungsträgern in Brüssel in verschiedenen Formaten so viele Informationen wie möglich zur Verfügung zu stellen, um sie von der Machbarkeit und noch viel wichtiger von der Sinnhaftigkeit eines solchen Projekts zu

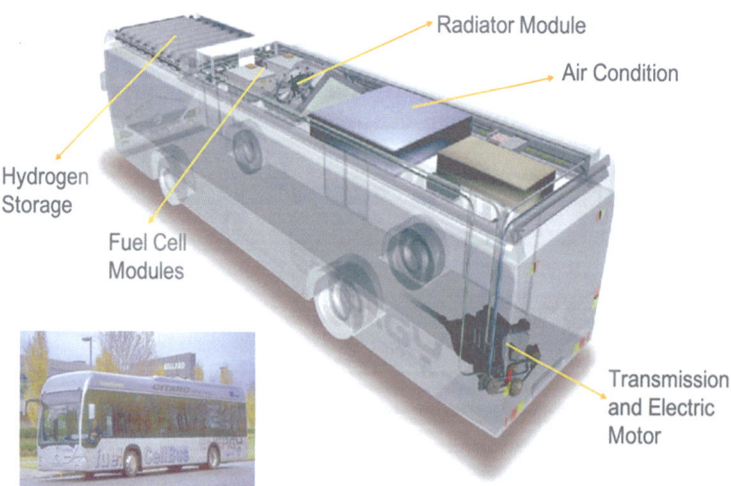

Abb. 4.3 Bus-Packaging-Darstellung und 205-kW-Antrieb der CITARO-Busse für das CUTE-Projekt; *von links:* Wasserstofftanks, Brennstoffzellenmodul, Kühler, Klimaanlage, Getriebe und elektrischer Motor. (Quelle: Daimler AG, alle Rechte vorbehalten)

überzeugen und eine Förderung durch die EU zu ermöglichen. Das gelang, und wir gewannen wichtige und loyale Unterstützer für unser innovatives Vorhaben, allen voran Bill Borthwick, der für dieses Thema unser Hauptansprechpartner bei der Europäischen Kommission im Directorate General Research (DG Research) war. Damals wusste kaum jemand, was eine Brennstoffzelle ist. Er half uns, dieses Wissen in Brüssel aufzubauen und Begeisterung bei in der Regel schwer zu begeisternden Beamten zu wecken. Seine Unterstützung kann auch aus heutiger Sicht nicht hoch genug bewertet werden.

Wenn der Betrieb der Pkw-Flotte eine Herausforderung war, dann war der Betrieb einer Busflotte im Linienbetrieb ein abenteuerliches Unterfangen mit ungewissem Ausgang. Die Pkw, die sich in Kundenhand befanden, wurden überwiegend als Show Cars oder für alltägliche Fahrten genutzt, die in der Regel keine höheren Anforderungen stellten. Eventuelle technische Mängel und daraus entstehende Stillstandzeiten waren zwar unschön, aber in der Regel hinnehmbar. Die Beseitigung der Mängel konnte in vielen Fällen entspannt erfolgen, wenn nicht gerade eine Veranstaltung geplant war, für die Fahrzeuge zur Verfügung stehen mussten. Die Busse jedoch sollten im Linienbetrieb für den Transport von Fahrgästen eingesetzt werden. Die Betreiber legten deshalb an sie die gleichen Maßstäbe an wie für konventionelle Fahrzeuge. Das bedeutete unter anderem eine geforderte Verfügbarkeit von mehr als 90 %, um nicht für jeden Bus einen Ersatz vorhalten zu müssen.

Der neue Busantrieb hatte bis dahin zwar einen Testbetrieb im Labor durchlaufen, war jedoch noch nie in einem Bus eingesetzt worden. Wir hatten also keinerlei Erfahrung im Realbetrieb. Unter diesen Umständen begannen wir das Projekt und wussten, dass die Technologie nur eine Aussicht auf kommerzielle Nutzung haben würde, wenn sie diesen Härtetest überstand. Alle waren sich der Explosivität des Unternehmens vollständig bewusst. Wenn es scheiterte, konnten wir erheblichen Schaden für die Zukunft der Technologie und unsere Firmen anrichten. Wir bereiteten den Einsatz deshalb akribisch vor. Zur Überwachung des Projekts bildeten wir einen Steuerkreis auf Geschäftsführungsebene. Ich war in meiner Rolle als VP der Transportation Business Unit und Programmverantwortlicher Mitglied des Steuerkreises und übernahm später den Co-Vorsitz für Ballard. Zweiter Co-Vorsitzender war der Chief Technology Officer (CTO) von Evobus.

Unser Hauptziel bestand darin, eine Strategie für den Betrieb der Fahrzeuge zu entwickeln, die uns in den Stand setzte, die Risiken zu kontrollieren und beim Auftreten technischer Mängel eine schnelle Reaktion sicherzustellen. Die Busse wurden mit Datenfernübertragung ausgerüstet, erst schrittweise auf die volle Einsatzzeit hochgefahren und ihr Zustand mithilfe des Datenerfassungssystems und gewisser Checkouts täglich überprüft, bis wir uns sicher waren, dass sie der Belastung gewachsen sein würden. Aus den Entwicklungstests hatten wir Fehlerhäufigkeiten der Komponenten und Subsysteme ermittelt und legten ein zentrales Ersatzteillager an, dessen Bestand auf dieser Basis ermittelt wurde. Um aufwendige Reparaturen vor Ort zu vermeiden, wurden außerdem Plug-and-Play-Austauschsysteme (mit wenigen Schnittstellen demontier- und montierbar) vorgehalten, um bei Ausfällen die Verfügbarkeit der Busse innerhalb von 48 h wieder herstellen zu können. Nach Austausch wurden diese Systeme repariert und der Puffer wieder aufgefüllt. Mithilfe dieses Logistikkonzepts, aber auch dank der Robustheit der Antriebe, gelang es uns, die damals sensationelle Verfügbarkeit von mehr als 90 % über die gesamte Projektdauer zu erreichen. Das war eine gewaltige Leistung, die selbst aus heutiger Sicht nicht hoch genug bewertet werden kann, auch mit dem Wissen, dass solche Verfügbarkeiten in späteren Projekten nicht erreicht wurden.

Der Betrieb der Pkw- und Busflotten war deshalb ein großer Erfolg und brachte uns viele nützliche Erkenntnisse für die weitere Entwicklung. Die Fahrzeuge zeigten in einer noch frühen Entwicklungsphase das große Potenzial der Technologie. Der Betrieb der Fahrzeuge half auch, sicherheitstechnische Bedenken im Umgang mit Wasserstoff abzubauen. Das Feedback der Fahrer, das unseren Ingenieuren vor Ort gegeben oder vom Management der Transportunternehmen übermittelt wurde, war überwiegend sehr positiv. Wir hatten erneut nachgewiesen, dass wir trotz aller strategischen und operativen Schwierigkeiten die Spitze der Technologieentwicklung bestimmten (trimis 2009).

Diesen Nachweis konnten wir auch in den unmittelbar folgenden Jahren immer wieder erbringen, in denen sowohl Pkw als auch Busse in den verschiedensten anderen nationalen und internationalen Initiativen erfolgreich zum Einsatz kamen. Bis 2005 gelang es uns, zahlreiche wichtige Projekte zu akquirieren und zu realisieren, die das Potenzial der Technologie und unsere damalige Technologieposition verdeutlichten.

Globale Entwicklungsaktivitäten – wann kommt der Markteintritt?
Zwischen 1997 und 2002 waren die meisten Autohersteller der Welt in der Entwicklung der Brennstoffzellentechnologie aktiv. Batterien wurden zum damaligen Zeitpunkt von kaum jemandem als ernsthafte Option betrachtet. Außer zwei weiteren Herstellern mit einer überschaubaren Anzahl von Prototypen des gleichen Entwicklungsstands hatte jedoch kein anderer Fahrzeughersteller mehr als einzelne Fahrzeuge hergestellt und demonstriert.

Daimler hatte mehrfach die Serienfertigung von Fahrzeugen ab 2004 ange-kündigt. Die internen Analysen und die Erkenntnisse der Flottenerprobun-gen hatten jedoch gezeigt, dass bis zur kommerziellen Reife der Technologie noch eine Wegstrecke vor uns lag. Das Ziel wurde deshalb stillschweigend kassiert und um einige Jahre verschoben.

Tatsächlich wurden ab 2009 etwa 200 F-Cell-B-Klasse-Fahrzeuge mit fortgeschrittener Brennstoffzellentechnologie gefertigt und ausgewählten Kunden weltweit zur Verfügung gestellt. Die Fortschritte in Reifegrad und Kompaktheit waren sicht- und spürbar, jedoch hatte diese Stückzahl nichts mehr mit der ursprünglichen Ambition einer Serienfertigung zu tun. Erst weitere 10 Jahre später, Ende 2018, kam der GLC F-Cell heraus. Auch er war ursprünglich als Serienfahrzeug angekündigt, wurde dann jedoch tat-sächlich nur in einer bescheidenen Auflage von einigen hundert Stück gefer-tigt.

Mehr als 15 Jahre nach der erfolgreichen Flottenerprobung der HyWay1-Fahrzeuge waren die Stückzahlen unverändert auf gleichem Niveau, und es war keine Absicht erkennbar, daran etwas zu ändern. Begründet wurde die Zurückhaltung mit der fehlenden Betankungsinfrastruktur. Zeitgleich stell-ten Wettbewerber unter Beweis, dass der Markt bereits ein deutlich größe-res Potenzial besaß. Allein im Jahr 2019 wurden von zwei Herstellern welt-weit knapp 7000 Fahrzeuge verkauft. Im Jahr 2020 waren es bereits 11.000 (siehe Abb. 4.4).

Angesichts dieser Zahlen liegt der Schluss nahe, dass es bei Daimler keine ernsthafte Ambition für die Kommerzialisierung der Technologie mehr gege-ben hat. Die Strategie wurde inzwischen nur noch von asiatischen Herstel-lern verfolgt.

Das europäische Nachfolgebusprojekt für CUTE, das 2015 begann, trug die Bezeichnung Clean Hydrogen in European Cities (CHIC) und beinhal-tete den Bau und Betrieb von 26 Bussen an fünf europäischen Standorten, namentlich Aargau, Bozen, London, Milano und Oslo. Der Antrieb der Busse bestand aus zwei Pkw-Systemen in einer Hybridarchitektur, für die bereits LIB zum Einsatz kamen. Die Brennstoffzellensysteme wurden meist in Teillast betrieben, rekuperierten Bremsenergie und erzielten so einen hohen Wirkungsgrad und lange Lebensdauer. Der wirtschaftliche Reiz des Konzepts lag darin, dass die zukünftig zu erwartenden Skaleneffekte der Pkw-Volumen erheblich günstigere Kosten des Antriebsstrangs erlauben würden. Es war ein Konzept, mit dem wir bereits 10 Jahre früher experi-mentiert hatten (siehe Abb. 4.5).

Trotz der in diesem Projekt demonstrierten technischen Fortschritte und des großen Interesses von Verkehrsbetrieben wurde die Entwicklung nach

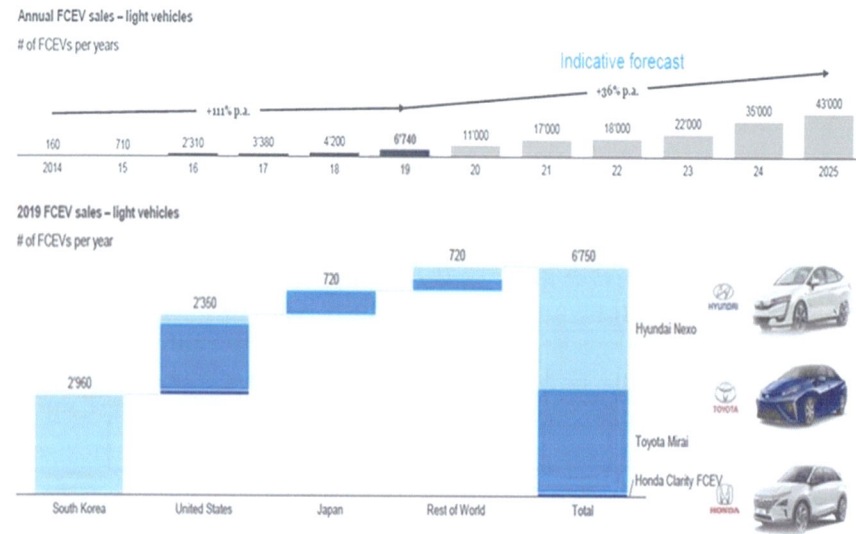

Abb. 4.4 Entwicklung der weltweiten Fuel-Cell-Electric-Vehicle-Verkäufe (FCEV-Ver-käufe, Brennstoffzellenelektrofahrzeugverkäufe) ab 2014. (Quelle: McKinsey 2019, alle Rechte vorbehalten)

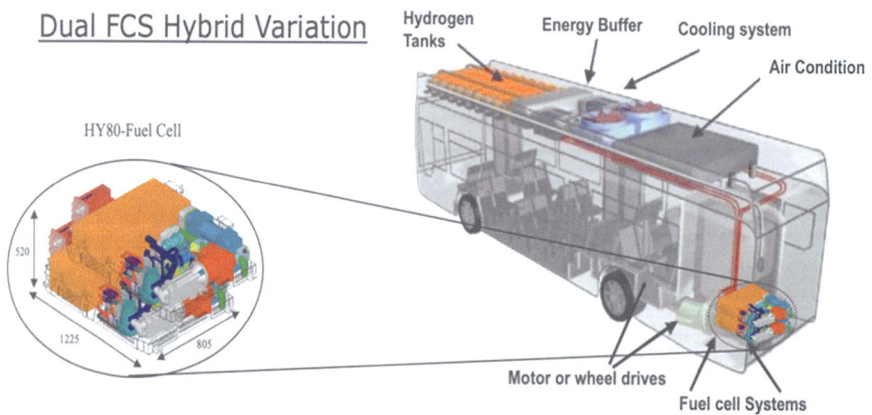

Twin Concept:

- different packaging potentialities (roof, rear, etc..)
- less H2 consumption can reduce number of H2-bottles
- intelligent energy management can increase Lifetime of FCS

Abb. 4.5 Konzept eines Brennstoffzellen-Hybrid-Busantriebs mit zwei 80-kW-Pkw-Systemen (Fuel Cell System FCS), Hochleistungsbatterie, Energiemanagement und elektrischen Radantrieben 2005. (Quelle: Daimler AG, alle Rechte vorbehalten)

Abschluss des Projektes nicht weitergeführt. Andere Bushersteller nutzten das Momentum und begannen in den Folgejahren erste Kommerzialisierungsschritte. Daimler und Ford hatten bis zu diesem Zeitpunkt viele Millionen Einsatzkilometer mit Pkw und Bussen zurückgelegt. Sie hatten gemeinsam mit Ballard lange eine technologische Führungsposition inne. Sie hatten die Ressourcen, sie hatten die globale Aufstellung und den politischen Einfluss. Mit einem Wort, sie hatten einen glänzenden Ausgangspunkt für die kommerzielle Einführung des innovativen Antriebs. Aber sie nutzten ihn nicht. Die ursprünglichen Ambitionen waren begraben worden.

Führungswechsel – der Wert strategischer Kontinuität
Ganz anders agierte ein japanischer Autokonzern. Toyota stellte 1998 in einem Workshop in Brüssel, an dem ich teilnahm, ihre Elektrifizierungsstrategie vor. Man kann sie mit wenigen Worten zusammenfassen. Zunächst sollten mithilfe von Hybridkonzepten der elektrische Antrieb und die Batterietechnik weiterentwickelt, ihre Zuverlässigkeit gesteigert und ihre Kosten gesenkt werden. Auf Basis der Entwicklung der elektrischen Antriebe und der Batterietechnik sollte dann die Brennstoffzellentechnologie eingeführt werden, den elektrischen Antriebsstrang komplettieren, in Bezug auf Reichweite optimieren und universell einsatztauglich machen.

Mehr als 20 Jahre später ist diese Strategie so gültig wie am ersten Tag. Man ließ sich durch die jahrelang nur zögerlich steigenden Umsätze der Hybridfahrzeuge und die dadurch lange nötigen internen Preissubventionen nicht beirren. Schon gar nicht ließ man sich durch das sprunghafte Verhalten deutscher Autobauer irritieren, die in der Frage, welcher Antriebstechnologie die Zukunft gehören würde, strategisch irrlichterten, um sich am Ende zwischen alle Stühle zu setzen und jeden Zug zu verpassen. Die Marke Toyota wurde für ihre strategische Konsequenz belohnt, denn ab etwa Mitte der 2000er-Jahre setzte ein exponentielles Wachstum im Verkauf ihrer Hybridfahrzeuge ein. Von 1997 bis 2020 wurden mehr als 15 Mio. verschiedener Modelle des zunächst von vielen Experten belächelten Toyota-Prius verkauft (Toyota 2020).

Natürlich kann man zum Hybridfahrzeug unterschiedlicher Meinung sein, denn der Vorteil des elektrischen Fahrens wird durch Nachteile in Gewicht und Kosten erkauft. Das elektrische Fahren ist in der Reichweite begrenzt und primär im Stadtverkehr vorteilhaft. Für die Fahrt auf deutschen Autobahnen bringt eine Hybridisierung keinen Vorteil, solange man nicht im Stau steht. Es hängt also sehr davon ab, wie man das Fahrzeug nutzt, was im Übrigen für alle Antriebskonzepte gilt. Entscheidend war, dass mit dieser Technologie alle damaligen Emissionsziele erreicht werden konnten. Man fabrizierte keinen Dieselskandal und investierte das Geld in Technologie statt in Strafzahlungen. Das Hybridkonzept ist Bestandteil einer langfristigen, erfolgreichen Elektrifizierungsstrategie und einer Antriebsplattform, die auch als Grundlage für die Brennstoffzellenfahrzeuge genutzt wird.

Auch Toyota stellte ab Ende der Neunzigerjahre zahlreiche Brennstoffzellentechnologieträger vor. Danach folgten weitere Entwicklungsschritte und neue Modelle. Parallel erfolgte die Entwicklung von Brennstoffzellenbussen, für die von Beginn an die Module des Pkw eingesetzt wurden. Im Dezember 2014 kam mit dem „Mirai" das erste Serienfahrzeug auf den Markt. Das Fahrzeug hat eine reale Reichweite von etwa 500 km und eine ähnliche Betankungszeit wie konventionelle Benzin/Diesel-Fahrzeuge, was für alle Brennstoffzellenfahrzeuge gilt. Es hat einen Verbrauch von 3,6 l Benzinäquivalent auf 100 km und ist – natürlich – ein Nullemissionsfahrzeug. Bis Ende 2019 wurden davon 10.250 Fahrzeuge verkauft, 6200 in den USA, 3500 in Japan und mit deutlichem Abstand 640 in Europa (Wikipedia 2020). In Deutschland wurden bis 01.01.2019 nur 138 Mirai zugelassen! Der Mirai ist bisher das meistverkaufte Brennstoffzellenfahrzeug der Welt.

Auf der Tokyo Motor Show 2019 wurde der Nachfolger des Mirai vorgestellt, der im Herbst 2020 zunächst in Japan, danach in Nordamerika und Europa eingeführt wurde. Das Design ist deutlich ansprechender, und er ist, was Größe und Ausstattung betrifft, ein Oberklassefahrzeug. Wichtiger war jedoch, dass das neue Modell mit etwa 700 km Reichweite zu konventionellen Fahrzeugen aufgeschlossen hat. Ähnlich konsequent und langfristig verlief die Entwicklung der Brennstoffzellenbusse. Im Oktober 2019 wurden Pläne bekannt gegeben, den Bus, der den Namen „Sora" trägt, ab 2020 in Portugal bei CaetanoBus SA für den europäischen Markt produzieren zu lassen. Toyota führte nicht nur konsequent eine neue Antriebstechnologie in Bussen ein, die auf einer Pkw-Entwicklung beruht und die daraus generierten Skaleneffekte nutzt, die Busse dienen auch als Alleinstellungsmerkmal für die Eroberung neuer Märkte.

Vergleicht man die technischen Daten und das Konzept, so ähnelt es den Bussen, die bereits 2015 im CHIC-Projekt eingesetzt wurden. Das Package des Daimler-Pkw-Antriebs von 2015 passte bereits in den Motorraum eines konventionellen Fahrzeugs (siehe Abb. 4.6). Die Brennstoffzellenaggregate, die 2020 von verschiedenen Herstellern für die geplante Serienproduktion vorgestellt wurden, ähnelten diesem Konzept auffällig. Technologischer Rückstand sieht anders aus.

Abb. 4.6 Daimler Brennstoffzellen-Pkw-Antrieb aus dem Jahr 2015, der erstmals als vollintegriertes System unter der Motorhaube den Platz des klassischen Verbrenners einnahm. (Quelle: Daimler AG, alle Rechte vorbehalten)

Ende 2019 machte Toyota Pläne für den Beginn der Massenfertigung von Brennstoffzellenfahrzeugen öffentlich. Ab 2021 sollten jährlich bis zu 30.000 Brennstoffzellenfahrzeuge verkauft werden, neben dem Mirai auch Brennstoffzellenbusse (Automobilindustrie 2019). So ging es Schlag auf Schlag.

Wie Phönix aus der Asche

Auch ein anderer asiatischer Hersteller nutzte die Gunst der Stunde. Meine erste Berührung mit Hyundai ging auf das Jahr 1999 zurück. Sie traten damals an DaimlerChrysler heran, um Möglichkeiten einer Zusammenarbeit bei der Entwicklung von Brennstoffzellenfahrzeugen zu diskutieren. Ferdinand Panik stellte ein Team zusammen, zu dem auch ich gehörte. Wir besuchten Hyundai am Firmensitz in Seoul, um das Potenzial für eine mögliche Zusammenarbeit auszuloten und so viele Informationen wie möglich zu sammeln. Der Besuch war von Hyundai hervorragend organisiert, wir wurden ausgesprochen zuvorkommend empfangen und verhandelten auf CEO-Ebene.

Nach der ersten Diskussionsrunde erhielten wir Gelegenheit, ihre Brennstoffzellenfahrzeuge im Betrieb zu beobachten und eine kurze Distanz in einem der Fahrzeuge mitzufahren. Selbstverständlich erhielten wir keine Einsicht in technische Details, noch durften wir einen Blick in den Motorraum werfen. Trotzdem konnten wir einige wichtige Eindrücke gewinnen. Das Fahrverhalten der Fahrzeuge und ihre tiefe Straßenlage deuteten darauf hin, dass sie eine erhebliche zusätzliche Last befördern mussten. Nach allem, was wir sahen, ging sie weit über das damals noch übliche hohe Gewicht eines Brennstoffzellenantriebs hinaus. Die Fahrzeuge ächzten förmlich unter der Ladung. Beim Mitfahren vermissten wir das typische Winseln des Kompressors, das während der Beschleunigung von Brennstoffzellenfahrzeugen entsteht und damals noch sehr deutlich zu hören war. Mit hoher Wahrscheinlichkeit trug der Wagen also eine hohe Batterielast und wurde durch die Batterie angetrieben, sodass die Brennstoffzelle nur die Aufgabe eines Range Extenders (Brennstoffzelle, die als Stromgenerator zum Nachladen der Batterie genutzt wird, um die Fahrzeugreichweite zu erhöhen) haben konnte.

Das aber bedeutete, dass ihre Leistung verhältnismäßig gering sein musste und sie im stationären Betriebsmodus arbeitete. Damit hatten wir eine ungefähre Vorstellung, wo die Kollegen in der Entwicklung standen. Aus der Kooperation wurde nichts, weil aus damaliger Sicht für Daimler kaum Vorteile damit verbunden gewesen wären.

Vierzehn Jahre später und bereits einige Monate vor Toyota, Ende des Jahres 2013, und offensichtlich in direkter Konkurrenz zu Toyota brachte Hyundai den ix35 heraus und produzierte im Verlauf von drei Jahren etwa 1000 Stück dieses Brennstoffzellenfahrzeugs. Ihm folgte ab 2018 das Modell Nexo, das in Ulsan in Südkorea produziert wird. Das Fahrzeug hat eine Reichweite von knapp 700 km und zeigte das, was ihr Konkurrent in Bezug auf Reichweite damals erst angekündigt hatte. Bis November 2020 wurden mehr als 10.000 Fahrzeuge verkauft (hyundai-newsroom 2020). Hyundai ist inzwischen ein ernst zu nehmender Konkurrent geworden, und zwar im weitesten Sinne. In Sachen Fertigungsvolumen der Brennstoffzellenfahrzeuge sind auch sie bereits eine Größenordnung weiter, selbst wenn es sich für die Verhältnisse von Pkw-Herstellern immer noch um eine Kleinserie handelt.

Ab 2019 realisierte Hyundai gemeinsam mit Schweizer Partnern ein Projekt zur Lieferung von 1600 Brennstoffzellen-Lkw ihres Modells „Xcient" in die Schweiz (vision-mobility 2019). Nach den verfügbaren Informationen hat der Lkw eine Reichweite von etwa 400 km und kann innerhalb von sieben Minuten aufgetankt werden. Die H_2-Speicherung erfolgt mit den bislang in Nutzfahrzeugen üblichen 350-bar-Druckbehältern. Mit neuen innovativen Modellen werden in allen Anwendungsgebieten neue Märkte erobert. Auch Hyundai hat Pläne für die Aufnahme der Massenfertigung von Brennstoffzellenfahrzeugen Anfang bis Mitte des jetzigen Jahrzehnts bekräftigt und Ende 2019 ein Investitionsprogramm von 35 Mrd. € für alternative Antriebe mit Brennstoffzellen als zentralem Element in den nächsten 5 Jahren aufgelegt, „um die eigene Führungsposition im globalen Wasserstoff-Brennstoffzellen-Ökosystem zu stärken" (elektroauto-news 2019).

Die Europäische Kommission – Sponsor und Pate
Die Europäische Kommission hat das Potenzial von Wasserstoff sehr früh erkannt und unterstützt. Daran waren unsere Aktivitäten zum europäischen Busprojekt CUTE, aber auch die globale Sichtbarkeit der HyWay1-Pkw-Flotte ganz sicher nicht unbeteiligt. Bereits im September 2002 rief die Kommission auf Veranlassung des EU-Kommissars für Forschung, Philippe Busquin, eine „High Level Group" (Gruppe hochrangiger Akteure) zum Thema Wasserstoff und Brennstoffzellen ins Leben. Sie bestand aus Vertretern relevanter europäischer Forschungsinstitute und Industrieunternehmen und verfolgte das Ziel, Forschungsschwerpunkte zu steuern und Marktanreize zu entwickeln, um eine möglichst schnelle Skalierung der Technologie zu erreichen. Es war ein für die damalige Zeit revolutionäres Programm.

Ein knappes Jahr später wurde ein Summary Report (Abschlussbericht) mit den Empfehlungen der High Level Group veröffentlicht, der es in sich hatte (siehe Abb. 4.7). Die darin vorgestellte Roadmap sprach bereits 2003 von einer zukünftigen Wasserstoffwirtschaft. Die Dekarbonisierung der Produktion von Wasserstoff mithilfe von erneuerbaren Energien und der Transport von Wasserstoff mit Pipelines waren ebenso Bestandteil wie die Einschätzung, dass Brennstoffzellenfahrzeuge ab etwa 2020 wettbewerbsfähig sein würden. Die Gruppe, der ich angehörte, empfahl einen einheitlichen, ressortübergreifenden Politikansatz für die Bereiche Transport, Energie und Umwelt. Sie verlangte eine deutliche Erhöhung der Forschungs- und Entwicklungsbudgets für Wasserstoff und Brennstoffzellen. Sie unterstrich die Notwendigkeit von Demonstrations- und Pilotprogrammen. Sie schlug eine Geschäftsentwicklungsinitiative vor, um Investoren zur Finanzierung von Forschungs- und Entwicklungsaktivitäten zu motivieren. Sie empfahl eine europäische Ausbildungsinitiative, verstärkte internationale Kooperation und die Schaffung eines Kommunikationszentrums als zentrale Anlaufstelle für alle Themen rund um Wasserstoff und Brennstoffzellen. Viele der Forderungen wurden erst mit deutlicher Verspätung und einige leider bis heute nicht realisiert.

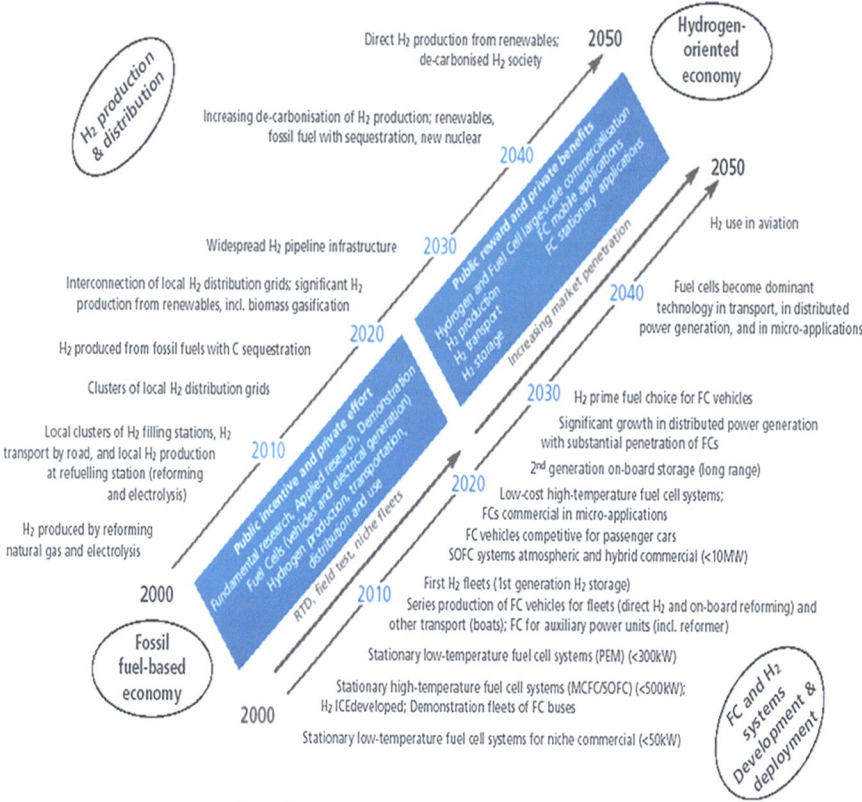

Figure 4: Skeleton proposal for European hydrogen and fuel cell roadmap

Abb. 4.7 European Hydrogen Roadmap der High Level Group aus dem Summary Report 2003. *FC* Fuel Cell, *PEM* Proton Exchange Membran, MCFC Molten Carbonate Fuel Cell, *SOFC* Solid Oxide Fuel Cell. (Quelle: FCH JU Brüssel, alle Rechte vorbehalten)

Für die Umsetzung dieser Vorschläge sollte eine Public-private-Partnership (PPP) in Form eines Gemeinschaftsunternehmens zwischen der Kommission und einer Gruppe aus interessierten Unternehmen (Industriegruppe, IG) gebildet werden. Zentrale Forderung der High Level Group war, dass die Arbeit der PPP langfristig angelegt und finanziert werden sollte, was eine vollkommene Abwendung von der bis dahin üblichen Vorgehensweise der Kommission bedeutete, die Mittel auf jährlicher Basis (willkürlich) freizugeben.

Für diese Forderung gab es eine sehr einfache Begründung. Sinnvolle Forschungs- und Entwicklungsarbeiten bedürfen eines mehrjährigen, stabilen Finanzrahmens, um die notwendige Tiefe, Breite und Kontinuität des Entwicklungsansatzes sicherzustellen. Falls man diesen Rahmen nicht schaffen würde, war aufgrund der dann bestehenden Finanzierungsrisiken kein großes Engagement von Industrie oder Forschung zu erwarten.

Ab 2004 wurden die Aktivitäten im Rahmen der „European Hydrogen and Fuel Cell Technology Platform" als Nachfolgerin der High Level Group fortgeführt, der ich ebenfalls angehörte. Sie bestand aus relevanten Vertretern der europäischen Industrie und Wissenschaft, die als beratendes Gremium für die Kommission zusammenarbeiteten. Organisatorisch hatte sich nicht viel verändert, das Kind hatte aber jetzt einen anderen Namen. Aus ihrer Tätigkeit entstand unter anderem eine Strategic Research Agenda (Strategischer Forschungsplan) mit einem Umfang von 123 Seiten, die jedoch wegen der Weigerung der Kommission keine Verbindlichkeit für die tatsächliche Auswahl der Forschungsthemen besaß. Von der Gründung eines Gemeinschaftsunternehmens war dieses Format außerdem noch weit entfernt. Die Mitglieder der IG waren deshalb zunehmend enttäuscht und frustriert. Wir signalisierten der DG Research (Generaldirektion Forschung), dass wir nicht gedachten, die Arbeit in dieser Weise fortzusetzen, und forderten die Gründung des Gemeinschaftsunternehmens mit der Kommission, wie sie die High Level Group bereits vorgeschlagen hatte.

Als Reaktion auf diese Forderung schlug die Kommission die Gründung einer „Joint Technology Initiative (JTI) for Hydrogen and Fuel Cells" vor, einer gemeinsamen Plattform der Kommission mit einer Gruppe von interessierten europäischen Industrieunternehmen (IG). Die JTI sollte endlich das Mandat bekommen, das angestrebte Gemeinschaftsunternehmen zu gründen und mit Leben zu erfüllen. Im März 2007 wurde die bis dahin informell agierende IG als JTI Industrial Grouping formalisiert. Das neu gewählte Präsidium setzte sich allerdings überwiegend aus Kollegen zusammen, die an den Vorarbeiten der vergangenen Jahre nicht beteiligt waren, was sich für die inhaltliche Kontinuität als Problem herausstellen sollte. Etwa zur gleichen Zeit wurden die Beamten der Kommission turnusmäßig durchrotiert. Unsere alten, treuen Unterstützer in DG Research verschwanden, sehr zu unserem Leidwesen, aus dem unmittelbaren Wirkungskreis unserer Initiative.

Ich war aufgrund der Umstände zu dieser Zeit bereits auf dem gedanklichen Abflug aus meinem bisherigen Umfeld und brauchte deshalb keine lange Bedenkzeit, als ich gefragt wurde, ob ich bereit wäre, die Vorbereitungsarbeiten für das beabsichtigte Gemeinschaftsunternehmen zu führen.

Ich übernahm die Aufgabe im vierten Quartal 2007 und pendelte für die nächsten 15 Monate wöchentlich zwischen Frankfurt und Brüssel.

In einer der ersten Diskussionen mit unseren neuen Partnern in der Kommission teilten sie uns mit, dass es zur Vorbereitung des Gemeinschaftsunternehmens keine gemeinsame Arbeitsgruppe zwischen IG und Kommission geben werde, wie das ursprünglich beabsichtigt war. Stattdessen sollte die IG für die inhaltliche und organisatorische Vorbereitung ein Projekt bei der Kommission beantragen, da nur auf diesem Weg eine Teilfinanzierung der Arbeiten durch die Kommission erfolgen könne. Dieses von der Kommission vorgeschlagene Format entsprach – aus unserer Sicht – nicht der Ambition des Vorhabens und dem ursprünglichen gemeinsamen Verständnis. Wir äußerten deshalb unsere Bedenken und verließen das Meeting ohne Entscheidung.

Es war leicht erkennbar, dass wir in der vorgeschlagenen Projektstruktur keinen ausreichenden Einfluss auf Ziele und Entscheidungen für die Vorbereitung des Gemeinschaftsunternehmens haben würden. Außerdem war schwer einzusehen, weshalb wir die Vorbereitung des Gemeinschaftsunternehmens einseitig, ohne Teilnahme und Beitrag der Kommission leisten sollten. Trotzdem eine Reihe von Kollegen ähnliche Positionen vertrat, fanden sie in der Entscheidung des Vorstands der IG schließlich keine Berücksichtigung. Die IG stimmte dem Vorschlag zu. Durchaus vorhandene und infrage kommende Alternativen wurden nicht einmal erwogen.

Das Projekt wurde bewilligt und bekam das Akronym „FCHInstruct" (Brennstoffzellen- und Wasserstoffeinweisung). Nach anfänglicher Unterstützung durch eine externe Beratungsfirma entschieden wir uns aus Effizienzgründen, die Arbeiten in eigener Regie mit Industrieexperten durchzuführen, die von Mitgliedsfirmen der IG delegiert werden sollten. Kurze Zeit später hatten wir ein kleines, aber schlagkräftiges Team für die verschiedenen Aufgabengebiete zusammen. Wir mieteten ein Büro in der Avenue Louise und waren innerhalb weniger Wochen arbeitsfähig.

Die Vorbereitung des Gemeinschaftsunternehmens beinhaltete eine Vielfalt von Aufgaben. Dazu gehörten die Ausarbeitung einer mehrjährigen F&E-Strategie, die Entwicklung jährlicher Umsetzungspläne für die Durchführung der thematischen Projektausschreibungen, die Ausarbeitung eines Förderrahmens, die Entwicklung der Managementstruktur sowie der Besetzung und Arbeitsweise des Aufsichtsgremiums (Governance Structure). Weitere Themen waren die Suche nach zusätzlichen Projektfinanzierungsquellen, die Entwicklung einer Kommunikationsstrategie bis hin zur Planung von Informationsveranstaltungen.

Die Kommission hatte sich aus der Mitarbeit am Projekt zurückgezogen, die kompletten Aufgaben auf uns verlagert, eine Kostenbeteiligung der Industrie erreicht, behielt aber das Recht, Ergebnisse zu bestätigen oder zu verwerfen.

In den folgenden Kontakten mit unseren neuen Ansprechpartnern bei DG Research spürten wir eine deutlich veränderte Gesprächsatmosphäre. Die Diskussionen wurden von administrativen Aspekten dominiert. Vorschläge wurden ausschließlich daraufhin bewertet, ob sie bereits in offiziellen Papieren der Kommission enthalten waren oder nicht. War das der Fall, bekamen sie die Bewilligung, andernfalls wurden sie abgebügelt. Die ultimative Forderung in solchen Fällen lautete: „Show me the document!"[1] „Copy and Paste"[2] wurde so von einer Effizienz- zu einer Existenzfrage. Die Stimmung von Absicherung und Verwaltungsdenken übertrug sich leider auch auf andere Mitarbeiter der Kommission, mit denen wir bis dahin kooperativ und produktiv zusammengearbeitet hatten.

Die Ausarbeitung der F&E-Schwerpunktthemen und der jährlichen Umsetzungspläne war der zentrale Teil der Mission. F&E-Themen sollten zukünftig nur aufgrund überprüfbarer Kriterien beantragt und genehmigt werden, um ihre thematische Relevanz und Anwendungsnähe sicherzustellen. Wir implementierten einen Bottom-up-Prozess für die verschiedenen industriellen Applikationsbereiche, um dieses Ziel zu erreichen. Alle Themenvorschläge wurden in Reviewmeetings diskutiert und konsolidiert. Auftretende Konflikte wurden auf diese Weise offengelegt und adressiert. So kamen alle Argumente und Fakten auf den Tisch und die finalen Ergebnisse wurden transparent, faktenbasiert und im Einvernehmen aller Beteiligten ermittelt.

Gegen Ende der geplanten Projektdauer von etwas mehr als einem Jahr veränderte die Kommission einseitig weitere, wesentliche Annahmen für die Gründung des Gemeinschaftsunternehmens. Die zukünftige Organisation sollte nun ein „Commission Body (Körperschaft der Kommission)", d. h. ein integraler Bestandteil der Brüsseler Administration werden und nicht, wie bis dahin beabsichtigt, ein gemeinsames Unternehmen gleichberechtigter Partner. Die Forschungsschwerpunkte sollten nur noch Empfehlungscharakter besitzen, was den von uns implementierten, transparenten und faktenbasierten Gesamtprozess der Themenauswahl samt Budgetzuordnung ad absurdum führte. Bei dieser Gelegenheit wurden auch unsere organisatorischen Vorschläge infrage gestellt, da sie nicht den „Bedürfnissen" eines Commission Body entsprächen.

---

[1] Sinngemäß: „Weis mir die Quelle nach!"
[2] Sinngemäß: „Kopieren und einfügen (übernehmen)."

Die letzten Monate unserer „Mission Impossible" waren deshalb von einer gewissen Endzeitstimmung geprägt. Anfang 2009 übergaben wir das Projekt an eine Interimsstruktur, die nach dem Prozedere der Kommission den Übergang in die Zielstruktur durchführen sollte. Obwohl die Wissens- und Erfahrungsträger weiterhin zur Verfügung standen, änderte man zu diesem entscheidenden Zeitpunkt die Projektführung! Wie wir später feststellten, wurden durch die Interimsstruktur weitere Vorschläge und Konzepte zum Teil deutlich modifiziert, ohne dass es während des Projekts dazu inhaltliche Diskussionen gegeben hätte. Nach den Erfahrungen, die wir bis dahin gesammelt hatten, war das aber keine sehr große Überraschung mehr.

Rückschauend hatten wir in harter Arbeit im Laufe eines Jahres vieles vorangebracht. Unser Team hatte strategische F&E-Schwerpunkte entwickelt, zwei Jahrespläne detailliert ausgearbeitet, den Förderprozess definiert, die organisatorische Struktur des Fuel Cell and Hydrogen Joint Undertaking (FCH JU) konzipiert und viele andere Themen abgearbeitet. Die politische Begleitung durch die Kommission erwies sich als widersprüchlich und konfliktgeladen. Sie generierte zahlreiche Herausforderungen, die uns viel Arbeit bereiteten, deren Zweckdienlichkeit häufig jedoch im umgekehrten Verhältnis zu ihrem Aufwand stand.

Kommission und Industrie stellten ein Gesamtinvestitionsvolumen von 1,2 Mrd. € für Wasserstoff und Brennstoffzellen über fünf Jahre zur Verfügung. Das FCH JU nahm seine Arbeit auf und sollte trotz aller konzeptionellen Mängel einen substanziellen Beitrag zur Verbesserung der Forschungsförderung für Wasserstoff und Brennstoffzellen in Europa leisten.

Das AutoStack-Projekt – zeigen, was geht

Ich beendete meine Aufgabe in Brüssel Anfang 2009 und begann eine Tätigkeit als unabhängiger Berater. Damit zog ich die Schlussfolgerungen aus den letzten Jahren meiner Berufstätigkeit, in der meine Arbeit von vielen Zwängen und frustrierenden Kompromissen geprägt worden war.

Kurz vorher traf ich in Brüssel Ludwig Jörissen, der am Zentrum für Sonnenenergie- und Wasserstoff-Forschung (ZSW) in Ulm für die Brennstoffzellenentwicklung zuständig war. Zu diesem Zeitpunkt gab es abgesehen von den internen Entwicklungen bei Daimler keinen für die Automobilanwendung geeigneten Brennstoffzellenstack (Stack = Stapel an Zellen, siehe hierzu auch Abb. 2.2 und 2.4) aus europäischer Entwicklung. Anwendungsnahe Forschungsarbeiten beschäftigten sich primär mit stationärer oder mobiler Stromerzeugung. Auch international gesehen waren unabhängige Entwicklungen außerhalb von Großunternehmen dünn gesät. Meine Erfahrungen bei Ballard und Daimler hatten mich überzeugt, dass man vieles besser machen konnte, wenn zu starker Einfluss von Firmenpolitik und Partikularinteressen auf die Entwicklung vermieden würde. Ein unabhängiges, öffentliches Forschungsprojekt konnte dafür den geeigneten Rahmen bieten. Wir beschlossen, ein Konsortium mit Autoherstellern, Zulieferern und Forschungsinstituten für die Durchführung eines europäischen Projekts zu bilden, um eine solche Entwicklung anzustoßen.

Es gelang uns, prominente Industriepartner für das Vorhaben zu gewinnen und eine ebenso prominente Gruppe von Forschungseinrichtungen, darunter das französische Atomforschungszentrum (CEA), das Joint Research Center der EU (JRC), das Paul-Scherrer-Institut aus der Schweiz und natürlich das ZSW aus Ulm. Die Projektarbeiten begannen Mitte 2009. Ziel des Projektes war es zu untersuchen, wie ein Erfolg versprechendes Stackkonzept für die Automobilanwendung aussehen musste, um technisch und wirtschaftlich wettbewerbsfähig zu sein.

Aus unseren Analysen erkannten wir, dass die Stackleistungsdichte den zentralen Entwicklungsparameter bilden musste, um sowohl die technischen, aber auch die wirtschaftlichen Spezifikationsziele erfüllen zu können. Ausschlaggebend dafür waren die extrem hohen Anforderungen in Bezug auf den Einbauraum, die hohe Leistung und die herausfordernden Kostenziele der Automobilanwendung. Die Reduzierung des Platingehalts im Katalysator blieb wichtig für das Erreichen der Zielkosten, war jedoch nicht das ausschließlich bestimmende Element, wie damals noch in allen Kostenanalysen z. B. des DOE unterstellt wurde. Um die Anforderungen an Kompaktheit und Kosten erreichen zu können, war der Einsatz von sehr dünnen, metallischen Bipolarplatten unverzichtbar. Die Membrane Electrode Assembly (MEA) und das Zelldesign mussten hohe Stromdichten ermöglichen, um die Leistungsziele erreichen zu können.

Auf Basis dieser Erkenntnisse entwickelten wir gemeinsam mit den Autoherstellern eine Zielspezifikation und beantragten ein Folgeprojekt, das die Entwicklung der Komponententechnologie und des Stackdesigns zum Ziel haben sollte. Für das Projekt wählten wir die Bezeichnung AutoStack Core. Nach einigen Vorarbeiten konnten wir Mitte 2012 mit den Entwicklungsarbeiten im Rahmen des Projektes beginnen. Wieder gelang es uns, ein prominentes Konsortium zusammenzustellen Das Projektbudget betrug 15 Mio. € bei einer geplanten Projektlaufzeit von vier Jahren, in denen zwei Technologiegenerationen realisiert werden sollten.

Um das Potenzial einer engen, branchenübergreifenden und interdisziplinären Zusammenarbeit nutzen zu können, das in dieser Phase so extrem wichtig ist, verzichteten wir auf eine Wettbewerbssituation zwischen verschiedenen Komponentenherstellern innerhalb des Projekts. Das war eine der Lektionen, die ich bei Ballard und Daimler gelernt hatte. Der übliche Entwicklungsprozess mit Spezifikationsvorgabe und Angebotsabgabe mehrerer Kandidaten unter größter Zurückhaltung des Informationsaustauschs ist ungeeignet für die Entwicklung einer neuen Technologie.

Das Projekt, das wir Anfang 2017 mit etwas Verspätung abschlossen, erzielte einen Durchbruch in einigen grundsätzlichen Aspekten der Stackentwicklung. Wir erreichten die bis dahin höchste international bekannte Leistungsdichte von 3,8 kW/l im Betriebspunkt und hatten uns den Zielkosten von etwa 30 €/kW weit angenähert. Der Stack zeigte eine robuste und stabile Funktion unter allen Betriebsbedingungen und erfüllte die spezifizierten Entwicklungsziele. Unsere Entwicklung zog folglich große Aufmerksamkeit auf sich und wir bekamen viel positives Feedback vom Fördergeber, von Experten und Interessierten.

Das Entwicklungsergebnis war in gewisser Weise ein Paradox. Die Entwicklung erfolgte mit einem Budget, das gemessen an den typischen Entwicklungskosten der Autoindustrie, wo für die Entwicklung neuer Antriebe Hunderte Millionen eingesetzt werden, nur einen Bruchteil ausmachte. Die Projektstruktur eines öffentlich geförderten Projekts steht einem straffen Entwicklungsprozess in vielen Punkten entgegen. Diese Nachteile hatten wir jedoch durch interdisziplinäre Zusammenarbeit und gutes Schnittstellenmanagement mehr als wettgemacht. Die weitgehende Freiheit von firmenpolitischen Einflüssen tat ein Übriges und soll deshalb ebenfalls ausdrücklich Erwähnung finden. Das gesamte Konsortium sah sich für die jahrelangen Anstrengungen belohnt. Die Zulieferer im Projekt bekamen eine hervorragende Ausgangsbasis für die Geschäftsentwicklung im Fahrzeugbereich. Die Firma Powercell als Stackintegrator erreichte ein wichtiges Etappenziel auf dem Weg zu einem Fahrzeugzulieferer. Die Strategie dafür hatten Geschäftsführung und Aufsichtsrat, dem ich seit 2013 angehörte, einige Jahre zuvor entwickelt und beschlossen.

Die Entwicklung blieb auch bei den großen Automobil- und Zulieferfirmen nicht unbemerkt. Einer der größten Automobilzulieferer der Welt interessierte sich für unsere Stacktechnologie, und im April 2019 wurde ein Lizenzvertrag mit Bosch unterzeichnet, der die weltweite Nutzung der von uns entwickelten Technologie zum Gegenstand hatte. Ludwig Jörissen und ich hatten das Ziel erreicht, das wir uns zu Beginn unserer Zusammenarbeit 2009 gesetzt hatten. Deutschland besaß jetzt eine wettbewerbsfähige Stacktechnologie für die Fahrzeuganwendung. Wir hatten mit unseren Projekten verhindert, dass die deutsche Industrie durch strategische Untätigkeit erneut in einen Technologierückstand wie bei Batterien geriet.

Das Ergebnis von AutoStack Core war ein fortgeschrittener Technologie-prototyp, mit dem die konstruktive und technologische Tauglichkeit nach-gewiesen wurde. Das ist in der Automobilindustrie der erste Schritt der Pro-duktentwicklung, dem weitere folgen müssen, um die für eine Massenferti-gung nötige Produktreife zu erreichen. Ludwig Jörissen und ich beschlossen deshalb, nicht auf halbem Weg stehen zu bleiben und ein weiteres Projekt zu entwickeln. Dazu bildeten wir erneut ein Konsortium, dem außer dem Forschungspartner ZSW ausschließlich die wichtigsten industriellen Partner angehören sollten, um die organisatorische Komplexität zu verringern. Da diese mit Ausnahme von Powercell alle aus Deutschland kamen, beantrag-ten wir ein nationales Projekt bei der Nationalen Organisation für Wasser-stoff- und Brennstoffzellentechnologie (NOW), das im Mai 2017 unter dem Namen AutoStack Industrie begann.

Das Projektbudget von 60 Mio. € gibt einen Hinweis auf Umfang und Tiefe der Projektaktivitäten. Eines der beiden Hauptziele des Projektes war das Erreichen der Produktreife für den Brennstoffzellenstack auf Basis der vorangegangenen Technologieentwicklung. Ein weiteres Ziel war die Be-wertung, Auswahl und Erprobung geeigneter Volumenfertigungsprozesse zur Vorbereitung der industriellen Massenfertigung des Stacks. Neben der Reifmachung standen weitere funktionale Verbesserungen, eine Erhöhung der Leistungsdichte und das Erreichen der Kostenziele auf der Agenda. Das Projekt wurde 2023 erfolgreich abgeschlossen. Einige der Ergebnisse sind in Kap. 6 dargestellt. Das von den Partnern vorgesehene Verwertungskonzept erlaubt eine flexible und faire Nutzung der Entwicklungsergebnisse durch alle Beteiligten. Die Projektergebnisse liefern einen zentralen Technologie-baustein für die nachhaltige Elektrifizierung von Fahrzeugen mit Brennstoff-zellen.

Die Geschichte erzählt von Werner Tillmetz

4.2 Die Gründung der NOW – ein Meilenstein in der Förderpolitik

Die Zeit der Neuorientierung

Die Zeit ab 2003 wurde durch den Flottenbetrieb von mehr als 100 Pkw (Abb. 3.3) sowie 36 Stadtbussen von Daimler geprägt. Auch einige andere Hersteller hatten Fahrzeuge in Kundenhand. Allein die Daimler-Fahrzeuge sammelten bis 2007 mehr als 3,6 Mio. Kilometer an Betriebserfahrung

(Brennstoffzellen-Forum 2007). Neben den Bussen, die ihren Alltagsbetrieb tadellos absolvierten, war für mich das Lieferfahrzeug eine ideale Anwendung für den Brennstoffzellenantrieb. Ab 2001 hatte ein Versanddienstleister ein solches Fahrzeug über einige Jahre im Einsatz (siehe Abb. 3.8). Paketdienste begannen mit der neuen Welt der Onlinebestellungen immer wichtiger zu werden. Leise und sauber in Wohngebiete zu fahren, sollte deshalb selbstverständlich sein.

Die Entwicklungsaktivitäten in der Autoindustrie hatten allerdings deutlich an Fahrt verloren. Die Entwicklung fokussierte sich auf ein neues Bussystem, das 2009 in einem Citaro-Bus als Hybrid aus zwei Pkw-Brennstoffzellensystemen und einer Batterie – inzwischen gab es die LIB für Fahrzeuge – präsentiert wurde. Für Pkw wurde ein verbessertes System in die nächste Fahrzeuggeneration (Abb. 4.8) eingebaut, das 2009 auf der Internationalen Automobilausstellung präsentiert und 2011 auf einer Tour rund um die Welt für die breite Öffentlichkeit sichtbar gemacht wurde. Etwa 400 dieser Fahrzeuge wurden gebaut und erfreuten sich als Leasingfahrzeuge einer großen Nachfrage. Viele davon waren auch noch 2020, also mehr als 10 Jahre später, im Alltag unterwegs. Eigentlich wäre die Technik ab 2010 reif gewesen, Fahrzeuge in größerer Anzahl in den Markt zu bringen und die Industrialisierung (Entwicklung einer Volumenfertigung und Zulieferindustrie) weiter voranzutreiben.

Abb. 4.8 F-Cell B-Klasse 2016 an der Wasserstofftankstelle in Ulm. (Quelle: ZSW, alle Rechte vorbehalten)

Die Industrie erholte sich zwar nach 2003 langsam von der Weltwirtschaftskrise, aber die in einem stark regulierten Markt wichtigen Marktanreize für emissionsfreie Fahrzeuge in Form einer entsprechenden Gesetzgebung fehlten. Die ZEV-Gesetzgebung in Kalifornien, die ursächlich war für die umfangreichen und globalen Entwicklungen von Brennstoffzellenfahrzeugen in den 1990er-Jahren, war inzwischen deutlich abgeschwächt worden. Für die Automobilhersteller war es deshalb nicht mehr notwendig, Nullemissionsfahrzeuge zu verkaufen. Die Automobilkonzerne, die sich einerseits intensiv für die Entwicklung emissionsfreier Antriebe engagiert hatten, waren gleichzeitig mit ihrem Einfluss auf den Gesetzgeber in Kalifornien erfolgreich. Die neuen Regelwerke, die ab 2003 erfüllt werden mussten, waren auch mit emissionsarmen Verbrennungsmotoren machbar.

Sie beendeten auch die Geschichte des elektrischen Sportwagens von GM, des EV1. GM hatte 1111 Stück dieses mit Bleibatterien ausgerüsteten „Elektroflitzers" produziert und an Kunden verleast. Mit dem Auslaufen der ursprünglichen, fordernden Gesetzgebung wurden die Fahrzeuge dann verschrottet: Die Filmreportage „Who killed the electric car?" (Reportage 2006) schildert sehr emotional die damaligen Geschehnisse. Interessanterweise entstand aus dem kalifornischen Enthusiasmus für die agilen und sauberen Elektroautos das Start-up-Unternehmen Tesla, das damals als erstes begann, Lithium-Ionen-Batterien für den E-Antrieb zu verwenden. Die Reportage „The revenche of the electric car" (Dokumentation 2011) beschreibt sehr eindrucksvoll die ersten Jahre des Unternehmens, das einige Zeit später den weltweiten Hype für E-Fahrzeuge auslöste und 2020 zum erfolgreichsten Hersteller von E-Fahrzeugen werden sollte.

Für mich persönlich gab es 2003 einen Perspektivwechsel. Von nun an durfte ich das Geschehen in der Automobilindustrie von außen betrachten. Als Leiter eines Geschäftsbereiches lernte ich die für mich neue Welt eines globalen Chemieunternehmens kennen. Besonders interessant waren die Einblicke in die japanische Geschäftswelt, die so ganz anders agiert als die deutsche. Dazu ein Beispiel in Zusammenhang mit der Brennstoffzelle: Die japanische Industrie entwickelte unter straffer Koordination des New Energy and Industrial Technology Development Organisation (NEDO), das unter dem Dach des Ministry of Economy, Trade and Industry (METI) organisiert ist, die Brennstoffzelle für die Strom- und Wärmeerzeugung im Einfamilienhaus. Meine japanischen Kollegen belieferten die Hersteller mit den Katalysatoren für die Wasserstofferzeugung aus Erdgas. Die vom NEDO organisierte, sehr enge und langfristig orientierte Zusammenarbeit der beteiligten Industriepartner beeindruckte mich. Hinzu kam das konsequente Festhalten an sehr langfristigen Zielen – meist über zehn Jahre oder länger.

Eine sehr hohe, aber auch stark degressive Förderung der Markteinführung sowie eine komplett japanische Wertschöpfung waren Kernelemente der japanischen Strategie. Fünfzehn Jahre später sollten dann 400.000 Geräte im Markt sein und der Export nach Europa zunehmend an Fahrt gewinnen. Die Kosten mussten durch die degressive Förderpolitik von Generation zu Generation deutlich gesenkt werden und die Lebensdauer der Brennstoffzellengeräte hatte beeindruckende 90.000 h erreicht. Dieses Vorgehen der Japaner, das auch in anderen asiatischen Ländern in dieser Langfristigkeit praktiziert wird, unterscheidet sich deutlich von der kurzfristigen und häufig opportunistischen Denkweise der deutschen und europäischen Politik, aber auch vieler Industrieunternehmen.

Eine erneute berufliche Veränderung stand für mich zum Jahresende 2004 an. Ich betrat die Welt der Universitäten und der öffentlichen Forschung, die sich so deutlich von der industriellen Realität unterscheidet. Als Vorstand am ZSW in Ulm, verbunden mit einer Professur an der Universität Ulm, war ich jetzt für die Forschung zu Batterien, Brennstoffzellen und Wasserstoff verantwortlich. In der neuen Rolle sollte ich aber auch meine bislang nur bescheidenen Kontakte in das politische Geschehen rund um die Technologien der Zukunft deutlich ausweiten.

Die ersten Kontakte mit der Politik

Nachdem die kalifornische Gesetzgebung von 1990 so enorm viel Einfluss auf die Entwicklung der Brennstoffzelle genommen hatte, stellte sich die Frage, wie die Pläne der deutschen und europäischen Politik zur Brennstoffzelle waren, die in vielfältigen Anwendungen eine ressourcenschonende und emissionsfreie Stromerzeugung ermöglichen würde.

Anfang 2004 saß ich mit Kollegen aus dem Vorstand der European Fuel Cell Group in Frankfurt zusammen, einer kleinen, europäischen Vereinigung von Unternehmen, die sich mit der Entwicklung von Brennstoffzellen in verschiedenen Anwendungen beschäftigten. Wir wollten uns Gedanken machen, wie wir in Deutschland die Brennstoffzelle politisch besser positionieren könnten. Eine Schlüsselfrage unserer Analyse war: Wer spricht in Deutschland mit der Politik über Brennstoffzellen? Wir begannen die Namen aller Organisationen, die wir kannten, an die Tafel zu schreiben. Am Ende kamen wir auf 24 Verbände oder Vereine. Alle agierten unkoordiniert und sandten die unterschiedlichsten Botschaften an Öffentlichkeit und Politik. Das konnte wirklich nicht sehr erfolgreich sein. Als ersten Schritt luden wir diese 24 Organisationen zu einem Strategiegespräch nach Ulm ein – und alle kamen. Schnell waren wir uns einig, ein gemeinsames Strategiepapier „Brennstoffzelle" zu erarbeiten, mit dem wir gemeinsam gegenüber der Politik mit klaren und gleichen Botschaften auftreten konnten. Die eigentliche Arbeit führte dann wie so häufig eine kleine Gruppe der Fleißigen durch. Nach wenigen Monaten war das Papier fertig und abgestimmt und wir traten gemeinsam unter dem Namen „Brennstoffzellen-Bündnis Deutschland" auf. Der Auftakt war eine sehr gut besuchte Veranstaltung in der Vertretung des Landes Niedersachsen in Berlin, gemeinsam mit dem damaligen Ministerpräsidenten Christian Wulf. Eine Gesprächsrunde mit den energiepolitischen Sprechern der Bundestagsfraktionen in Berlin war der nächste Schritt.

Im Frühjahr 2005 traf ich in Brüssel meinen ehemaligen Kollegen aus der Ballard-Zeit in Nabern, Dr. Klaus Bonhoff. Er war nach den Turbulenzen der Umstrukturierung 2003 in die Daimler-Konzernkommunikation gewechselt und nahm ebenfalls an der Veranstaltung der Europäischen Kommission zu Brennstoffzellen und Wasserstoff teil. Wir sprachen über die Pläne unseres neuen Brennstoffzellen-Bündnisses und überlegten, wie wir auch das deutsche Verkehrsministerium einbinden könnten, da Fahrzeuge eine ganz entscheidende Anwendung der Brennstoffzelle sind. Bis dahin engagierte sich traditionell nur das Wirtschaftsministerium im Rahmen der Energieforschung für die Förderung von Brennstoffzellen. Klaus Bonhoff verschwand kurz und kam mit einer sympathischen Dame, ihres Zeichens Referentin im Berliner Verkehrsministerium zurück. Wir erklärten ihr unsere Gedanken zum Ausbau und der stärkeren Koordination der Brennstoffzellenaktivitäten in Deutschland, vor allem auch in der Mobilität. Sie war sofort mit Feuer und Flamme dabei und wir verabredeten uns zu weiteren Gesprächen.

Zwei weitere Ansätze zu einer Stärkung der Aktivitäten kamen parallel von zwei Kollegen, die mit dem Wirtschaftsministerium einerseits die Aktion „BreZell" zum Ausbau der Brennstoffzellenforschung und anderseits die Entwicklung einer Wasserstoffstrategie initiiert hatten. Gemeinsam wurden wir uns schnell einig, dass wir diese Ansätze zusammenführen sollten. So entstand der „Strategierat Wasserstoff Brennstoffzelle", bestehend aus Vertretern der Ministerien (Verkehr, Wirtschaft), der Industrie (Daimler, BMW, VDMA, Vattenfall ...) und der Forschung (ZSW, TU München ...). Wir begannen, uns regelmäßig zu treffen, um das weitere Vorgehen zu besprechen.

Die Gründung der NOW

Im Sommer 2005 fand der Wahlkampf für den 16. Deutschen Bundestag statt. Die Politikprofis im Strategierat wussten unser Thema geschickt in die entsprechenden Papiere der Parteien einzubringen, und wir erreichten, dass im Koalitionsvertrag 2005 die Einrichtung eines „Nationalen Innovationsprogramms (NIP) Wasserstoff- und Brennstoffzellentechnologie" verankert wurde. Sobald der Koalitionsvertrag unterschrieben und die Regierung gebildet war, musste als Erstes der Haushalt für das kommende Jahr verabschiedet werden. Unsere agile Kollegin aus dem Verkehrsministerium hatte das Thema Wasserstoff und Brennstoffzelle bereits im Ministerium fest platziert. Aber welches Budget sollte sie in den Haushalt einstellen? Die Frage ging an uns, die Kollegen im Strategierat. Für eine detaillierte Planung durch alle Akteure, wie wir sie dann später regelmäßig machen sollten, blieb keine Zeit mehr. Wir hatten aber die Budgetansätze der Wasserstoff- und Brennstoffzellenplattform (Hydrogen and Fuel Cell Technology Platform, HFCP) der Europäischen Kommission als Basis. Dort waren mehr als 3 Mrd. € für die nächste Legislaturperiode von sieben Jahren von den Akteuren aus der Brennstoffzellenszene gefordert worden, die allerdings später nur zu einem Teil realisiert werden sollten. So überlegten wir uns, dass analog zu den EU-Plänen ein Budget von 500 Mio. € für ein deutsches Zehnjahresprogramm sinnvoll sein könnte. Diese Zahl fand dann Eingang in den Haushaltsplan, der ohne Kürzungen durchging. Das Verkehrsministerium stellte damit 50 Mio. € pro Jahr an Fördergeldern zur Verfügung. Inspiriert von den japanischen Programmen waren für mich die 10 Jahre Laufzeit noch wichtiger als das jährliche Budget. Die Umsetzung eines so großen Themas braucht viel Zeit und acht Jahre später sollten wir sogar die Verlängerung des NIP um weitere zehn Jahre durchführen. Eine sehr langfristig angelegte und konsequent verfolgte Strategie, so wie viele asiatische Organisationen das machen, ist für den Erfolg entscheidend.

Für die Umsetzung des Programms gab es noch keine Organisation. Auch die Tatsache, dass das Verkehrsministerium so ein Programm plante, war nicht bekannt. Bis dahin beschäftigte es sich primär mit dem Bau von Autobahnen und Schienennetzen. Technologiethemen zu bearbeiten, war für das Ministerium neu.

Im März 2006 erhielt ich den Anruf eines Journalisten, der sich nach dem 500-Mio.-Programm erkundigte, das Minister Tiefensee gerade verkündet hatte. Für mich kam die öffentliche Bekanntmachung unserer Pläne sehr überraschend und ich bat den Journalisten um etwas Geduld sowie einen späteren Rückruf. Sogleich rief ich im Verkehrsministerium an, um die Hintergründe für die Veröffentlichung zu erfahren. Minister Tiefensee hatte bei der Einweihung einer Wasserstofftankstelle in Berlin, gemeinsam mit seinem französischen Amtskollegen, tatsächlich das NIP für Wasserstoff- und Brennstoffzellentechnologie mit einem Budget von 500 Mio. verkündet. Die Nachricht schlug ein wie eine Bombe.

Jetzt war der Strategierat gefordert, gemeinsam mit dem Ministerium zügig die konkrete Umsetzung zu gestalten.

Zunächst mussten alle Brennstoffzellenakteure in Deutschland die zu fördernden Aktivitäten definieren. Die Fördersumme des Verkehrsministeriums mit 50 Mio. war ansehnlich und musste nach dem geltenden Beihilferecht mit mindestens der gleichen Summe an eigenen Mitteln der Wirtschaft ergänzt werden. Zu dieser Zeit erfolgte die Förderung anwendungsnaher Brennstoffzellenforschung weitestgehend durch das Wirtschaftsministerium im Rahmen des Energieforschungsprogrammes. Mit den jährlich knapp 20 Mio. € konnten aber nur Technologieforschung und deren Demonstration mit Prototypen finanziert werden. Durch das NIP sollte erstmals in Deutschland auch die breite Erprobung im Feld oder in der Flotte möglich werden. Auch das komplette Umfeld der Technologie, beispielsweise die Betankungsinfrastruktur oder sozioökonomische Fragestellungen zur Akzeptanz der Technologie in der Bevölkerung, sollten Teil der Förderung werden. Zusätzlich strebten wir eine Bündelung der Aktivitäten in sogenannten Leuchtturmprojekten an. Damit sollten alle Projekte zu einem Themenkomplex übergeordnet koordiniert werden.

Die deutschen Akteure waren jetzt gefordert, Projektvorschläge zu unterbreiten. Die ganze Palette der Brennstoffzellenanwendungen sollte zum Tragen kommen: die Strom- und Wärmeerzeugung für das Einfamilienhaus, dezentrale Blockheizkraftwerke, Flurförderzeuge, Notstromversorgungen und natürlich die Fahrzeuganwendungen, die bislang in Deutschland nur sehr begrenzt gefördert wurden. Zu Letzterer kamen bis Anfang der 2000er-Jahre die meisten Fördergelder von der Europäischen Kommission.

Im Herbst 2006 lud Verkehrsminister Tiefensee die Vertreter der Industrie zu einem Fachgespräch nach Berlin ein. Das Interesse war so groß, dass die Hälfte der Teilnehmer nur noch einen Stehplatz im Veranstaltungsraum erhielt. Mit dem lebhaft artikulierten Interesse der zahlreich erschienenen Industrievertreter war ein sehr wichtiges politisches Signal für die politische Weichenstellung und Unterstützung gesetzt worden. Wir brauchten jetzt eine Organisation, die diese Förderprojekte auch formal bearbeiten und umsetzen konnte. Uns, den Initiatoren des Programmes, schwebte eine Programmgesellschaft vor, die das Thema strategisch entwickeln und vorantreiben konnte, ähnlich der Vorgehensweise des japanischen NEDO. Die neue Organisation sollte in enger Abstimmung mit den anderen Ministerien, den Bundesländern, der EU und weiteren internationalen Gremien und vor allem mit den Industriepartnern agieren. Nach langer Diskussion war es endlich gelungen, Konsens zur Gründung einer solchen Programmgesellschaft herzustellen.

Schlussendlich dauerte es dann doch noch mehr als ein Jahr, bis alle Formalitäten erledigt waren. Nach der Zustimmung der Bundesregierung startete die neu gegründete NOW offiziell im Februar 2008 ihre Tätigkeit. Als Nächstes musste ein Geschäftsführer gefunden werden, der die Organisation aufbauen und die Themen vorantreiben würde. Dr. Klaus Bonhoff, der intensiv an den Vorbereitungen für das Innovationsprogramm beteiligt war, erklärte sich bereit, die neue Programmgesellschaft zu führen. Er hatte für diese Rolle sehr wichtige Erfahrungen aus seiner Industrietätigkeit im Umfeld der Brennstoffzelle, aber auch während seiner Zeit am Forschungszentrum in Jülich gesammelt. Das waren gute Voraussetzungen, um zügig eine kompetente Organisation aufzubauen und die NOW zu einer erfolgreichen Programmgesellschaft zu entwickeln. Der Strategierat, der bislang als informelle Arbeitsgruppe der wichtigsten Akteure tätig war, bekam jetzt eine formale Rolle als Beirat der NOW. Dieser Beirat war und ist bis heute für die strategische Ausrichtung des NIP und die enge Kommunikation mit allen Akteuren in der Industrie, Wissenschaft und Politik verantwortlich. Der Vertreter des Wirtschaftsministeriums und ich wurden zu den Vorsitzenden des Beirates gewählt und leiteten über viele Jahre die Sitzungen und Aktivitäten des Beirates.

An der Schnittstelle zwischen Wissenschaft, Industrie und Politik

Die Erkenntnis ist nicht neu: Nachhaltige Mobilität bezieht ihren Energiebedarf aus erneuerbaren Energien und nutzt effiziente und emissionsfreie Antriebstechnologien. Wenn Mitte der 1990er-Jahre die Luftverschmutzung in Los Angeles und die daraus resultierenden hohen Kosten im Gesundheitssystem Treiber für das kalifornische Nullemissionsmandat waren, so ist heute die Reduktion von CO_2-Emissionen für Regierungen weltweit der Treiber zum Handeln. Nur langsam wird der Gesellschaft bewusst, dass die Folgekosten des Klimawandels sehr viel höher sein werden als die notwendigen Investitionen in nachhaltige Energie- und Mobilitätssysteme. In Deutschland ist eine Reduktion der CO_2-Emissionen im Verkehrssektor um 48 % bis 2030, auf der Basis von 1990, auf dann 85 Mio. Tonnen in der Novellierung des Klimaschutzgesetzes in 2021 verbindlich verankert.

Heute diskutieren wir zum Teil sehr emotional über die beste Technologie, um die CO_2-Ziele im Verkehrssektor zu erreichen. Batterie oder Brennstoffzelle? Welche Rolle spielen synthetische Kraftstoffe und welchen Beitrag können Verlagerungen zu effizienteren Verkehrsträgern sowohl im Güter- als auch im Personenverkehr leisten? Bereits Ende der 1990er-Jahre wurden detaillierte Analysen in der vom Bundesverkehrsministerium initiierten „Verkehrswirtschaftlichen Energiestrategie" (VES) durchgeführt. Die Lithium-Ionen-Technologie war für Batteriesysteme im Fahrzeug damals noch nicht verfügbar und aus den zahlreichen Kombinationsmöglichkeiten von Energiequelle, -träger und -umwandlung war und ist die mit Wasserstoff betriebene Brennstoffzelle eine notwendige Option, die zudem hohe Wertschöpfungspotenziale für den Automobilstandort Deutschland bietet.

Industrie und Politik haben Anfang der 2000er-Jahre gemeinsam verabredet, Flotten von Brennstoffzellenfahrzeugen, die an öffentlichen Wasserstofftankstellen betankt werden, zu erproben. Ich war ab 2003 als Mitarbeiter der DaimlerChrysler AG verantwortlich für den Einsatz der 60 Mercedes-Benz-A-Klasse-F-Cell-Fahrzeuge, die ab Ende 2004 in den Kundenbetrieb gingen; in Deutschland im Rahmen der 2003 ins Leben gerufenen Clean Energy Partnership (CEP), zudem in den USA, in Japan und in Singapur. In jedem dieser Länder haben wir mit Infrastrukturpartnern, Wettbewerbern und mit der jeweiligen Regierung die Voraussetzungen für einen erfolgreichen Demonstrationsbetrieb geschaffen. Es war allen Beteiligten klar, dass sowohl technische Entwicklungen als auch regulative Rahmenbedingungen weiter vorangetrieben werden müssen, um eine echte Alternative im Markt zu bieten. Dabei waren die unterschiedlichen Herangehensweisen, Kulturen und Beziehungen zwischen Politik und Industrie offensichtlich. Besonders beeindruckend war für mich das sehr fokussierte, mit viel öffentlichem Geld hinterlegte und streng auf technische Ziele orientierte Vorgehen des DOE in den Vereinigten Staaten von Amerika, sowie die stringente Zusammenarbeit privater und öffentlicher Akteure in Japan.

Im Verlauf meines Berufslebens habe ich immer an den Schnittstellen zwischen Wissenschaft, Industrie und Politik gearbeitet; mal aus der einen, mal aus der anderen Perspektive. Die großen Herausforderungen benötigen ein koordiniertes Vorgehen aller gesellschaftlichen Kräfte! Die Programme in den USA und in Japan waren Ansporn in Deutschland und in Europa, den Anschluss nicht zu verlieren. So war 2006 die Grundidee für das NIP Wasserstoff- und Brennstoffzellentechnologie, einen längerfristig stabilen Förderrahmen zu etablieren und eine Umsetzungsstruktur über einen Zeitraum von mindestens 10 Jahren zu schaffen, die eine aktive Mitwirkung aller Akteure ermöglicht. Nicht nur in Deutschland, sondern auch in Europa haben wir uns damals intensiv für derartige Programme und Strukturen eingesetzt. Dabei lag der Fokus in Deutschland wie auch in Europa klar darauf, die Schwelle aus der F&E heraus zur praktischen Erprobung im Alltag zu überwinden, durchaus ein Novum in der öffentlichen Forschungsförderung. In einem iterativen Prozess wurden Felderfahrungen aus Flottendemonstrationen in Entwicklungsprozesse zurückgespeist, um so beschleunigt die nächste Technologiegeneration bei Kunden zu erproben.

Mit diesem Ansatz wurde im Februar 2008 die „NOW GmbH" im Sinne einer Public-private-Partnership als bundeseigene Gesellschaft gegründet. Ich erinnere mich gut an die intensive Debatte darüber, warum es neuer Strukturen bedürfe und welchen Mehrwert eine Programmgesellschaft gegenüber bestehenden Einrichtungen habe. Am Ende schafften wir einen breiten Konsens darüber, dass ein neutraler Akteur und Treiber einen sinnvollen und stabilisierenden Faktor in einem so langfristig angelegten Thema darstellt. Diese Rolle eines von allen Beteiligten akzeptierten Treibers hat die NOW GmbH dann ab 2009 insbesondere bei der Gründung der H2-Mobility-Initiative eingenommen. Global agierende Konzerne vorwettbewerblich zusammenzuführen, war beispielgebend und die Basis dafür, dass Deutschland heute mit das am besten entwickelte Wasserstofftankstellennetz weltweit hat. Zudem hat das Verkehrsministerium nach der Gründung der NOW GmbH diese beauftragt, auch

die Programme zur batterieelektrischen Mobilität und zur Umsetzung der Mo-
bilitäts- und Kraftstoffstrategie umzusetzen. Nachhaltige Mobilität aus einer
Hand, Technologien komplementär zueinander fördern und nutzen, also: Batterie und Brennstoffzelle!

Die notwendige technologische Vielfalt ist nicht zuletzt auch eine indust-
riepolitische Chance für den Automobilstandort Deutschland. Der vor uns lie-
gende Transformationsprozess ist eine lange Reise, die das Zusammenwirken
aller gesellschaftlichen Kräfte erfordert. Mit der NOW GmbH haben wir einen
Weg aufgezeigt, wie dies gelingen kann.

Dr. Klaus Bonhoff ist promovierter Maschinenbauingenieur. Er war nach
beruflichen Tätigkeiten im Forschungszentrum Jülich, bei dem kanadischen
Brennstoffzellenhersteller Ballard und bei der DaimlerChrysler AG der erste
Geschäftsführer der NOW GmbH. Von 2019 bis 2024 war Dr. Bonhoff Leiter der
Abteilung Grundsatzangelegenheiten im Bundesministerium für Verkehr und
digitale Infrastruktur (BMVI) und verantwortete dort u. a. die Programme zur
CO_2-Reduktion im Verkehrssektor.

Das NIP Wasserstoff- und Brennstoffzellentechnologie

Die NOW nahm ihre Arbeit auf und die ersten Förderprogramme konnten starten. Der Beirat der NOW setzte übergeordnet die Themenschwer-
punkte und machte Vorschläge für die Budgetverteilung auf die verschiedenen Anwendungsbereiche. Beim Thema Budget wurden die Sitzungen
immer ganz besonders lebhaft. Die Vertreter der vier Branchen – Verkehr,
Hausenergieversorgung, Stationäre Stromversorgung und Spezielle Märkte –
kämpften vehement für möglichst viel Fördermittel zu ihren Themen. Am
Schluss stellte sich über viele Jahre hinweg heraus, dass trotz der Verteilungs-
kämpfe zum Ende des jeweiligen Haushaltsjahres viele Gelder nicht abge-
rufen worden waren. Der Geschäftsführer der NOW musste dann all seine
Überredungskünste anwenden, um die Mittel in das nächste Haushaltsjahr
zu retten, da sich Bundesregierung und Parlament streng am jährlich verab-
schiedeten Haushaltsplan orientierten. Die Industrie benötigte Zeit für die
Einstellung von Personal, die Beschaffung von Anlagen, aber auch für die
Genehmigung der erforderlichen Eigenmittel durch den Vorstand. Gerade
der letzte Punkt sollte immer wieder zu Rückschlägen führen. Je nach Kon-
junktur bzw. wirtschaftlicher Lage der Firmen änderte sich die Bereitschaft,
in die Zukunftsthemen Brennstoffzelle und Wasserstoff zu investieren. Häufig fielen dieser kurzfristig ausgerichteten „Strategie" mancher Firmen auch
vielversprechende Projekte zum Opfer. Die hohen Renditeerwartungen von
Aktionären waren in diesem Kontext ebenfalls nicht besonders hilfreich.

Ein weiteres Phänomen, das ich beobachtete, war die Tatsache, dass in
der Industrie eine Zusammenarbeit über die immer feinteiliger gewordenen

Wertschöpfungsketten hinweg kaum möglich war. Jeder konkurrierte mit jedem. Basisinnovationen brauchen aber eine langfristige strategische Zusammenarbeit über möglichst viele Bereiche der neu entstehenden Wertschöpfungskette hinweg, die sich bei diesen Basisinnovationen meist sehr deutlich verändert. Im Rahmen der Förderung waren zwar Verbundprojekte mit mehreren Partnern üblich, das war aber nur eine auf die Laufzeit des Förderprogramms und die ganz spezifischen Themen fokussierte Gemeinsamkeit.

Im Laufe des Innovationsprogrammes reifte immer mehr die Erkenntnis, dass für die breite Markteinführung komplett neuer Technologien F&E-Förderung und Demonstrationsprojekte alleine noch nicht ausreichen. Die Kosten für die in geringen Stückzahlen hergestellten Produkte sind einfach zu hoch, um mit der etablierten und in Millionen Stückzahlen produzierten, traditionellen Technologie konkurrieren zu können. Grundsätzlich gibt es zwei Ansätze, dieses Dilemma zu lösen: In stark regulierten Märkten, wie der Energieversorgung oder Mobilität, kann man den Schaden, der durch die Emission von Klimagasen oder Schadstoffen entsteht, mit Steuern oder Strafzahlungen belegen. Beispiel hierfür sind die Zero-Emission-Gesetzgebung in Kalifornien (ab 1990) oder die CO_2-Abgaben für die Stromerzeugung aus fossilen Brennstoffen. Auf der anderen Seite kann man die neuen, emissionsfreien Technologien über Prämien oder andere Maßnahmen fördern. Beispiele hierfür sind das Erneuerbare-Energien-Gesetz, die Kaufprämie für Elektrofahrzeuge oder der Entfall von Straßennutzungsgebühren für emissionsfreie Fahrzeuge.

Für solche Markteinführungsinstrumente bedarf es allerdings eines rechtlichen Rahmens, der einen entsprechenden politischen Willen voraussetzt. Dieser war in der ersten Phase des NIP Wasserstoff- und Brennstoffzelle (NIP 2016) bis 2015 nicht möglich, sollte aber ein wesentliches Element der zweiten Phase werden.

Etwa zwei Jahre vor Ablauf der ersten Phase begannen wir im Beirat der NOW über die Fortführung zu diskutieren. Die sehr offene und konstruktive Analyse führte zu dem Ergebnis, dass Wasserstoff und Brennstoffzellen eine steigende Relevanz bekamen und die Programmgesellschaft eine sehr gute Arbeit leistete. Wir begannen, uns mit dem Nachfolgeprogramm, dem NIP 2, zu befassen.

Die breite Markteinführung der Fahrzeuge, die Tankstelleninfrastruktur und die Erzeugung von Wasserstoff sollten die prägenden Themen der Fortführung sein. Für die formale Umsetzung bedurfte es erneut auch der politischen Unterstützung der Ministerien. Als Vorsitzender des Beirates bekam ich im Sommer 2014 den Auftrag, entsprechende Briefe an die Minister für Wirtschaft und für Verkehr zu verfassen. Interessant waren die sehr unterschiedlichen Reaktionen auf mein Schreiben. Vom damaligen Wirtschaftsminister kam sehr schnell eine äußerst positive, unterstützende Rückmeldung. Aus dem Verkehrsministerium kam viele Wochen überhaupt keine Reaktion. Erst als ich beim zuständigen Staatssekretär massiv auf einen Gesprächstermin drängte, kam es zu einem ausführlichen Gespräch mit den Verantwortlichen im Ministerium.

Das zögerliche Verhalten hatte sehr viel mit der deutschen Industrie und besonders mit der Automobilindustrie zu tun. In der Öffentlichkeit und damit auch im Parlament war wenig von einer Aufbruchsstimmung der einheimischen Branche zu spüren. Symbolisch dafür war folgende Aussage im Verlauf des Gespräches mit den Kollegen des Ministeriums: „Die Brennstoffzellenfahrzeuge im Fuhrpark des Ministeriums sind jetzt mehr als fünf Jahre alt. Damit lässt sich kein Minister mehr in der Öffentlichkeit sehen. Und wir können doch kein japanisches Fahrzeug in den Fuhrpark eines deutschen Ministeriums aufnehmen, wenn die deutschen Hersteller nicht in der Lage sind, Fahrzeuge auf die Straße zu bringen." Damit hatten die Kollegen natürlich völlig recht. Trotz der Vorbehalte gelang schließlich die Fortführung und neue Schwerpunktsetzung des Programmes und der Programmgesellschaft.

Kurze Zeit nach dem Beginn des NIP 2 im Jahre 2016 nahm das Thema Wasserstoff weltweit immer mehr an Fahrt auf und 2019 begannen die Aktivitäten förmlich zu explodieren – ein globaler Megatrend mit vielen Milliarden an Investitionen durch Wirtschaft und Regierungen war entstanden (Abb. 4.9).

Die Nationale Plattform Elektromobilität (NPE) und die deutsche Batteriestrategie

Nach dem Ende der kalifornischen Gesetzgebung für emissionsfreie Fahrzeuge (ZEV) 2003, den Terroranschlägen vom 9. September 2001, dem Absturz des Neuen Marktes 2002 und der nachfolgenden Weltwirtschaftskrise war es sehr ruhig um die alternativen Antriebe geworden. Die einzige Ausnahme war die Firma Toyota, die mit dem Prius ihre Hybridtechnologie unbeirrt weiterverfolgte. Erst ab etwa 2007 begann sich die Autoindustrie wieder verstärkt für die E-Mobilität, jetzt mit Batterien, zu interessieren. Tesla hatte die ersten Flottenfahrzeuge auf der Basis des Lotus Elise mit Tausenden von Lithium-Batteriezellen , wie sie auch in Notebooks zum Einsatz kamen, ausgerüstet. Davon inspiriert begannen weitere Hersteller eigene Modelle zu entwickeln und auf den Markt zu bringen (Dokumentation 2011). Im Zuge des weltweit schnell wachsenden Interesses an der Elektromobilität entstand in Deutschland 2009 die NPE. Alle Akteure aus Wissenschaft, Wirtschaft

Abb. 4.9 Die zweite, kommerziell verfügbare Generation des Brennstoffzellenfahrzeuges Nexo von Hyundai an der Wasserstofftankstelle in Ulm. (Quelle: ZSW, alle Rechte vorbehalten)

und Politik sollten eine gemeinsame Strategie zur Elektromobilität entwickeln. Das Motto der Bundesregierung „Deutschland soll Leitmarkt und Leitanbieter für die E-Mobilität werden" war gut gewählt und vielversprechend. Natürlich muss Deutschland als Automobilland bei Zukunftstechnologien führend sein und eine marktreife, vom Kunden akzeptierte Technologie für den Heimmarkt und für internationale Märkte entwickeln. Zehn Jahre später zeigte sich allerdings: Norwegen, China und Kalifornien sollten die Leitmärkte sein und Leitanbieter war – allen voran – Tesla. Ich durfte über viele Jahre in verschiedenen Arbeitsgruppen der NPE mitarbeiten und will daraus einige spannende Beobachtungen schildern.

Die Chefs der Automobilindustrie, der Energieversorger, mehrerer Industrieverbände und Vertreter der Forschung trafen sich im Abstand von etwa 18 Monaten, um mit der Bundeskanzlerin und den Ministern aus den Ressorts Verkehr, Wirtschaft, Umwelt und Forschung den aktuellen Status zur Elektromobilität zu diskutieren. Ich war als ein Vertreter der Forschung an der prominenten Runde beteiligt. Die Treffen zeigten schmerzhaft, warum wir uns mit radikalen Innovationen so schwertun.

Beim ersten Treffen mit der Bundeskanzlerin hielt der Vorstandsvorsitzende eines großen Energieversorgers eine flammende Rede zum Aufbau der Ladeinfrastruktur und dem großen Engagement, das seine Branche aufzubringen beabsichtigt. Ich wunderte mich etwas über seine Euphorie. Die angestrebte eine Million Elektroautos in 2020 würden gerade mal 0,3 % des in Deutschland erzeugten Stromes verbrauchen. Mit dieser relativ einfach zu machenden Abschätzung fiel es mir schwer, ein tragfähiges Geschäftsmodell für die Energieversorger zu erkennen. In der nächsten Sitzung schlug dann diese Branche ganz andere Töne an. Sinngemäß hieß es: „Der Aufbau der Ladeinfrastruktur wird sehr teuer. Aber bei einem entsprechenden Entgegenkommen der Regierung könne man sich eine Beteiligung am Aufbau vorstellen." Zehn Jahre später war Deutschland nicht sehr viel weiter vorangekommen, während der kalifornische Leitanbieter Tesla die Ladeinfrastruktur als Teil des eigenen Geschäftsmodelles betrachtete und diese für seine Kunden, zum größten Teil auf eigene Kosten, sehr schnell aufbaute. Die Tesla-Ladeinfrastruktur sollte dann einige Jahre später zunehmend von den Fahrzeugen konkurrierender Hersteller genutzt werden und zusätzliche Einnahmen generieren. Mit der internetbasierten Kopplung von Ladeinfrastruktur und geplanter Reiseroute konnte Tesla seinen Kunden die Reichweitenangst nehmen. Keiner der traditionellen Fahrzeughersteller kam zu dieser Zeit auf die Idee, das einfach genauso zu machen. In der etablierten Denkwelt sind dafür die Energieversorger und/oder die Regierung verantwortlich. Idealerweise würden sich die Akteure der Industrie zusammenschließen und eine strategische, langfristig stabile Allianz bilden. So etwas funktioniert in der westlichen Welt, wenn überhaupt, erst dann, wenn der Leidensdruck extrem wird. Diese Art strategischer Zusammenarbeit findet man in asiatischen Ländern häufiger, wo Politik und Industrie gemeinsam an einer langfristigen Strategie arbeiten.

Am zweiten Treffen mit der Bundeskanzlerin 2011 nahm ein taufrischer Wirtschaftsminister (FDP) teil. Er war eine Stunde vor Beginn der NPE-Veranstaltung zum neuen Bundeswirtschaftsminister vereidigt worden. In seiner kurzen Einstiegsrede betonte er sogleich, dass es mit ihm keine Subventionen für die Elektromobilität geben werde. Die seit Jahrzehnten bestehenden Subventionen für Dieselkraftstoff oder den Abbau von deutscher Kohle schienen dagegen keine Rolle zu spielen. Diese Aussage zeigt das mangelhafte Wissen vieler Politiker über die Prinzipien von Basisinnovationen und der wichtigen Rolle der richtigen Markteinführungsinstrumente, wie sie gerade in Asien sehr konsequent eingesetzt werden. Und das gilt auch weltweit, wie die IEA in ihrem World Energy Outlook 2011 aufzeigte: Die weltweiten, jährlichen Subventionen für erneuerbare Energien betrugen damals etwa 66 Mrd. US$, die für fossile Energien 409 Mrd. US$ (IEA WEO 2011).

Die Botschaften zur Batterietechnologie, die ab 2010 aus den Vorstandsetagen deutscher Konzerne vermeldet wurden, klangen insgesamt sehr verwirrend. Für jemanden, der sich sein ganzes Berufsleben technologisch im Detail mit Batterien, Brennstoffzellen und Elektrolyse auseinandergesetzt hatte, passte da vieles nicht zusammen. Technologische Quantensprünge in der Batterietechnologie wurden den Konzernchefs vorhergesagt und alle zwei Jahre eine neue Technologie favorisiert. Zunächst waren die Lithium-Luft-Batterien der große Renner. Dann kam die Lithium-Schwefel-Batterie an die Reihe und seit einigen Jahren ist die Festkörperbatterie der neue Star. Die Presse nahm solche Meldungen gerne auf und befeuerte so die Erwartungen der Öffentlichkeit.

Ich erhielt in dieser Zeit Besuch von hochrangigen Vertretern des japanischen NEDO (eine Organisation des japanischen Ministeriums für Wirtschaft, Handel und Technology), um über die deutsche Forschungsstrategie zu reden. Ich nutzte die Gelegenheit, die Japaner nach deren Plänen bei der Entwicklung von Batterien für die Elektromobilität zu fragen. Schließlich gehörte Japans Batterieindustrie mit jahrzehntelanger Erfahrung zu den weltweit führenden Anbietern. Sie zogen eine Grafik mit der japanischen Batterieroadmap aus der Tasche: Für die nächsten 10 Jahre dreht sich alles um die Weiterentwicklung bestehender Technologien, was dann tatsächlich auch so eintreten sollte. „Und wo ist die Lithium-Luft-Batterie?", fragte ich meine Besucher. Ganz rechts oben in der Grafik im Jahre 2037 war diese Technologie in der Darstellung zu finden. „Sie ist mit extrem hohem Forschungsaufwand verknüpft, und wir wissen nicht, ob wir das bis dahin auch wirklich schaffen", war der ergänzende Kommentar der Japaner. Das passte zu meiner Einschätzung.

Obwohl die deutschen Konzerne exzellente Experten in ihren Forschungsabteilungen haben, die Technologien sehr gut einschätzen können, kommt es immer wieder zu wenig nachvollziehbaren und Verwirrung stiftenden Aussagen. Ganz anders kenne ich das aus asiatischen Organisationen. Die Experten führen sehr aufwendige, tiefgehende Analysen durch und die Ergebnisse werden nach einer sehr ausführlichen Diskussion in eine langfristige, stringent umgesetzte Strategie überführt und kommuniziert.

Eine weitere, eindrucksvolle Anekdote, die die Unterschiede zu Asien deutlich macht, ereignete sich im Mai 2013 auf einer internationalen Konferenz zur Elektromobilität. Kurz davor, bei dem Treffen der NPE mit der Bundeskanzlerin, fand eine offene Diskussion zu China und dessen konkreten Plänen zur Elektromobilität statt. Für mich überraschend, gab es niemanden, auch nicht von der in China schon lange agierenden Autoindustrie, der eine gute Antwort auf diese Frage geben konnte oder wollte. Auf der internationalen Konferenz hielt dann der damalige chinesische Minister für Technologie, Wang Gang, eine Rede, die so ganz anders war als die Reden seiner deutschen Amtskollegen. Der ehemalige Audi-Ingenieur Wang Gang sprach in perfektem Deutsch und legte mithilfe einer PowerPoint-Präsentation die chinesische Strategie zur Elektromobilität dar: „Warum Elektromobilität?", war seine Einstiegsfrage. „Der Treiber ist doch der Klimaschutz, die Reduktion der CO_2-Emissionen im Verkehr. Und wie können wir am schnellsten die CO_2-Emission pro Personenkilometer, das ist die entscheidende Zahl, reduzieren?", so seine Fragestellung sinngemäß. Das Ergebnis war sehr klar: Mit der Elektrifizierung des öffentlichen Nahverkehrs kann man am schnellsten die Emission der Klimagase im Verkehr reduzieren. „Und danach kommt dann der Individualverkehr an die Reihe", so die Schlussfolgerung der chinesischen Strategie. Drei Jahre später waren in chinesischen Städten schon 300.000 Busse mit Batterien aus chinesischer Produktion unterwegs. In Deutschland wurde noch lange danach die Inbetriebnahme eines einzigen elektrischen Stadtbusses als Sensation gefeiert, wie die Abnahme des ersten serienreifen Elektrobusses in Hamburg 2018 beispielhaft zeigt (Nahverkehr Hamburg 2018).

Ein Thema, das von Anfang an intensiv in der NPE diskutiert wurde, war die Produktion von Batteriezellen in Deutschland. Im letzten Jahrhundert war Deutschland eine Hochburg der Batterieindustrie. Auch die heimische Batterieforschung war damals sehr leistungsfähig. In den 1970er-Jahren wurden wichtige Grundlagen der heutigen Lithium-Ionen-Batterie (LIB) LIB an der Technischen Universität München entwickelt. Die Industrialisierung aber begann Sony 1991 in Japan. Dort war inzwischen die Industrie für Unterhaltungselektronik zu Hause und diese konnte sich mit der neuen, sehr viel besseren LIB einen enormen Wettbewerbsvorteil verschaffen. Statt zwei Stunden konnte man sein elektronisches Gerät (z. B. Handy) jetzt acht Stunden betreiben. In Europa gab es aber kaum noch Industrie, die in der Unterhaltungselektronik aktiv war, und damit bestand auch kein Interesse an einer Produktion von LIB.

Das Bundesministerium für Forschung und Bildung reagierte zügig und begann 2009 sehr erfolgreich, die öffentliche Batterieforschung in Deutschland zu reaktivieren. Die deutsche Industrie hielt sich dagegen zurück. Asiatische Konzerne wie Samsung, LG oder Panasonic belieferten die deutschen Autobauer sehr schnell und zuverlässig mit qualitativ guten Batterien. Die Preise fielen deutlich schneller, als die Fahrzeughersteller das erwartet hatten. Die Einkäufer der Autokonzerne waren glücklich. Deutschland nahm die Elektromobilität aber immer noch nicht ernst und vom Leitanbieter und Leitmarkt mit der geplanten eine Million Fahrzeuge in 2020 war man weit entfernt.

In einer Arbeitsgruppe der NPE wurde 2016 gemeinsam mit einer weithin bekannten Beratungsfirma ein fundierter Geschäftsplan für den Aufbau einer Batteriezellenproduktion ausgearbeitet (NPE 2016). Dieser zeigte, dass man in Deutschland wettbewerbsfähig Zellen produzieren konnte. Trotzdem war die deutsche Autoindustrie nicht bereit, aktiv zu werden, obwohl sich genau zu dieser Zeit die ersten Lieferengpässe für Zellen aus Asien abzeichneten. In der Folge starteten asiatische Konzerne in Europa den Aufbau von eigenen Produktionsstätten. Erst 2019 bekannte sich VW als erster deutscher Konzern zu einer eigenen Fertigung, auch um die Arbeitsplätze in seinen Werken abzusichern.

Batterie oder Brennstoffzelle mit Wasserstoff?
Das Geschehen zur Elektromobilität mit Batterien zeigte ab etwa 2010 viele Parallelen zu den Ereignissen rund um die Brennstoffzelle zehn Jahre zuvor. Die traditionelle, westliche Industrie bewegt sich erst, wenn sie aufgrund von Gesetzen (kalifornische ZEV-Gesetze, europäische Regelwerke zur CO_2-Flottenemission) massive Strafen bei Nichteinhaltung zu erwarten hat oder wenn der Druck der Konkurrenz im Markt beginnt, schmerzhaft zu werden. Tesla hatte sich Zug um Zug seinen Platz im profitablen Segment der Oberklasse ergattert. Das lukrative Chinageschäft hatte diese Bedrohung für die deutschen Premiumhersteller allerdings mehr als kompensiert. Nachdem China aber eine möglichst hohe Wertschöpfung im eigenen Land anstrebt (MERICS 2020), wird die Situation für die deutsche Volkswirtschaft damit zunehmend enger. Diese Lage wurde in der Öffentlichkeit und auch innerhalb der Gewerkschaften bis dahin nur wenig diskutiert – ganz nach dem Motto „Bislang ist noch alles gut gegangen".

Unglaublich intensiv und häufig sehr ideologisch geprägt wird dagegen die Frage diskutiert, ob die Batterie oder die Brennstoffzelle das Rennen machen wird. Erschwert wird die Debatte durch irreführende Bezeichnungen. Man redet über Elektrofahrzeuge und meint batterieelektrische Fahrzeuge. Aber Brennstoffzellenfahrzeuge sind auch Elektrofahrzeuge, die eine Reihe wichtiger Vorteile haben. Die dahinter liegenden Fakten scheinen kaum eine Rolle zu spielen.

Der wichtigste Punkt für die Beurteilung des Technologiepotenzials ist die Frage, woher wird künftig die Energie für den emissionsfreien Transport von Gütern und unsere Mobilität kommen und wie viel wird das kosten? Die einfache Antwort: Der Strom kommt aus der Steckdose und der Wasserstoff aus der Zapfsäule, so wie bisher Benzin und Diesel - oder?. Natürlich wird der CO_2-freie Strom zum Laden der Batterien und zur Erzeugung von Wasserstoff aus erneuerbaren Energien produziert, das heißt primär aus Sonne und Wind. Aber was ist, wenn keine Sonne scheint und kein Wind weht? Diese eigentlich sehr naheliegende Frage wird bislang kaum gestellt. Gerade in den Wintermonaten ist in Mitteleuropa das Potenzial von grünem Strom sehr eingeschränkt. Die notwendige Speicherung von erneuerbarem Strom als eine Antwort auf diese Frage hat großen Einfluss auf die sehr vereinfacht geführte Diskussion um Wirkungsgrade und die künftigen Kosten für Strom und Wasserstoff. Diese Zusammenhänge werden in Kap. 1 und Kap. 6 umfassend behandelt.

4.3   Erkenntnisse aus einer Zeit, die von strategischen Themen geprägt war

Die Entwicklungsaktivitäten der Brennstoffzellenallianz führten zur frühen Demonstration von mehr als einhundert Pkw sowie zwei Flottenprojekten mit Stadtbussen. Die Großflottenversuche zeigten das Potenzial der Technologie und ihre Alltagstauglichkeit im Betrieb. Sie unterstrichen eindrücklich die bis dahin bestehende Technologieführung.

Die Umsetzung der danach erwarteten und nötigen Entwicklungsschritte in Richtung Produktreife erfolgten jedoch nur zögerlich und auf deutlich niedrigerem Niveau. Die anfangs aggressive Entwicklungsstrategie der Autohersteller wurde zunehmend durch wenig überzeugendes, risikoaverses Portfoliomanagement und eine ambivalente Position der „Technologieoffenheit" ersetzt, die vor allem bedeutete, dass eine klare Richtungsentscheidung für spezifische Technologiepfade unterblieb. Das Ergebnis war ein schleichender Verlust der Technologieführerschaft, der sich einige Jahre später auch im Markt zeigen sollte. Trotz gelegentlicher, anderslautender Bekundungen verfolgten die Fahrzeughersteller keine konkreten, zeitlich definierten Kommerzialisierungsziele mehr.

Ganz anders agierten einige asiatische Wettbewerber, die eine klare langfristige Strategie implementierten, die zu keinem Zeitpunkt abgeschwächt oder infrage gestellt wurde. Obwohl sie deutlich später damit begannen, Fahrzeuge auf die Straße zu bringen, erarbeiteten sie sich Schritt für Schritt einen Vorsprung bei der Entwicklung und Herstellung von Kleinserien und ihrer Einführung in den Markt. So gelang es ihnen ab Ende der 2000er-Jahre schrittweise, die Technologieführerschaft zu übernehmen und einen,

wenn auch bisher nicht übermäßig entscheidenden Industrialisierungsvor-
sprung zu erreichen. Folgeschritte zur Fertigung deutlich höherer Stückzahlen wurden 2019 öffentlich bekannt gegeben und werden inzwischen realisiert.

Ihre Produktstrategie sieht vor, dass alle mobilen Anwendungen mit der
Brennstoffzelle aus dem Pkw bedient werden. Dadurch entstehen erhebliche
Skaleneffekte und es wird eine deutlich schnellere Kostendegression erreicht.
Der Erfolg wird noch dadurch vergrößert, dass sie mit Brennstoffzellen-Lkw
und -bussen europäische Marktpositionen attackieren und Fertigungsstand-
orte aufbauen, wo früher nicht der Hauch einer Vermarktungschance gewesen wäre. Viele der potenziellen Kunden sind dafür offen, denn sie wollen
den Umbruch, den insbesondere deutsche Hersteller seit Jahren hinauszögern. Die Folgen des Verlustes von Technologieführung gehen deshalb deutlich weiter. Sie bedeuten Verlust von Märkten und Kunden, der in aller
Regel nur schwer oder nicht umkehrbar ist.

Die aktuelle Führungsposition asiatischer Hersteller in der Kommerzialisierung der Brennstoffzellentechnologie wie auch die Führungsposition von
Tesla bei batterieelektrischen Antrieben sind deshalb nicht Ergebnis eines
naturgegebenen technologischen Rückstandes, sondern der industrielle
Rückstand ist Ergebnis des Unvermögens, eine schlüssige Gesamtstrategie
zu entwickeln und diese langfristig umzusetzen. Erst die strategische Schwäche hat den industriellen Rückstand verursacht, obwohl einzelne Hersteller
schon lange in der Lage gewesen wären, eine durchschlagende Marktoffen-
sive umzusetzen. Spätestens ab 2015 waren bei Daimler die technologischen
Voraussetzungen vorhanden, eine kontrollierte und fokussierte Vermark-
tungsoffensive für Pkw und Busse zu starten, wenn auch Limitierungen
durch die bis dahin nur spärlich vorhandene Infrastruktur zu beachten gewesen wären. Diese hätte man beispielsweise durch Konzentration auf Flotten-
kunden adressieren können.

Das Bild ähnelt dem Beginn der Elektromobilität mit Batterien. Hier
hatte die Bundesregierung schnell mit der Schaffung der NPE und vielen
Forschungsprogrammen reagiert. Die Automobilindustrie blieb aber in großen Teilen eher zögerlich oder untätig, denn es gab über viele Jahre keinen
Zwang zur Veränderung. Asiatische Unternehmen begannen dagegen frühzeitig, mit großem Aufwand die Entwicklung fahrzeugtauglicher Batterien
voranzutreiben, und schafften durch günstige Preise Abhängigkeiten bei den
Fahrzeugherstellern. Dabei nahmen sie über viele Jahre hohe finanzielle Verluste in Kauf, um langfristig den Markt zu beherrschen. Der dabei erlangte
technologische Vorsprung ist inzwischen nur noch schwer einzuholen.

Das Zeitalter der Verbrennungsmotoren geht dem Ende entgegen. Das liegt nicht daran, dass es sich um eine schlechte Technologie handelt, auch wenn das in der gesellschaftlichen Debatte häufig zu Unrecht anklingt. Der Grund ist, dass sich gesellschaftliche Prioritäten geändert haben. Die deutsche Autoindustrie hat es lange versäumt, eine mutige und adäquate Antwort auf diese gesellschaftlichen Veränderungen zu geben. Mit dem Dieselskandal hat sie ihre Marktmacht überzogen und massiv an Glaubwürdigkeit verloren. Das strategische Versagen ist letztlich Ausdruck einer Unternehmenskultur, die rückwärtsgewandt agiert, Risiken scheut und kurzfristiges Ergebnisdenken über langfristiges strategisches Handeln stellt.

Die frühe politische Schwerpunktsetzung der Europäischen Union zu Wasserstoff und Brennstoffzellen und ein großzügiger, nachhaltiger Förderrahmen im Rahmen des FCH JU haben dafür gesorgt, dass wichtige F&E-Vorhaben der interessierten Industrie und Wissenschaft realisiert werden konnten. Sie haben die Technologieentwicklung zweifellos vorangebracht. Das FCH JU hat eine wertvolle Plattform für die europäische Zusammenarbeit und den Austausch der beteiligten Akteure geschaffen. Eine solche ganzheitliche Forschungsförderung wurde in Deutschland durch die Einführung des NIP Wasserstoff und Brennstoffzelle beim Verkehrsministerium möglich. Was jedoch auch dann noch fehlte, war die strategische Einbindung von Forschungseinrichtungen zur Basistechnologie Brennstoffzelle. Weder in Deutschland noch in Europa gab es lange Zeit nennenswerte, anwendungsnahe Forschungsaktivitäten zu Hochleistungsbrennstoffzellen, wie sie für Fahrzeuge erforderlich sind. Die Höhe der dafür nötigen Forschungsbudgets und die Ressourcenanforderungen, um auf Augenhöhe mit der Fahrzeugindustrie arbeiten zu können, sind für die meisten Forschungseinrichtungen ohne Unterstützung nicht darstellbar. Die Entwicklung fand deshalb fast ausschließlich in der Autoindustrie und bei den Zulieferern statt. Der Einbruch der industriellen Entwicklungsaktivitäten infolge des Platzens der Dot-Com-Blase und der Untätigkeit vieler Fahrzeughersteller führte so zu viel Know-how-Verlust, der durch entsprechende Forschungsaktivitäten wenigstens hätte gemindert werden können.

Politische Schwerpunktsetzung in der Forschungsförderung von Basisinnovationen stellt grundlegend andere Anforderungen als die Förderung inkrementeller Innovationen. Europa hatte schon früh mit der so wichtigen Förderung der kompletten Anwendung begonnen. Das Förderprojekt CUTE für Brennstoffzellenbusse war so ein wichtiger und nötiger Schritt auf dem Weg zur Markteinführung einer Basisinnovation. Durch das Fehlen eines ausreichenden regulatorischen Rahmens, der erst 2019 entstand, für eine kontinuierliche Entwicklung und Kommerzialisierung der Technologie wurde jedoch danach viel Zeit und Potenzial verschenkt.

Mit den Projekten AutoStack Core (EU) und AutoStack Industrie (D) entstand erstmals eine sehr anwendungsnahe und inhaltlich breit angelegte Forschungsaktivität zu Hochleistungsbrennstoffzellen. Bereits in AutoStack Core konnten dadurch wichtige technische und wirtschaftliche Durchbrüche erreicht werden. Der Entwicklungsansatz dieser Projekte zeigt, dass Basisinnovationen interdisziplinäre Zusammenarbeit ebenso brauchen wie ein Engagement zum kompletten Ecosystem, das die Optimierung von Komponenten, ein von der Anwendung gesteuertes Produktdesign, die Produktionstechnologie bis zur Betankungsinfrastruktur einschließen kann. Forschungseinrichtungen können dazu erheblich beitragen und viele der Querschnittsthemen adressieren. Voraussetzung dafür ist jedoch eine dazu passende angemessene Ressourcenausstattung und die dafür nötige thematische Schwerpunktsetzung unter Beteiligung der Industrie.

Will man die „Umsetzungslücke" aus der Technologieentwicklung in den Markt beseitigen, ist ein Umdenken in Industrie, Forschung und Politik bei der Entwicklung von Forschungsschwerpunkten, der Konzeption von Förderprogrammen sowie begleitenden, schlüssigen und umfassenden Regulierungskonzepten von entscheidender Bedeutung.

Trotz grundsätzlicher Mängel der politischen Rahmensetzung und strategischer Schwächen hat die deutsche Autoindustrie aufgrund ihrer hervorragenden Substanz immer noch eine gute Startposition im Technologiewettbewerb der Zukunft. Sie steht jedoch in der Verantwortung, die dafür nötigen, mutigen Entscheidungen zu treffen, ohne auf Vollkaskoangebote aus der Politik zu warten, wie das auch ihre relevanten Wettbewerber tun. Der Zeitfaktor ist dabei von essenzieller Bedeutung. Die wirtschaftlichen Akteure stehen auch in der Verantwortung, deutlich stärker darauf hinzuwirken, dass die Politik nicht nur Ziele formuliert, sondern auch den für ihr Erreichen nötigen politischen Rahmen setzt, der für eine wettbewerbsfähige und zukunftsorientierte Industrie und Wissenschaft unbedingt benötigt wird.

Literatur

automobil-industrie, 2019: https://www.automobil-industrie.vogel.de/erfolgsmo-dell-mirai-toyota-plant-mehr-kapazitaeten-fuer-die-brennstoffzelle-a-866204/,
BZ-Forum, 2007: https://www.chemie.de/news/71389/erkenntnisse-vom-brenn-stoffzellen-forum-f-cell-jetzt-geht-es-um-optimierung.html

Dokumentation, 2011: https://en.wikipedia.org/wiki/Revenge_of_the_Electric_Car

Elektroauto-news, 2019: https://www.elektroauto-news.net/2019/hyundai-investiert-massiv-in-brennstoffzellentechnologie/

Hyundai-newsroom, 2020: https://news.hyundaimotorgroup.com/Article/Popularizing-FCEVs-NEXO-Sales-over-10000-Units

IEA WEO, 2011: https://www.iea.org/reports/world-energy-outlook-2011

McKinsey, 2019: https://www.automobilwoche.de/article/20191028/NACH-RICHTEN/191029922/kennzahlen-zum-markt-fuer-brennstoffzellenautos-wasserstoff----quo-vadis

MERICS, 2020: https://www.arbeit-umwelt.de/wp-content/uploads/Studie_China_Wertschoepfungsketten_StAU.pdf

Nahverkehr Hamburg, 2018: https://www.nahverkehrhamburg.de/hamburg-nimmt-ersten-serienreifen-elektrobus-in-betrieb-10447

NIP, 2016: https://www.now-gmbh.de/wp-content/uploads/2020/09/now_10-jahre-nip.pdf

NPE, 2016: https://www.acatech.de/wp-content/uploads/2020/08/NPE_AG2_Roadmap_Zellfertigung.pdf

Reportage, 2006: https://en.wikipedia.org/wiki/Who_Killed_the_Electric_Car%3F

Toyota, 2020: https://newsroom.toyota.eu/toyota-passes-15-million-hybrid-electric-vehicles-global-sales/

trimis, 2009: https://trimis.ec.europa.eu/sites/default/files/project/documents/20090917_155253_20956_CUTE%20-%20Final%20Report.pdf

Vision-mobility, 2019: https://vision-mobility.de/news/hyundai-startet-fuel-cell-truck-projekt-in-der-schweiz-4703.html

Wikipedia, 2020: https://en.wikipedia.org/wiki/Toyota_Mirai

5

Der Innovationsschub bleibt aus – weiter so ist keine Option

Die Entwicklungen der letzten Jahre zusammengefasst von Werner Tillmetz

5.1 Gesetze, neue Konkurrenten und der All-Electric-Hype

Die nationale und internationale Technologie- und Marktentwicklung seit 2020, das Jahr der Fertigstellung der ersten Ausgabe dieses Buches, hat viele unserer damals geäußerten Analysen bestätigt. China ist immer mehr auf dem Vormarsch hin zu einer breiten internationalen Technologiedominanz. Deutschland fiel weiter zurück. Die aus unserer Sicht wichtigsten Veränderungen der letzten fünf Jahre wollen wir in diesem Kapitel zusammenfassen und in ihren Wirkungen beurteilen. Dabei wird das Jahr 2024 als das Jahr in die Geschichte eingehen, in dem die deutsche Autoindustrie ihre größte Krise seit Jahrzehnten erlebte, wenn nicht die größte ihrer Geschichte. Und es ist eine zum größten Teil selbst verschuldete Krise. Die Meldungen von Gewinneinbrüchen, Werksschließungen und Entlassungen überschlagen sich. VW hatte die seit 30 Jahren geltende Jobgarantie gekündigt. Erstmals können Mitarbeiter betriebsbedingt gekündigt werden. Werksschließungen werden vorbereitet. AUDI schloss das dritte Quartal 2024 mit einem Verlust von 168 Mio. € ab. Als Gründe wurden der Einbruch der Absatzzahlen in China wie auch im Heimatmarkt Deutschland genannt. Im Verhältnis zu anderen deutschen Herstellern ist die Situation bei AUDI noch dramatischer. Verspätete Modellpolitik und Probleme mit der Softwareentwicklung verschärfen die ohnehin schon bestehenden Schwierigkeiten. Auch bei Mercedes zeigen sich die Anzeichen der Krise. Das Betriebsergebnis war im dritten Quartal 2024 massiv eingebrochen. Im Kerngeschäft Pkw sank der Gewinn um 64 % gegenüber dem Vorjahr. Als Hauptursache wurden Absatzprobleme in China benannt. Was war passiert?

Wie immer bei radikalen Veränderungen kamen mehrere Dinge zusammen, die sich gerade für die deutsche Automobilindustrie als sehr folgenschwer erweisen sollten. Am 11.12.2019 stellte die neu gewählte Kommissionspräsidentin Ursula von der Leyen ein politisches Maßnahmenpaket vor, um in Europa den „grünen Wandel" zu vollziehen. Es trägt die Bezeichnung „Green Deal". Das Maßnahmenpaket sollte dafür sorgen, dass Europa bis 2050 klimaneutral wird. Die zentrale Hypothese des Papiers lautet, dass „die Bewältigung klima- und umweltbedingter Herausforderungen … die entscheidende Aufgabe dieser Generation ist". Diese Pläne waren eine politische Konsequenz aus dem Abkommen der UN Klimakonferenz COP21 Ende 2015 in Paris, bei dem 198 Staaten Maßnahmen zur Begrenzung der Erderwärmung beschlossen hatten. Das für das Ende des 21. Jahrhunderts angestrebte Ziel, die Erderwärmung möglichst auf 1,5 °C zu begrenzen, wurde allerdings schon im Jahr 2024 erreicht – 75 Jahre zu früh.

Bereits im April 2019 hatte die EU-Kommission nach vielen Jahren Verhandlung die Verordnung (EU 2019/613) zur Begrenzung der CO_2-Flottengrenzwerte für Pkw und leichte Nutzfahrzeuge beschlossen. Im gleichen Jahr wurde auch die „Clean Vehicle Directive" (CVD, EU 2019/1161) erlassen, die den öffentlichen Auftraggebern und Sektorenauftraggebern verbindliche Quoten für die Beschaffung von sauberen sowie emissionsfreien Fahrzeugen für leichte und schwere Nutzfahrzeuge sowie Busse vorgibt.

Solche Regelwerke entstehen in festgelegten Abstimmungsprozessen mit Industrie, Parlament und den nationalen Regierungen. So konnte die deutsche Regierung bei den CO_2-Flottenzielen für Pkw noch einen Gewichtsfaktor einführen, der den Herstellern der schweren Premiumfahrzeuge in Deutschland etwas Erleichterung verschaffte. Die Flottenziele mussten ab 2021 eingehalten werden. Bei Nichteinhaltung drohten den Herstellern empfindliche Strafen. Für Firmen mit sparsamen Hybridfahrzeugen (Toyota) war die Herausforderung beherrschbar. Die Hersteller von großen Limousinen setzten zunächst auf die sogenannten Plug-in-Hybride, um ihre Ziele zu erreichen. Der VW-Konzern mit seinem damaligen Vorstandsvorsitzenden wurde jedoch schnell zum Verfechter der batterieelektrischen Mobilität und spaltete damit die traditionell harmonisch arbeitenden Automobilverbände in Deutschland und der EU.

Das in Folge des Urteils des Bundesverfassungsgerichts im Mai 2021 novellierte Klimaschutzgesetz verschärfte zusätzlich die notwendigen Anstrengungen zur Einhaltung der Klimaschutzziele in Deutschland. Wie sich in den kommenden Jahren herausstellen sollte, gibt es bis heute keine ganzheitlich durchdachte Strategie für das Erreichen dieser Klimaziele. Ein anschauliches Beispiel dafür ist der Plan, 15 Mio. Elektrofahrzeuge bis zum Jahr 2030 auf Deutschlands Straßen zu bringen, wofür es weder ein passendes Konzept zur bedarfsgerechten Bereitstellung von ausreichend grünem Strom noch für die Fertigung entsprechender Stückzahlen einheimischer Autos gibt.

Schon einige Jahre früher begann Tesla, den etablierten Konzernen, allen voran im profitablen Premiumsegment, mit den Modellen S und X massiv Konkurrenz zu machen, und erweiterte später das Angebot mit den Modellen Y und 3 in der Mittelklasse für den Massenmarkt. In Kombination mit den beschlossenen Emissionsgrenzwerten und regulatorischen Hürden entwickelte sich daraus ein massiver Einfluss auf die Modellpolitik der deutschen Premiumhersteller. Elektrofahrzeuge wie der Porsche Taycan, der Mercedes EQS oder der Audi e-tron kamen schnell in den Markt und wurden von manchen Journalisten als „Tesla-Jäger" bezeichnet. Alle bis dahin bestehenden Bedenken zu den Limitierungen der Batterie-Technologie wurden über Bord geworfen. Die sehr hohen Gewichte von bis zu 800 kg für die Fahrzeugbatterie, die vorher ein Ausschlusskriterium für die Fahrzeughersteller waren, schienen plötzlich akzeptabel zu sein. Die in den 1990er-Jahren mit der A-Klasse (siehe Kap. 2) entwickelte Erkenntnis, dass batterieelektrische Fahrzeuge vor allem für kleinere Fahrzeuge und den Stadtverkehr vorteilhaft sind, wurde vergessen oder ignoriert. Der Konkurrenzdruck war anscheinend zu hoch, vor allem aber fehlte es an einer eigenen Strategie.

Es entstand eine unglaubliche Euphorie zur E-Mobilität. Ende 2023 waren bereits mehr als 28 Mio. batterieelektrischer Pkw auf den Straßen der Welt unterwegs. Dieser Hype bescherte dem zuvor belächelten Newcomer Tesla fantastische Aktienkurse und eine Bewertung von 1300 Mrd. US$, was etwa dem 20-fachen Wert der Daimler-Aktie entsprach. Teslas Gewinn in Höhe von 15 Mrd. US$ im Jahr 2023 resultierte allerdings auch aus dem Verkauf von CO_2-Zertifikaten an die traditionellen Hersteller, die damit die noch teureren Strafzahlungen für die Überschreitung der Flottengrenzwerte vermeiden konnten. Dieses Geld investierte Tesla nicht nur in neue Fabriken in China und in Deutschland, sondern revolutionierte auch die Fertigungstechnologie seiner Fahrzeuge und erlangte damit erhebliche Kostenvorteile gegenüber der weltweit schnell wachsenden Konkurrenz.

Der Hype zur batterieelektrischen Mobilität spiegelte sich auch in der Medienberichterstattung wider und lenkte die öffentliche Aufmerksamkeit wie die von Unternehmen und Forschungsinstituten auf die damit verbundenen Themen. Wasserstoff und Brennstoffzellen waren schon bis dahin nicht das Lieblingskind der Medien und gerieten weiter ins Hintertreffen. Befeuert wurde die Stimmung auch durch Elon Musk , der die Brennstoffzelle als „fool cell" bezeichnete, und Herbert Diess (Vorstandsvorsitzender VW von 2018 bis 2022), der mit einer irreführenden Wirkungsgraddiskussion das Thema Wasserstoff als Energieverschwendung positionierte. Zuerst als Einzelmeinungen durch die Medien verbreitet, hat sich daraus eine sehr dominante Stimmung entwickelt. Bis heute scheint in der öffentlichen Wahrnehmung zudem die Vorstellung zu herrschen, dass grüner Strom jederzeit und in beliebigen Mengen aus der Steckdose kommt, auch wenn keine Sonne scheint und kein Wind weht (siehe Kap. 1).

Ein weiteres Problem für den Wasserstoff sollte im Rahmen der drei Jahre dauernden Diskussion zur Renewable Energy Directive (RED) in Brüssel geschaffen werden. Die Definition von grünem Wasserstoff, die entscheidend ist für die vielen Förder- und Genehmigungsverfahren rund um Wasserstoff, fordert, dass der Strom für die Erzeugung von Wasserstoff (Elektrolyse) aus zusätzlichen erneuerbaren Stromquellen und gleichzeitig zu deren Verfügbarkeit (aus Sonne und Wind) kommen muss. Die Regelung wäre vernünftig gewesen, wenn das Gleiche auch für das Laden von E-Autos gegolten hätte. Diese wurden jedoch aus der Regelung herausgenommen und der Strom, egal auf welchem Weg erzeugt, immer als grün definiert.

Weitere Verzerrungen entstanden durch den im Jahr 2003 in der EU eingeführten Handel mit CO_2-Zertifikaten (Emissions Trading System, ETS). Damit wird der Strom häufig nur auf dem Papier, aber nicht in der Realität CO_2-frei. Sehr anschaulich ist die aktuelle Onlinedarstellung der CO_2-Intensität des Stromes in den europäischen Ländern, basierend unter anderem auf den Daten der europäischen Übertragungsnetzbetreiber (Electricitymaps). Je nach Wetterlage und Uhrzeit variieren die Werte stark und erreichen in Deutschland in der Nacht häufig mehr als 500 g CO_2/kWh. Wird ein batterieelektrisches Auto mit einem Verbrauch von 20 kWh/100 km mit diesem Strom geladen, führt das zu einer CO_2-Emission von 100 g/km, vergleichbar einem klassischen Verbrennerfahrzeug mit fossilem Kraftstoff.

Die Regulierungsdefizite führten zu einer massiven Ungleichbehandlung der verschiedenen Technologien. Nicht berücksichtigt wurde auch, dass zur jederzeit bedarfsgerechten Erzeugung von grünem Strom für Batteriefahrzeuge sehr viel grüner Wasserstoff für Gaskraftwerke gebraucht würde (siehe auch Kap. 1). Um das investierte Kapital für neue Produkte profitabel einsetzen zu können, bedarf es jedoch eines langfristig stabilen und förderlichen Umfelds. Für die strategischen Entscheidungen bei allen am Thema beteiligten Unternehmen erwiesen sich die regulatorischen Schranken daher als ein hohes Risiko bzw. Investitionshemmnis.

Zusätzlich verschärft wurde die undifferenzierte „All electric"-Diskussion durch den Plan, den Verbrennungsmotor ab 2035 zu verbieten. In der Diskussion wurde ausgeblendet, dass die CO_2-Emission nicht vom Motor, sondern vom fossilen Kraftstoff kommt. CO_2-neutrale Kraftstoffe, die sogenannten E-Fuels, wurden in Verkennung der systemischen Zusammenhänge als unsinnig eingestuft (siehe Kap. 1). Interessanterweise waren weder von der Fahrzeugindustrie noch seitens der Ölkonzerne öffentliche Reaktionen zu diesem Thema zu hören. Erst Ende des Jahres 2024 wurde die Sinnhaftigkeit eines „Verbrennerverbots" von einigen Unternehmen wieder aufgegriffen und infrage gestellt.

Anfang 2024 beschloss die EU-Kommission neue CO_2-Flottengrenzwerte für schwere Nutzfahrzeuge. Von den Lkw-Herstellern erforderte das die Entwicklung klimafreundlicher Antriebe. Auch in diesem Segment wurde der batterieelektrische Antrieb schnell zu einem zentralen Element, auch wenn Brennstoffzelle oder Verbrennungsmotor weiterhin im Portfolio der Technologien vertreten sind, anders als beim Pkw (siehe unten). In Ermangelung einer konsistenten Antriebsstrategie war für die Fahrzeughersteller entscheidend, dass Batterien aus Asien günstig und ausreichend verfügbar waren. Damit das Batteriegewicht von mehr als vier Tonnen (das Doppelte des Gewichtes eines Dieselmotors) möglichst wenig Nachteile für den Transport der Güter hat, soll das zulässige Gesamtgewicht für Lkw vom Gesetzgeber von 40 auf 42 t erhöht werden (Gewicht E-Lkw).

Für Spediteure sind jedoch längere Batterieladezeiten als die gesetzlich vorgeschriebenen Ruhezeiten für die Fahrer (45 min nach 4,5 h Fahrt), die der Einsatz solcher Antriebe mit sich bringt, ein großer finanzieller Nachteil. Um diesen wenigstens etwas auszugleichen, müssen entsprechend schnelle Ladezeiten und geeignete Batterien zum Einsatz kommen. Nicht zur Sprache kommt, dass Laden von Batterien mit 600 und mehr kWh Energieinhalt Ladeleistungen im Bereich von bis zu 1,6 MW verlangt. Die dafür erforderliche Ladetechnologie musste erst entwickelt werden und ist in der Anschaffung mit hohen Kosten verbunden, genauso wie der dafür notwendige Ausbau des Stromnetzes und die bedarfsgerechte Erzeugung des CO_2-freien Stromes. Hinzu kommt, wie bei Pkw, dass je nach Außentemperatur und Lastprofil viel Energie für das Aufheizen der schweren Batterien verbraucht wird, um die hohen Ladeströme für das Schnellladen zu ermöglichen. Mit umfangreichen Förderprogrammen für die Schaffung der

Ladeinfrastruktur unterstützt die Bundesregierung diese Entwicklung. Die Herausforderungen für den Ausbau des Stromnetzes und die bedarfsgerechte Erzeugung des Stromes sind jedoch so hoch, dass heute nicht absehbar ist, wie diese Anforderungen in den politisch gewollten Zeiträumen umsetzbar und bezahlbar sein sollen.

Für alle Fahrzeuge, die in einem eng getakteten Betriebsmodus unterwegs sind (Beispiel Stadtbusse, Speditionen oder auch Pkw-Vielfahrer), ist ein zuverlässiges und schnelles Aufladen essenziell. Besetzte oder nicht funktionierende Ladesäulen sind der Albtraum eines E-Autofahrers. Laut Daten der Haftpflicht-Unterstützungs-Kasse (HUK), eine der größten deutschen Autoversicherungen, wechselt jeder dritte E-Autofahrer aufgrund seiner Erfahrungen mit der Technik bei Neuanschaffungen wieder zu konventionellen Antrieben (HUK 2024). Gleichzeitig sinkt die Zahl der Kunden deutlich, die erstmalig von einem Verbrenner zum batterieelektrischen Fahrzeug wechseln. Es liegt nahe, dass es sich hierbei meist um Dienstfahrzeuge aus den oberen Segmenten handelt, insofern trifft der Rückgang die deutschen Premiumhersteller besonders, die genau in diesem Segment ihre E-Fahrzeugstrategie angesiedelt hatten.

Tesla entwickelte das Thema Ladeinfrastruktur von Beginn an mit und konnte seinen Kunden deshalb zuverlässige und maßgeschneiderte Lösungen anbieten. Deutsche Hersteller wechselten dagegen mehrfach ihre Strategie, wodurch die Entstehung eines einfachen und verlässlichen Ladeökosystems verhindert wurde. Zunächst delegierten sie die Ladeinfrastruktur an die Energieversorger und die öffentliche Hand. Dann entstanden Gemeinschaftsunternehmen aus mehreren Automobilherstellern wie Ionity. Zuletzt starteten die Konzerne eigene Aktivitäten zur Ladeinfrastruktur wie auch zur Bereitstellung von grünem Strom, um das Tempo zu erhöhen. In diesem Zusammenhang beleuchteten die gegenteiligen Äußerungen des Verbandes der Automobilhersteller (VDA) und des Bundesverbandes der Energie- und Wasserwirtschaft (BDEW) einen grundlegenden Zielkonflikt. Der VDA forderte regelmäßig mehr öffentliche Ladesäulen und entsprechende Fördermittel zu ihrer Errichtung. Der BDEW spricht dagegen von einer mehr als ausreichenden Zahl an Ladesäulen, die zudem gering ausgelastet sind. Beide haben aus ihrer Sicht recht. Das Problem ist: Im Grunde wird eine fast individualisierte Ladeinfrastruktur benötigt, d. h. eine sehr hohe Anzahl an Ladesäulen, um lange Wartezeiten zu vermeiden. Gleichzeitig ist genau dann der Auslastungsgrad der einzelnen Ladesäulen sehr gering und es gibt daher kein akzeptables nachhaltiges Geschäftsmodell.

Bei den Nutzern stoßen die Kosten von bis zu 0,8 € pro Kilowattstunde Strom, die aus dem oben beschriebenen Zielkonflikt, hohe Fixkosten –

geringe Auslastung, entstehen, naturgemäß nicht auf Gegenliebe. Hier lohnt sich wieder ein Blick auf den einfach speicherbaren Energieträger Wasserstoff und die in regelmäßiger Folge zu lesenden Schlagzeilen zu den angeblich hohen Wasserstoffpreisen. Rechnet man die 0,8 € für den Strom aus der Schnellladesäule auf Wasserstoff um, dann würde das einem Preis von 26,40 € pro Kilogramm Wasserstoff entsprechen. Der aktuelle Preis (Mai 2025) von etwa 13 € an den Tankstellen nimmt sich dagegen billig aus – auch dann noch, wenn man die überschaubaren Unterschiede im Verbrauch zwischen einem batterieelektrischen und einem Brennstoffzellenfahrzeug berücksichtigt.

Durch die Einführung einer Kombination aus Pufferspeicher und Ladesäulen wird ein schnelleres Laden mit höherer Leistung möglich, ohne den sonst nötigen Netzausbau (Ads-tec 2025). Damit entsteht erstmals die Chance für ein tragfähiges Geschäftsmodell: Die Kosten für den Ausbau des Stromnetzes sinken deutlich und der Pufferspeicher kann über netzdienliche Aufgaben wie Arbitrage oder die Teilnahme am Regelenergiemarkt Einnahmen generieren. Die mittelfristige Herausforderung der bedarfsgerechten Versorgung mit ausreichend grünem Strom bleibt allerdings bestehen. Die Debatte zu möglichen Engpässen in der Stromversorgung, die mit zunehmender Anzahl an E-Fahrzeugen immer wahrscheinlicher wird, ist sehr lehrreich: Während der VDA bei Engpässen in der Stromversorgung das Laden der Autobatterien priorisiert, fordert der BDEW die Priorisierung der traditionellen Stromverbraucher. Worauf läuft das hinaus? Erst wird ein Engpass geschaffen, der dann zulasten der Kunden „gelöst" werden soll. Derartige Engpässe werden am Markt über den Preis geregelt, d. h., die Preise für private Endverbraucher dürften durch solche paradoxen Strategien in Zukunft weiter steil steigen.

Die Batterie ist die Schlüsseltechnologie der batterieelektrischen Mobilität. Sie bestimmt Kosten, Leistung, Gewicht und Lebensdauer des Endproduktes Fahrzeug. Wie in Kap. 4 beschrieben, gab es dazu ab 2010 große Anstrengungen in der Forschungsförderung. Technologisch hatte Deutschland durch seine Forschungsinstitute zu diesem Zeitpunkt eine international herausragende Position aufgebaut. Die deutsche Industrie (Fahrzeughersteller, Zulieferer und Chemieunternehmen) hielt sich beim Aufbau einer eigenen Zellfertigung jedoch zurück und freute sich stattdessen über die kostengünstigen Angebote aus Asien. Die großen koreanischen Konzerne und die zahlreichen chinesischen Batteriehersteller lieferten und liefern sich einen erbitterten Kampf um Marktanteile. Ab 2010 hatte sich der weltgrößte Automobilzulieferer Bosch über ein Joint Venture mit Samsung intensiv mit der Fertigung von Zellen und Hochvoltbatteriesystemen beschäftigt. Nach dem Platzen der Zusammenarbeit im Jahr 2012 entstand eine neue strategische Zusammenarbeit mit dem japanischen Batteriespezialisten GS Yuasa. Wegen der insgesamt übermächtigen asiatischen Konkurrenz gab Bosch im Jahr 2018 jedoch alle seine Aktivitäten zu Fertigung von Batteriezellen und auch von Hochvolt-batteriesystemen auf. Nur Batteriesysteme für die 48-Volt-Bordnetze wurden weiterentwickelt und produziert.

Währenddessen bauten chinesische und koreanische Firmen Produktions-standorte für Batteriezellen in Ungarn und Deutschland auf, um den Anfor-derungen der deutschen Fahrzeughersteller (Nähe zur Fahrzeugproduktion) gerecht zu werden. Auf den regionalen Arbeitsmarkt hatte das aber nicht die von der Politik erhoffte Wirkung. Der Großteil der Mitarbeiter kam aus China. Einziger Hersteller, der einen anderen Weg ging, war Tesla, der zu-nächst eine starke Allianz mit Panasonic einging und später mit mehreren chinesischen Herstellern zusammenarbeitete, was auch für die eigene Fahr-zeugproduktion in China essenziell war.

Viel zu spät (2020) begannen VW und Daimler gemeinsam mit Stel-lantis und Total Energies im Rahmen des Joint Ventures Automotive Cell Company (ACC) in das Thema Zellfertigung einzusteigen. Northvolt, ein schwedisches Start-up-Unternehmen, sorgte für viel Furore und wurde zum großen Hoffnungsträger für Europas Zellfertigung. Wie Pilze schossen Pläne für weitere europäische „Gigafactories" aus dem Boden. Allerdings fiel das Kartenhaus innerhalb von fünf Jahren Stück für Stück zusammen. North-volt, die größte europäische Hoffnung im Batterierennen, mit dem Volks-wagenkonzern als größtem Anteilseigner, beantragte zunächst in den USA Gläubigerschutz (2024) und ging wenige Monate später in Schweden in die Insolvenz. Das Unternehmen hatte 5,8 Mrd. US$ Schulden angehäuft. Auch 600 Mio. € Steuergelder stehen auf dem Spiel, die Northvolt in Deutschland als Kredit von der Kreditanstalt für Wiederaufbau (KfW) er-halten hat (Northvolt 2025). Man habe zu viel zu schnell gewollt, lautet die offizielle Einschätzung: Sechs Batteriezellfabriken, Lithiumförderung, Her-stellung eigenen Kathodenmaterials und Batterierecycling. Die Aufzählung illustriert die schiere Herausforderung, die vor dem Unternehmen lag, um mit China mithalten zu können. Bereits vor Beginn der Produktion hatte man Aufträge in Höhe von 55 Mrd. US$ gesammelt. Nicht eingehaltene Liefertermine und unzureichende Qualität führten zu Stornierungen gro-ßer Kunden, darunter BMW. Fast alle europäischen Batteriefertigungspro-jekte seit 2022, insgesamt 13, wurden inzwischen entweder aufgegeben oder verschoben.

Dazu muss man wissen, dass Margen in der Batteriezellfertigung sehr gering sind. Etwa 70 % der Kosten einer Zelle werden durch die Mate-rialien bestimmt. Profitabilität ergibt sich einerseits durch eine sehr kleine

Fehlerrate in der Produktion mit sehr schnellen Prozessen (Minimierung Kapitaleinsatz), vor allem aber aus der vertikalen Integration – rückwärts zu den Materialien und Rohstoffen sowie vorwärts in Richtung Gesamtsystem und Fahrzeug. In diesem Gesamtprozess hat sich China eine dominante Rolle gesichert und kontrolliert die Wertschöpfung in vielen relevanten Teilen. Daraus resultiert auch, dass chinesische Hersteller immer stärker mit kompletten E-Fahrzeugen auf europäische Märkte drängen, was 2024 zu massiven Handelsstreitigkeiten führte (China Handelsstreit 2024). Die EU begann, Zölle auf die Einfuhr chinesischer E-Fahrzeuge zu erhöhen. So entstand ein Dilemma für Firmen wie VW und Daimler, die stark vom chinesischen Markt abhängen und viele ihrer eigenen Fahrzeuge aus China nach Deutschland importieren.

5.2   Wasserstoff als Energieträger

Über die Jahre entstanden in vielen Ländern nationale Strategiepapiere zu Wasserstoff. Dass der sekundäre Energieträger Wasserstoff eine Brücke zwischen der volatilen Erzeugung von Strom aus Wind und Sonne und den vielen möglichen Anwendungen darstellt, war einer der Auslöser dafür und setzte sich als Erkenntnis immer mehr durch. Wasserstoff wird schon seit Jahrzehnten aus Erdgas und in China aus der Kohlevergasung erzeugt. In Raffinerien wird er für die Veredlung von Kraftstoffen genutzt, außerdem für die Erzeugung von Kunstdüngern und ist auch sonst vielfältig einsetzbar. Die dafür genutzte Menge von etwa 100 Mio. Tonnen fossilem Wasserstoff durch grünen Wasserstoff zu ersetzen, war eine Priorität in den Wasserstoffstrategien. Aufgrund des hohen Energieverbrauchs nahm in der politischen Diskussion auch die Herstellung von grünem Stahl aus grünem Wasserstoff einen großen Raum ein. Die historische und aktuelle Bedeutung der Stahlerzeugung in Deutschland führte dazu, dass die CO_2-freie Stahlerzeugung mithilfe von grünem Wasserstoff in der Nationalen Wasserstoffstrategie priorisiert wurde. Dafür wurden von der Politik milliardenschwere Förderpakete geschnürt.

Mit dem geplanten Ausstieg aus der Kohleverstromung und der hohen Volatilität der Stromerzeugung aus Sonne und Wind wird der Bedarf an flexiblen Gaskraftwerken von heute 30 GW auf bis zu 100 GW deutlich zunehmen (Bedarf Wasserstoffkraftwerke). Die weitestgehend konstante Stromerzeugung in Kohle- und Atomkraftwerken sowie anderer konventioneller Technologien und der sehr volatile Verbrauch von Strom bedurften auch in der Vergangenheit eines erheblichen Regelungsaufwands seitens der

Netzbetreiber. Deshalb wird Erdgas seit vielen Jahrzehnten in Gaskraftwerken für die flexible Erzeugung von Strom zu Spitzenlastzeiten eingesetzt. Für eine CO_2-freie Stromversorgung muss Erdgas zukünftig durch Wasserstoff ersetzt werden. Dazu werden von den europäischen Gasnetzbetreibern umfangreiche Aktivitäten zum Umbau des europäischen Erdgasnetzes auf den Betrieb mit Wasserstoff vorangetrieben. Die Bundesregierung plant insgesamt 20 Mrd. € an Investitionen für den Aufbau eines Wasserstoffkernnetzes, das mit einer Gesamtlänge von 9700 km bis 2032 entstehen soll (Deutschlandfunk 2023). Das ist ein Bruchteil dessen, was seitens der Stromnetzbetreiber für den Ausbau des Stromnetzes im Raum steht, und zeigt das Potenzial von Wasserstoff, der einen Großteil des Netzausbaus überflüssig machen kann. Seine Erzeugung würde in den windreichen Regionen entlang der Atlantikküste und der Ostsee, sowie im sonnenreichen Nordafrika und Portugal über die Elektrolyse von Wasser stattfinden und er könnte dann in die Pipelines eingespeist werden.

Am Aufbau des Wasserstoffnetzes engagieren sich neben den skandinavischen Ländern zunehmend Spanien, Portugal, Italien sowie Österreich und die Schweiz. Zwischen den an der Wasserstoffpipeline beteiligten Staaten wurden inzwischen entsprechende Verträge unterzeichnet. Bisher ist jedoch nicht vorgesehen, auch in den Aufbau einer Betankungsinfrastruktur für Wasserstofffahrzeuge zu investieren. Es stellt sich die Frage, warum eine der sinnvollsten, auch preislich attraktiven Anwendungen für Wasserstoff nicht betrachtet wird – stattdessen aber die Erzeugung von Stahl mit grünem Wasserstoff, wofür milliardenschwere Förderpakete aufgelegt wurden. Wie sinnvoll diese Option sein kann, zeigen die im Vergleich exorbitant hohen Kosten des Netzausbaus für die batterieelektrische Mobilität. Seit vielen Jahren wurde unter dem Motto „Power to X" über die Synergien von Energie- und Transportsektor debattiert, die Wasserstoff ermöglichen kann. Genutzt werden sie aus unerfindlichen Gründen nur sehr langsam, obwohl es aus Effizienzgründen dringend darauf ankäme. Die zentrale Rolle von Wasserstoff und seinen Derivaten im Energiesystem (Speicherung und Transport von Energie) wurde ausführlich in Kap. 1 beschrieben.

Wasserstofferzeugung über die Elektrolyse hat eine mehr als hundertjährige Tradition, verlor aber mit der Verfügbarkeit von Erdgas und dessen einfacher Umwandlung in Wasserstoff an Bedeutung. Das riesige Marktpotenzial von Elektrolyseuren wurde in vielen Studien ermittelt. Wie in Kap. 1 (Tab. 1.1) aufgezeigt, soll die Produktionskapazität von 15 GW im Jahr 2023 bis zum Jahr 2030 auf 165 GW steigen. Mit der zentralen Rolle von grünem Wasserstoff für die Energiewende verlagert sich der Fokus in den Forschungsinstituten hin zur Elektrolyse, dem umgekehrten Prozess der Brennstoffzellenreaktion. Viele neue Firmen entstanden, die sich auf die

Kommerzialisierung moderner Elektrolysetechnologien spezialisiert haben. Auch in diesem Bereich haben chinesische Firmen das riesige weltweite Marktpotenzial früh erkannt und sich inzwischen einen Vorsprung erarbeitet. Die führenden chinesischen Hersteller von Solarzellen gehören inzwischen auch zu den ersten bei der Produktion von Elektrolyseuren.

Neben der Erzeugung von Wasserstoff aus grünem Strom hat im Jahr 2024 eine neue Möglichkeit völlig unerwartet an Dynamik gewonnen: Der weiße oder natürliche Wasserstoff. In immer mehr Gesteinsformationen weltweit wurden Wasserstoffvorkommen entdeckt, wobei sich die Experten über die Entstehung dieser Wasserstoffvorkommen und dessen Potenzial noch nicht einig sind. Sehr schnell ist es zu einem wichtigen Thema für Investoren geworden.

Der weltweite Hype um die batterieelektrische Mobilität hat sowohl in der Politik als auch in der deutschen Automobilindustrie zu einer Abwendung vom Thema Wasserstoff im Pkw geführt. Erheblich dazu beigetragen haben die negativen Äußerungen der Konzernchefs von Volkswagen und Tesla, Diess und Musk, sowie die nachteiligen Regelwerke (RED) der EU, die Investoren abschrecken. Für Lkw hingegen wird Wasserstoff weiterhin als attraktive Lösung angesehen, aber bisher langsamer vorangetrieben als die batterieelektrischen Antriebe. Die alleinige Anwendung im Lkw-Bereich hat den Nachteil deutlich geringerer Skaleneffekte gegenüber der gleichzeitigen Nutzung im Pkw, wie es z. B. Toyota und Hyundai praktizieren, sodass die Fertigungskosten nicht so schnell wie gewünscht fallen werden. Hersteller von Brennstoffzellen folgten dem Trend und verlagerten den Entwicklungsschwerpunkt auf das Thema Lkw und entsprechend leistungsstarke Brennstoffzellen im Bereich von etwa 200 kW für schwere Fahrzeuge im Überlandverkehr. Für Fahrzeuge im Verteilerverkehr und für Stadtbusse sind auch Brennstoffzellen mit kleineren Leistungen und größeren Batterien (Hybrid oder Range-Extender-Prinzip) sinnvoll.

Über Verdienste und Versäumnisse der deutschen Autoindustrie bei der Entwicklung und Kommerzialisierung der Brennstoffzellentechnologie wurde in den vorangegangenen Kapiteln berichtet. In den letzten fünf Jahren hat sich daran nur wenig geändert. VW, AUDI, Porsche und die Nutzfahrzeugsparte Traton betrieben bestenfalls Technologievalidierung und verfügen über keine eigenen Entwicklungsaktivitäten für Pkw oder Lkw. Mercedes hat seine ehemals führenden Entwicklungsaktivitäten in ein Joint Venture mit Volvo Truck eingebracht und somit von der Pkw- in die inzwischen eigenständige Nutzwagensparte verschoben. Cellcentric, das Joint Venture von Daimler Truck mit Volvo, hat im Juni 2024 eine Pilotfertigung von Brennstoffzellen in Esslingen aufgenommen. Erst bis Ende des Jahrzehnts soll eine industrielle Großserienfertigung entstehen. Einziges Hoffnungszeichen in der deutschen Auto-Industrie ist BMW, die in Kooperation mit Toyota den „iX5 Hydrogen" entwickelt haben und seit Februar 2023 in einer Kleinserie produzieren. Eine Serienfertigung wurde bis 2028 angekündigt. BMW sieht sich inzwischen als Vorreiter in dieser Technologie (BMW 2023). Als einziger deutscher Pkw-Hersteller verfügen sie über diese strategische Option.

Paradox erscheint vor den in diesem Buch geschilderten Hintergründen, dass sich die Daimler-Bussparte 2023 für die Brennstoffzelle von Toyota entschieden hat, obwohl Daimler über viele Jahre Vorreiter dieser Technologie war und schon vor 20 Jahren erfolgreich die ersten Busflotten betrieb. Die Brennstoffzelle aus dem Mirai wird heute im kommerziellen eCitaro fuel cell als Range Extender eingesetzt, um die im Alltag vielfach notwendigen Reichweiten zu realisieren. Auch der polnische Bushersteller Solaris und der britische Hersteller Wright-Bus engagieren sich zunehmend bei Wasserstoff und Brennstoffzellen für ihre Busse. Solaris hat vor einiger Zeit mit Ballard eine Liefervereinbarung über 1000 Brennstoffzellen bis 2027 abgeschlossen.

Die chinesische Regierung hat für 2025 das Ziel von 50.000 Brennstoffzellenfahrzeugen gesetzt (China 2025). Der Markthochlauf in China wird flankiert von Demonstrationsprojekten, dem zügigen Ausbau der Betankungsinfrastruktur und wachsender Erzeugung von erneuerbarem Wasserstoff (acapamg 2024). Bis heute hat China 400 H_2-Tankstellen gebaut und ist damit weltweit führend. Bis 2025 soll die Zahl um circa 600 auf dann insgesamt etwa 1000 steigen. Trotz wachsender Produktion von erneuerbarem Wasserstoff vor allem in der sonnen- und windreichen Mongolei gibt es kein politisches Tabu für den Einsatz konventionell produzierten Wasserstoffs, solange der Bedarf aus erneuerbaren Quellen nicht vollständig gedeckt werden kann.

Lichtblicke in der Entwicklung der letzten Jahre gab es vor allem in der deutschen Zulieferindustrie. Nach dem Ausstieg aus der Batterie begann Bosch massiv in die Brennstoffzelle zu investieren. Da sich der Markt in China schneller entwickelte als in der westlichen Welt, gründete Bosch 2021 ein Gemeinschaftsunternehmen mit dem chinesischen Nutzfahrzeughersteller Qingling und bietet seine Brennstoffzellen in China in drei Leistungsklassen an. Ziel des Joint Ventures ist es, alle chinesischen Fahrzeughersteller mit Brennstoffzellensystemen auszustatten. Die dafür genutzte Technologie wurde im europäischen Projekt AutoStack Core unter maßgeblicher Beteiligung deutscher Zulieferer und des ZSW entwickelt.[1] Deutsche Hersteller

---

[1] AutoStack Industrie war ein deutsches Förderprojekt, in dem maßgebliche Autohersteller und Zulieferer eine fortgeschrittene Hochleistungsstacktechnologie für Fahrzeugantriebe entwickelten, die internationale Bestwerte verkörpert.

wie DANA, Freudenberg und Greenerity kooperieren mit Bosch und liefern die Hauptkomponenten. Die am Projekt beteiligten deutschen Autohersteller haben die Technologie bisher ignoriert. Bosch hat sie gekauft, serienreif gemacht und vermarktet sie in China. Dass Bosch sich aktuell vor allem auf Nutzfahrzeuge konzentriert, hat gute Gründe. Ähnlich wie in Deutschland fehlte in China lange Zeit eine ausreichende Infrastruktur, doch das ändert sich inzwischen sehr schnell. Der Einsatz in Pkw wird deshalb nur eine Frage der Zeit sein, jedenfalls in China.

Durch ein Konsortium von deutschen Autoherstellern und Zulieferern wurde im Nachfolgeprojekt zu AutoStack Core (AutoStack Industrie) eine noch leistungsfähigere Stacktechnologie entwickelt (vgl. Kap. 6), die international Bestwerte aufweist und keiner der internationalen Konkurrenten in vergleichbarer Weise zur Verfügung hat. Auch an dieser Technologie bestand bisher kein Interesse der deutschen Autobauer, obwohl sie an der Entwicklung beteiligt waren, ihre Experten von den Ergebnissen überzeugt sind und sie sich in den Förderverträgen zu einer Nutzung der Ergebnisse verpflichtet hatten.[2]

Selbstverständlich sind die beiden asiatischen Technologieführer Toyota und Hyundai ebenfalls in China engagiert und weiten ihr Engagement Schritt für Schritt aus. Toyota hat 2020 mit chinesischen Partnern ein F&E-Zentrum für Brennstoffzellen und eine Fertigungsstätte in Peking errichtet, die in der ersten Phase 10.000 Brennstoffzellensysteme zunächst vor allem für Nutzfahrzeuge produzieren soll. Sie kooperieren auch mit dem kleinen chinesischen Autohersteller Haima-Automobile für den Pkw-Einsatz. Wie in Deutschland fehlte es auch in Japan bisher an der politischen Unterstützung zum Aufbau der notwendigen Wasserstoffinfrastruktur. Toyota geht seinen Weg trotzdem unbeirrt weiter und lässt sich nicht von der ausschließlichen Fokussierung fast aller anderen Autohersteller auf die Batterie irritieren. Die Unternehmensspitze glaubt weiter an die Zukunft der Brennstoffzelle. Hyundai hat sein erstes Brennstoffzellenwerk außerhalb Koreas in Guangzhou errichtet. Es besitzt eine anfängliche Kapazität von 6500 Brennstoffzellensystemen, die je nach Marktentwicklung schnell erhöht werden kann. Mit dem Brennstoffzellen-SUV Nexo und dem Xcient-Lkw-Projekt in der Schweiz, zunehmend auch in ganz Europa, sind sie seit Jahren in den Märkten präsent. Anfang 2025 beschloss Hyundai die Produktion von Brennstoffzellensystemen zu verdoppeln und parallel eine Geschäftseinheit zu gründen, die

---

[2] AutoStack Core war ein europäisches Förderprojekt, in dem maßgebliche Autohersteller und Zulieferer eine Hochleistungsstacktechnologie für Fahrzeugantriebe entwickelten.

nicht nur alle Themen zur Wasserstofferzeugung und -infrastruktur beinhaltet, sondern auch die jeweiligen Fahrzeugbereiche bei der Markteinführung unterstützt (Hyundai 2025).

Zum Aufbau der H_2-Betankungsinfrastruktur in Deutschland hätte die Gründung der Projektgesellschaft H2 Mobility 2015 als Gemeinschaftsunternehmen der Firmen Shell, Air Liquide, Total Energies, Linde, Daimler, EG Group und Hyundai der richtige Ansatz sein können, um den wesentlichen Teil der Wertschöpfungskette in „einem Boot" zu haben. Die Errichtung von 400 Wasserstofftankstellen war fest geplant. Auch die notwendigen Fördermittel dafür standen bereit. Mit dem politischen Sinneswandel hin zur batterieelektrischen Mobilität wurden dieses Ziel und auch die Fördermittel kassiert. Mit dem Clean H2-Infra Fund als größtem strategischen Investor bei H2 Mobility wurden die Aktivitäten mit überschaubarem Tempo weitergeführt. Auf der Internetseite H2-live werden 76 H_2-Tankstellen in Deutschland angegeben, die 2024 in Betrieb sind. Weitere 24 sind in verschiedenen Phasen der Planung, Genehmigung und/oder Ausführung. Europaweit waren 164 in Betrieb und 58 in der Realisierung. Aus einer Grafik auf derselben Seite geht hervor, dass die Zahl der in Betrieb befindlichen Tankstellen 2022 mit etwas über 90 ihren Höhepunkt in Deutschland erreicht hatte. Aufgrund der Aktivitäten im Schwerlastbereich entstehen langsam moderne Wasserstofftankstellen, die primär für Lkw ausgelegt sind.

Eine leider wenig beachtete, aber sehr bemerkenswerte Entwicklung fand stattdessen in der Schweiz statt. Aus dem Förderverein H2-Mobilität Schweiz, in dem die wichtigsten Akteure des Schweizer Transportwesens Mitglied sind, ging das Unternehmen H2 Energy hervor. Gemeinsam mit Hyundai und vielen weiteren Unternehmen wurden 47 Brennstoffzellen-Lkw (Xcient von Hyundai), die für den Betrieb notwendige Betankungs- und Wasserstofferzeugungsinfrastruktur sowie der dazugehörige Service aufgebaut. Die Speditionen bezahlen eine Gebühr für die Lkw, die alle notwendigen Leistungen umfasst, und müssen sich selbst um nichts kümmern. Aufgrund der hohen Maut (Schwerverkehrsabgabe) in der Schweiz, von der emissionsfreie Lkw befreit sind, rechnet sich der Betrieb der Fahrzeugflotte ohne sonstige Fördermaßnahmen. Die Lkw sind seit etwa 5 Jahren und mehr als 10 Mio. Kilometer problemlos unterwegs. Es entstand ein Netz von inzwischen 18 Tankstellen und mehreren Elektrolyseuren zur Erzeugung von Wasserstoff aus Laufwasserkraftwerken. Entscheidend für den Erfolg war, dass mit den Partnern das komplette Ökosystem abgedeckt wurde, ohne unkontrollierbare Abhängigkeiten einzugehen. Die im Verlauf des Projekts gewonnene Erkenntnis, dass das Potenzial an grünem Wasserstoff in der Schweiz begrenzt ist, führte zu einer neuen, europäischen Strategie. Kernelement war der Aufbau einer Wasserstoffproduktion im dänischen Esbjerg, angekoppelt an einen Offshore-Windpark. Der Wasserstoff soll über Pipelines nach Deutschland und auch in die Schweiz transportiert werden. Parallel dazu begann gemeinsam mit Hyundai der Ausbau des Geschäfts mit Brennstoffzellen-Lkw in Deutschland. Ende 2024 waren bereits etwa 100 Fahrzeuge auf Deutschlands Straßen unterwegs. Ein bemerkenswerter Aspekt zur Entwicklung der Aktivitäten von H2 Energy: Kein europäischer Lkw-Hersteller hatte Interesse, sich an dem Projekt zu beteiligen. Hyundai hat mit der Brennstoffzelle den Einstieg in den europäischen Markt geschafft. Der Vergleich mit der Entwicklung von H2 Mobility in Deutschland zeigt, wie man eine Pionierrolle durch Untätigkeit verschenken kann.

Zwei weitere interessante Entwicklungen aus den letzten Jahren sollten noch erwähnt werden. Einerseits gab es eine Renaissance des Wasserstoffverbrennungsmotors, primär basierend auf der Basis von adaptierten Dieselmotoren. Schon in den 1990er-Jahren hatten einige Fahrzeughersteller, darunter Daimler, später auch BMW und MAN an diesem Thema geforscht und Prototypen präsentiert. Die Brennstoffzelle sorgte dann sukzessive für ein Ende dieser Aktivitäten. Nachdem der Dieselmotor seit Jahrzehnten vollständig industrialisiert ist, sollte die Umstellung auf Wasserstoffbetrieb ein überschaubarer Aufwand sein. Bei einem Einsatz solcher Antriebe auf der Langstrecke können die Wirkungsgradnachteile gegenüber einer Brennstoffzelle etwas reduziert werden. Manche Lkw-Hersteller präsentieren darüber hinaus Prototypen für Offroadanwendungen, z. B. einen Pisten-Bully. MAN will 2025 eine Kleinserie für Lkw auf den Markt bringen. Deutz verkaufte vor einiger Zeit 100 H_2-Motoren als Stromgeneratoren nach China und der britische Baumaschinenhersteller JCB wurde bei der Nutzung von H_2-Verbrennungsmotoren zu einem der Vorreiter in seiner Branche.

Das zweite bemerkenswerte Thema ist der Einzug der Wasserstoff- und Brennstoffzellentechnik in die Luftfahrt und den Schienenverkehr. Ein sehr hoher Anteil der weltweiten Eisenbahnstrecken ist bis heute nicht elektrifiziert und wird mit Dieselantrieben bedient. Die Elektrifizierung der Bahnstrecken ist ähnlich teuer wie der Ausbau des Verteilernetzes und dauert oft Jahrzehnte. Zudem ist der Strom für die elektrischen Bahnantriebe aufgrund des häufig fragwürdigen Zertifikatehandels nur auf dem Papier CO_2-frei. Der real genutzte Strom entspricht dem jeweiligen Strommix des Landes und dessen zeitlichem Verlauf. In den letzten Jahren entwickelte sich deshalb ein zunehmendes Interesse an E-Antrieben mit Brennstoffzellen und Wasserstoff für den regionalen Schienenverkehr. Die traditionellen Eisenbahnunternehmen Alstom, Siemens und Stadler haben inzwischen solche Züge im Angebot und im täglichen Einsatz, nicht nur in Deutschland, sondern auch in Italien und Kalifornien. Der weltweit größte Schienenfahrzeughersteller, die China Railway Rolling Stock Corporation (CRRC), bietet ebenfalls Züge mit Brennstoffzellen an. Auch die Luftfahrtbranche steht unter starkem öffentlichem und politischem Druck bezüglich Umweltaspekten. Der Einsatz (Beimischung) von nicht fossilem Kerosin, dem Sustainable Aviation Fuel (SAF), in den Triebwerken ist heute schon möglich und von der EU-Gesetzgebung in zunehmendem Maße auch gefordert. Parallel dazu haben die Branchengrößen wie Airbus oder Rolls-Royce und viele Start-up-Unternehmen wie H2Fly oder Zero Avia begonnen, elektrische Antriebe mit Brennstoffzellen zu entwickeln. Diese sollen primär in sogenannten Zubringerflugzeugen auf der Kurzstrecke zum Einsatz kommen. Die im AutoStack-Core-Projekt entwickelte Hochleistungsbrennstoffzelle spielt auch hier eine Rolle. Aufgrund der sehr anspruchsvollen Zulassungsvorschriften sind die Entwicklungszeiträume allerdings lang und teuer.

5.3   Die Wiedergeburt von Methanol und die Range-Extender-E-Fahrzeuge

Zu Beginn der Brennstoffzellenaktivitäten im Jahr 1991 hatten wir uns für Methanol als Kraftstoff für Brennstoffzellenfahrzeuge entschieden. Dieser synthetisch sehr einfach herzustellende flüssige Kraftstoff könnte eine ideale Lösung sein: Man kann schnell auftanken und an Bord viel Energie in kostengünstigen Tanks speichern. In der damaligen Zeit war der Treiber für alternative Antriebe die kalifornische ZEV-Gesetzgebung, deren Ziel es war, den Smog in den Metropolen zu reduzieren. CO_2 war noch kein großes Thema. Die Idee war, das Methanol aus dem bis dahin an den Erdölbohrlöchern abgefackelten Methan zu gewinnen. Über 10 Jahre gab es enorme technologische Fortschritte in der Entwicklung solcher Antriebe, die 2001 in der erfolgreichen Durchquerung der Vereinigten Staaten mit der Daimler-A-Klasse gipfelten. Dann schwenkte die Fahrzeug- und Ölindustrie in Richtung Wasserstoff. In Kap. 3 und 4 haben wir dazu berichtet.

Zwanzig Jahre später gibt es eine Renaissance von Methanol als Kraftstoff, allerdings nicht in Kombination mit der Brennstoffzelle. Aktuell geht es um klimaneutrales Methanol, das aus der chemischen Reaktion von CO_2 mit Wasserstoff erzeugt wird. Der Wasserstoff wird aus vorhandenem, sehr kostengünstigem Überschussstrom aus Sonne, Wind oder Wasserkraft erzeugt. Das CO_2 stammt entweder direkt aus der Atmosphäre (Direct-Air-Capture-Verfahren, DAC) oder aus biogenen Reststoffen. Damit ist der Kreislauf für das CO_2, das aus der motorischen Verbrennung des Methanols entstanden ist, geschlossen. Methanol ist bei Umgebungstemperatur flüssig und kann sehr einfach per Schiff, Bahn oder Tanklaster zum Verbraucher transportiert werden. Nachdem heute jährlich bereits mehr als 100 Mio. Tonnen Methanol (aus fossilen Quellen erzeugt) produziert werden und als Chemierohstoff und Benzinadditiv zum Einsatz kommen, ist die industrielle Anwendung etabliert.

Im Jahr 2023 begann die dänische Reederei Maersk, ihre neuen Schiffe mit methanoltauglichen Motoren auszurüsten. Genau genommen sind es Dual-Fuel-Motoren, die sowohl mit dem im Vergleich zum Schweröl relativ sauberen Schiffsdiesel als auch mit Methanol betrieben werden können. Sobald ausreichend grünes Methanol auf dem Weltmarkt verfügbar ist, kann der Kraftstoff umgestellt werden. Methanol ist inzwischen für die internationale Schifffahrt als Kraftstoff zugelassen. Die Motoren werden von den etablierten Herstellern wie MAN oder Scania geliefert. Auslöser für die weltweit sehr intensive Entwicklung waren die zunehmenden Restriktionen für Schadstoffemissionen durch die International Maritime Organisation (IMO) für die Handelsschifffahrt als auch für Kreuzfahrtschiffe. Dadurch entsteht ein riesiger Bedarf an grünem Methanol, der viele Start-up-Unternehmen ebenso wie traditionelle Unternehmen dazu veranlasst, Technologien zur Produktion von grünem Methanol zu entwickeln und die Produktion zu starten.

In der Fahrzeugentwicklung gab es in den letzten Jahren drei bemerkenswerte Aktivitäten zu Methanol. Porsche erzeugt gemeinsam mit Siemens Energy an der extrem windreichen Küste Magallanes im Süden Chiles mit dem Strom aus einer Windkraftanlage Wasserstoff und daraus Methanol (Siemens 2020). Das Methanol gelangt per Schiff nach Europa und wird dort in einer Raffinerie über das sogenannte Methanol-to-Gasoline-Verfahren in E-Benzin umgewandelt. Dieses kann problemlos in allen heutigen Benzinmotoren eingesetzt werden. Der saudi-arabische Öl- und Chemiegigant Saudi Aramco verfolgt eine ähnliche Strategie: Aus grünem Methanol erzeugtes E-Benzin wird ab 2026 in der Formel 1 als Kraftstoff eingesetzt. Der chinesische Autokonzern Geely geht einen anderen Weg: Er setzt Methanol direkt als Kraftstoff in seinen Verbrennungsmotoren ein. Etwa 40.000 Taxis sind in der Region Guiyang bereits mit Methanol unterwegs, das dort an normalen Tankstellen getankt werden kann (Geely 2024).

China verfolgt auch hier einen sehr pragmatischen Weg und verwendet zunächst fossiles Methanol, das Zug um Zug durch grünes Methanol ersetzt wird. Geely setzt die Methanolmotoren als Stromgeneratoren ein, die z. B. Batterien von Elektrofahrzeugen an Bord aufladen (Kap. 1). So kann die Batterie deutlich kleiner und kostengünstiger ausgelegt werden, da der Ladestrom bei Bedarf an Bord aus einem flüssigen, energiereichen Kraftstoff erzeugt wird (siehe auch Kap. 1). Für den geringen Kraftstoffverbrauch entscheidend ist, dass der Verbrennungsmotor nur dann läuft, wenn es der Ladezustand der Batterie erfordert und dann in einem konstanten Betriebsmodus mit hohem Wirkungsgrad und sehr niedrigen Emissionen. Die komplette Fahrdynamik, die bei den heutigen Verbrennerantrieben herausfordernd für den Wirkungsgrad und die Schadstoffemissionen ist, wird problemlos und hocheffizient von E-Motor und kleiner Batterie erledigt. Es handelt sich um ein vielversprechendes Antriebskonzept, das nach Umstellung auf E-Fuel komplett klimaneutral ist. Ende 2024 kündigte auch der Stellantis-Konzern an, solche EREV-Antriebe (Extended Range Electric Vehicle) mit dem chinesischen Partner Leapmotor auf den europäischen Markt zu bringen. Die Fahrzeuge nutzen zunächst fossiles Benzin, aber mit sehr niedrigen Verbrauchswerten. Sobald verfügbar, kann man auf grünes E-Benzin umsteigen, um klimaneutral unterwegs zu sein. Saudi Aramco schätzt die Herstellkosten für das klimafreundliche Benzin auf 80 ct/l.

5.4   Erkenntnisse aus einer Zeit, die von großer Dynamik, einer zunehmenden Vielfalt von Antriebskonzepten und von China geprägt wurde

Die Zeit von 2020 bis Anfang 2025 war weltweit von einer sehr dynamischen Entwicklung und zunehmenden Vielfalt bei alternativen Antrieben und der Energieversorgung bestimmt. Viele Akteure in Deutschland handelten jedoch weiterhin wenig strategischund wurden von der Dynamik der weltweiten Entwicklung überrascht. Die Autoindustrie beharrte im Verwaltungsmodus, richtete sich kritiklos an politischen Vorgaben aus und verlangte im Gegenzug Subventionen. Der Aufbau der benötigten Infrastruktur für alle alternativen Antriebe verlief und verläuft schleppend. Die Politik nimmt ihre Koordinierungsfunktion zur deutschen Schlüsselindustrie nur unzureichend war und sorgt mit mangelhaften Regulierungskonzepten für Fehlanreize und Behinderungen. Die systemische Dimension der Energiewende wird massiv unterschätzt. Weder in der Industrie noch in Finanzwelt oder Politik werden die nötigen strategischen Analysen durchgeführt, die bereits sehr früh auf kritische Aspekte der aktuellen Entwicklung aufmerksam gemacht hätten.

Auch in den Medien zeigt sich vielfach, dass die entscheidenden Aspekte der Energiewende bis heute nicht verstanden sind. Forschungsinstitute betreiben irreführende Studien, die sich der Politik andienen, anstatt sie zu hinterfragen. Das Ergebnis des mangelhaft geführten Dialogs ist nicht nur ein fragmentierter und wenig schlüssiger Ansatz für die beabsichtigte Transformation der Energieversorgung in Deutschland und Europa, sondern auch ein massiver Verlust an Wettbewerbsfähigkeit aufgrund strategischer Untätigkeit.

Die verschärfte Gesetzgebung in Bezug auf CO_2-Emissionen von Fahrzeugen und die Markterfolge von Tesla haben die Anzahl der batterieelektrischen Fahrzeuge bis Ende 2023 weltweit auf 28,2 Mio. ansteigen lassen (siehe Kap. 1). Die verbreitete Euphorie wurde jedoch vor allem durch eine Vielzahl von Subventionen erzeugt, die immer mehr Unternehmen, darunter sehr viel Start-ups, veranlassten, sich in den dafür relevanten Themen zu engagieren, ob bei der Ladeinfrastruktur, Batterien und E-Motoren oder Fahrzeugen. Zahlreiche Batteriefabriken (Gigafactorys) wurden vor allem in Asien gebaut. Schnell wachsende Fertigungsvolumen und intensiver Wettbewerb sorgten für deutliche Kostenreduzierungen. Auch die Produktionsanlagen stammten aus asiatischer, vor allem aus chinesischer Hand und stehen unter der Kontrolle asiatischer bzw. chinesischer Hersteller. Deutsche oder europäische Unternehmen spielen in der Produktion von Batterien für die Elektromobilität bis heute keine Rolle.

Obwohl die Forschung seit Langem hervorragende Ergebnisse auf Weltniveau lieferte, erfolgte der Einstieg in die kommerzielle Fertigung in Deutschland und Europa zu spät, halbherzig und zu zögerlich. Ein Beispiel war der Aufbau der ersten voll automatisierten Pilotfertigung für Fahrzeugbatterien am Forschungszentrum ZSW in Ulm. Amerikanische Kollegen beneideten uns und chinesische wollten das sofort sehen. Daraus eine kommerzielle Fertigung aufzubauen, wäre in wenigen Jahren möglich gewesen – aber die deutsche Industrie wollte nicht (ZSW 2016). Entscheidende, strategische Kooperationen entlang der gesamten Wertschöpfungskette kamen trotz vieler Bemühungen kaum zustande. Tempo und Aggressivität asiatischer Unternehmen bremsten alle Versuche früher oder später aus. Aufgrund ihrer hohen Kaufkraft und des politischen Willens zum Umstieg auf die Elektromobilität wurden Europa und Deutschland ein bevorzugter Markt der chinesischen Hersteller. Die deutschen Fahrzeughersteller, die sich traditionell stark auf das Premiumsegment fokussieren, gerieten deshalb ab 2024 zunehmend unter Druck.

Unternehmen aus Asien agierten anders. Die seit etwa zehn Jahren führenden Hersteller von Brennstoffzellenfahrzeugen Toyota und Hyundai hielten an ihrer Strategie fest und entwickelten diese konsequent weiter. Auch in China ist bei Wasserstoff und Brennstoffzellen eine konsequente und dynamische Weiterentwicklung erkennbar. Politisch wird Wasserstoff längerfristig als essenzieller Baustein der künftigen Energieversorgung und Mobilität angesehen. Die Industrie hat die komplette Wertschöpfungskette, beginnend bei Photovoltaik, der Elektrolyse zur Wasserstofferzeugung, der

H_2-Infrastruktur, den Komponenten der Brennstoffzelle und der Fahrzeuge, im Blick und in wenigen Jahren wurden die fehlenden Kompetenzen aufgebaut und der technologische Vorsprung zur westlichen Welt verringert. Man setzt dort nicht alles auf eine Karte. Die unterschiedlichen Stärken und Schwächen der neuen Antriebstechnologien werden verstanden. Man sieht die potenziellen Risiken, wenn man sich freiwillig strategischer Optionen beraubt, wie das die deutschen Autohersteller und der Gesetzgeber immer wieder tun. Den Markt von batterieelektrischen Fahrzeugen kontrollieren asiatische Hersteller bereits mit großer Dominanz, wobei der Anteil am Bestand aller Fahrzeuge erst bei etwa 8 % liegt. Obwohl der Anteil an Brennstoffzellenfahrzeugen am Gesamtmarkt Chinas noch verschwindend gering ist, durchlaufen sie auch bei dieser Technologie die dynamischste Entwicklung und sind inzwischen der größte Markt weltweit.

Noch vor vier Jahren waren die Zahlen aus China nicht sonderlich beeindruckend. Aber vier Jahre sind eine lange Zeit, in der man viel erledigen oder liegen lassen kann. Alle Anzeichen deuten inzwischen darauf hin, dass China der strategische Hauptmarkt, auch bei Wasserstoff und Brennstoffzellen, sein wird. Noch dominieren sie die Entwicklung nicht, wie das bei Batterien der Fall ist. Auf längere Sicht und mit den eingegangenen Kooperationen ist jedoch zu erwarten, dass der heute noch bestehende technologische Rückstand mittelfristig verschwindet. Dazu werden die ausländischen Entwicklungs- und Fertigungsstätten von Bosch, Toyota und Hyundai beitragen. Je länger die deutsche Autoindustrie dieser Entwicklung tatenlos zuschaut, desto wahrscheinlicher wird es, dass sie auch auf diesem Feld den Anschluss verliert.

Interessanterweise herrscht bei der Wasserstoffversorgung über die vorhandenen Erdgaspipelines in Europa eine politisch protegierte und durch Gasnetzbetreiber und Stahlindustrie unterstützte Aufbruchsstimmung. Grüner Wasserstoff aus wind- und sonnenreichen Regionen kann der ideale Ersatz für das geopolitisch heikle Erdgas zur flexiblen Stromerzeugung werden. Die Elektrolyse zur Wasserstofferzeugung wird deshalb inzwischen für viele Konzerne wie MAN oder Thyssen-Krupp, aber auch für Start-up-Unternehmen zu einem wichtigen Thema, dem sie sich bereits mit hohem Tempo widmen.

Erst eine Stromerzeugung aus CO_2-freiem Wasserstoff ermöglicht das bedarfsgerechte Laden von batterieelektrischen Fahrzeugen mit CO_2-freiem Strom. Es lässt sich nicht oft genug betonen, denn in der breiten Öffentlichkeit und in der Politik wird dieser Punkt immer noch nicht verstanden. Die Errichtung einer flächendeckenden Ladeinfrastruktur für batterieelektrische Fahrzeuge und die bedarfsgerechte Erzeugung des grünen Stromes sind weder machbar noch bezahlbar – vgl. Kap. 1 und 6. Auch deshalb müssen die Alternativen Wasserstoff mit Brennstoffzelle, Verbrennungsmotor oder Range Extender mit E-Fuel technologieoffen behandelt werden, wie es auch in China der Fall ist. Um die Einführung zu beschleunigen, kann unideologisch mit fossilem Wasserstoff oder Benzin begonnen und Zug um Zug auf grünen Wasserstoff und E-Fuels umgestellt werden, sobald in ausreichender Menge verfügbar. So kann die essenzielle Geschwindigkeit im Transformationsprozess erreicht werden. Die zentrale Rolle von Wasserstoff als einfach zu transportierendem und zu speicherndem Energieträger, der für sauberen Ladestrom von batterieelektrischen Fahrzeugen, für die Erzeugung von E-Fuel und die direkte Nutzung im Antrieb bereitgestellt wird, ist der Schlüssel für eine erfolgreiche Transformation. Erst nach einer breiten Markteinführung von grünem Wasserstoff und seiner Speicherung als integrierter Bestandteil des gesamten Energie- und Stromsystems kann die Energie- und Mobilitätswende gelingen.

Die EREV haben inzwischen in China eine hohe Dynamik entwickelt und immer mehr deutsche und europäische Unternehmen engagieren sich ebenfalls zum Thema. Es wird immer deutlicher, dass die Zukunft der emissionsfreien Antriebe durch Vielfalt und nicht durch Einfalt geprägt sein wird.

Literatur

Acapmag 2024: https://acapmag.com.au/2024/01/sales-of-hydrogen-powered-vehicles-in-china-rose-by-more-than-70-in-2023/

Ads-tec 2025: https://www.pv-magazine.de/produkte/xxx-ads-tec-energy-schnellladestation-mit-batteriespeicher-und-weiteren-erloesen/

Bedarf Wasserstoffkraftwerke: https://www.wirtschaftsdienst.eu/inhalt/jahr/2023/heft/10/beitrag/wie-viele-wasserstoff-kraftwerke-erfordert-die-energiewende-und-wie-erhalten-wir-sie.html

BMW 2023: https://www.bmwgroup.com/de/news/allgemein/2023/BMWiX5Hydrogen.html

Cellcentric 2024: https://www.cellcentric.net/news/cellcentric-startet-pilotfertigung-von-brennstoffzellensystemen

China 2025: http://www.wh2e-expo.com/en/guanyuwomen/

China Handelsstreit 2024: https://www.zeit.de/wirtschaft/2024-06/handelsstreit-china-eu-robert-habeck-industrie

Concawe Studie, 2024: https://www.concawe.eu/publication/e-fuels-a-techno-economic-assessment-of-european-domestic-production-and-imports-towards-2050-update/

Deutschlandfunk 2023 – Infrastruktur für Wasserstoff: https://www.deutschlandfunk.de/bundesregierung-plant-investitionen-von-fast-20-milliarden-euro-102.html

Electricitymaps: https://app.electricitymaps.com/map/72h/hourly

Geely 2024: https://global.geely.com/en/news/2024/geely-e-fuel-solution-carbon-neutral-future

Gewicht E-LKW: https://www.electrive.net/2024/02/15/eu-verkehrsausschuss-draengt-auf-hoeheres-maximalgewicht-fuer-elektro-lkw/

HUK, 2024: https://www.presseportal.de/pm/7239/5886875

Hyundai 2025: https://drivinghydrogen.com/2025/03/11/hyundai-announces-new-hydrogen-fuel-cell-factory-in-south-korea/#newsletter

Northvolt 2025: https://www.ndr.de/nachrichten/schleswig-holstein/Northvolt-Insolvenz-Millionenforderungen-deutscher-Firmen,northvolt658.html

Siemens 2020: https://www.siemens-energy.com/de/de/home/pressemitteilungen/siemens-energy-und-porsche-treiben-mit-partnern-die-entwicklung-klimaneutraler-efuels-voran.html

ZSW 2016: https://www.automobil-produktion.de/technologie/zsw-etabliert-industrielle-pilotfertigung-von-lithium-ionen-zellen-233.html

6

Faktencheck: Die Technologien im Vergleich und was das für die Wettbewerbsfähigkeit bedeutet

Die Analyse durchgeführt von André Martin

6.1 Die entscheidenden Fakten zur Antriebstechnologie

Welche Technologien werden das Rennen im Wettbewerb um die Märkte der Zukunft machen? In Deutschland und Europa wird der Wettbewerb der Antriebstechnologien von vielen schon als entschieden angesehen, in Asien aber sehr viel offener betrachtet. Heute, im Jahr 2025, sind etwa 98 % aller Antriebe immer noch Verbrennungsmotoren, die mit fossilem Benzin- oder Dieselkraftstoff betrieben werden. Diese Antriebstechnologie hat sich seit mehr als 100 Jahren enorm weiterentwickelt und bildet die Referenz für alle neuen Technologien. Der ökonomische Aufschwung, der nach dem Zweiten Weltkrieg begann und bis heute anhält, ist eng mit der Fahrzeugindustrie verknüpft. Das Automobil ist tief in unseren gesellschaftlichen Strukturen verwurzelt und aus dem Alltag nicht wegzudenken. In diesem Kapitel wollen wir die wichtigsten Fakten der verschiedenen Antriebstechnologien gegenüberstellen. Dabei konzentrieren wir uns aufgrund ihrer erwartbaren zukünftigen Bedeutung auf die technischen, ökonomischen und gesellschaftlichen Aspekte von batterieelektrischen Antrieben im Vergleich zu Antrieben auf der Basis von Brennstoffzellen und Wasserstoff. E-Fuels und Hybridantriebe werden kurz beleuchtet, stehen als abgeleitete Antriebsformen nicht im Zentrum der Betrachtung. Wichtig für unsere Analyse: Was beeinflusst

© Der/die Autor(en), exklusiv lizenziert an Springer Fachmedien Wiesbaden GmbH, ein Teil von Springer Nature 2025
A. Martin und W. Tillmetz, *Wasserstoff auf dem Weg zur Elektromobilität*,
https://doi.org/10.1007/978-3-658-49231-1_6

die Entscheidung von Fahrzeugkonzernen für die eine oder andere Richtung und wie reagieren Kunden und Politik?

Im November 2010 veröffentlichte die EU eine Studie unter dem Namen „A portfolio of power-trains for Europe: a fact based analysis". An der von McKinsey koordinierten Studie beteiligte sich ein illustrer Kreis globaler Großunternehmen, NGOs und Regierungsorganisationen, darunter einige der größten Autohersteller. Die Studie kam zu dem bemerkenswerten Schluss, dass in absehbarer Zukunft „keine einzelne Antriebsart alle Schlüsselkriterien der Wirtschaftlichkeit, der Leistung und der Umwelt erfüllen könne und es deshalb wahrscheinlich sei, dass anstelle nur einer Antriebstechnologie, dem Verbrennungsmotor, ein Portfolio von Antriebsarten, darunter batterieelektrische Antriebe und brennstoffzellenelektrische Antriebe mit Wasserstoff, eine komplementäre Rolle spielen würden. Während der reine Batterieantrieb ideal geeignet sei für kleinere Fahrzeuge und kürzere Reisen, seien die Brennstoffzellen eher die bevorzugte Lösung für mittlere und größere Fahrzeuge sowie größere Entfernungen" (EU 2010).

Das „sowohl als auch" der Schlussfolgerung war bei den damaligen offenkundigen Schwächen der Batterietechnologie (Reichweite 150–200 km, stundenlanges Laden, hohe Kosten …) eine steile These, die wohl eher der Moderation der unterschiedlichen Interessen der beteiligten Akteure geschuldet war als der tatsächlichen Faktenlage. Jeder konnte der Studie Argumente zur Stützung der eigenen Position entnehmen und daher waren alle zufrieden. Allerdings kann man an diesem Beispiel sehen, dass man auch aus den falschen Gründen richtige Schlüsse ziehen kann. Die damals noch schwachen Leistungskennziffern der Batterietechnologie hätten auch zu anderen Schlussfolgerungen führen können.

Im folgenden Technologievergleich wollen wir systematisch die wichtigsten Beurteilungskriterien beleuchten, um zu einer belastbaren, faktenbasierten Bewertung zu kommen. Dazu zählen Kundennutzen und technische Eigenschaften, Infrastrukturanforderungen, Wirtschaftlichkeit, Ressourcenverbrauch und -verfügbarkeit, Wertschöpfung und die Interaktion mit dem Energiesystem.

In öffentlichen Diskussionen wird die Bezeichnung E-Fahrzeuge oder elektrische Fahrzeuge häufig als Synonym für batterieelektrische Fahrzeuge verwendet. Das ist jedoch nur ein Teil der Wahrheit. Sowohl batterieelektrische Fahrzeuge als auch Brennstoffzellenfahrzeuge sind Elektrofahrzeuge und lokale Nullemissionsfahrzeuge. Während die Batterie ein Energiespeicher ist, der mit Strom geladen wird, ist die Brennstoffzelle ein Energiewandler, der an Bord des Fahrzeugs aus Wasserstoff Strom erzeugt, mit dem in beiden Fällen der Elektromotor des Fahrzeugs gespeist wird. Ob sie vollständige Nullemissionsfahrzeuge sind, hängt von den Vorketten für die Erzeugung des Stroms oder die Herstellung des Wasserstoffs ab.

Eine weitere Variante des Elektroantriebs ist das sogenannte EREV (Extended Range Electric Vehicle), bei dem ein Stromgenerator an Bord des Fahrzeugs eine kleinere Batterie bei Bedarf lädt. Stromgenerator kann eine Brennstoffzelle mit Wasserstoff oder ein Verbrennungsmotor sein, der mit klimaneutralen Kraftstoffen (E-Fuels) versorgt wird (siehe Kap. 1). Alle Technologien nutzen eine Reihe gleicher Komponenten wie E-Motoren, Untersetzungsgetriebe, Umrichter und Starterbatterie. Für E-Antriebe typisch stellen alle bereits ab 0 km/h das volle Drehmoment zur Verfügung, was bei ausreichender Leistung dynamischen Vortrieb gewährleistet.

Größe und Gewicht von Batterien stehen in direktem Verhältnis zum Energievorrat, der an Bord des Fahrzeugs mitgeführt werden soll. Moderne Lithium-Ionen-Batterien haben auf Systemebene ein Leistungsgewicht von 150 bis 200 Wh/kg. Wenn man von einem durchschnittlichen Verbrauch von 15 kWh für 100 km ausgeht, was eher für einen Kleinwagen im Stadtverkehr zutrifft, dann benötigt man etwa 400 kg an Batterien, um eine Distanz von 500 km zurücklegen zu können. Das Model S von Tesla, also ein Oberklassefahrzeug, kommt auf ca. 750 kg Batteriegewicht bei einer angegebenen Reichweite von 600 km, was bereits ein sehr guter Wert ist. Für alle gilt: Aufgrund des höheren Energiebedarfs bei Autobahnfahrt und bei niedrigen Außentemperaturen im Winter halbiert sich schnell die Reichweite.

Für die von den deutschen Herstellern favorisierten, hochpreisigen Fahrzeuge der Oberklasse (häufig Dienstfahrzeuge) spielen Reichweite und Fahrdynamik eine entscheidende Rolle. Deshalb sind Batterien mit einer Kapazität von bis zu 100 kWh die Regel. Das resultierende hohe Gewicht der Antriebsbatterien hat Konsequenzen für das gesamte Fahrzeugdesign hinsichtlich Tragkraft des Fahrgestells, dem benötigten Einbauraum, für das Karosseriedesign, und den Rollwiderstand, die sich entsprechend in den Kosten niederschlagen. Die Reichweitenanforderungen zwingen zu anspruchsvollen konstruktiven Maßnahmen der Optimierung des Luftwiderstandsbeiwerts und Reduzierung des Fahrzeuggewichts, was zu einer gewissen Uniformität der Fahrzeuge im äußeren Erscheinungsbild führt. Zum Teil werden billig wirkende Kunststoffverkleidungen eingesetzt, um möglichst niedrige Luftwiderstandsbeiwerte zu erreichen.

Trotz der inzwischen erreichten, deutlichen Verringerung der Ladezeiten werden für das vollständige Aufladen der Batterie, je nach eingesetzter Batterietechnologie und Leistung der Ladestation, zwischen einer und zehn Stunden benötigt. Beim Schnellladen mit Gleichstrom bis zu einem Ladezustand von 80 % und einer Batterietemperatur von etwa 20 °C kann die Zeit auf 20 min reduziert werden. Für alle, die Fahrzeuge beruflich nutzen und enge

Zeitpläne einhalten müssen, sind solche Ladezeiten und die Verfügbarkeit der Ladesäulen häufig eine Herausforderung. Für Autofahrer, deren regelmäßige tägliche Fahrstrecken überschaubar sind und das Fahrzeug zu Hause oder am Arbeitsplatz laden können, spielen Ladezeiten dagegen keine große Rolle.

Brennstoffzellen sind wie Verbrennungsmotoren Energiewandler und keine Speicher wie Batterien. Das Gewicht der Brennstoffzelle inklusive Systemkomponenten ist inzwischen vergleichbar mit dem eines Verbrennungsmotors und liegt bei etwa 250 kg bezogen auf eine Leistung von etwa 100 kW. Durch die heute übliche Kopplung mit einer Batterie (Hybrid) ist eine Brennstoffzellenleistung von etwa 60 bis 100 kW für ein Mittelklassefahrzeug ausreichend. Leistungsspitzen, z. B. zum Überholen, kann die Batterie zur Verfügung stellen, die anschließend von der Brennstoffzelle wieder aufgeladen wird. Die Energie wird als komprimierter Wasserstoff in Gastanks gespeichert, so wie das von erdgasbetriebenen Fahrzeugen bekannt ist. Die Reichweite eines Brennstoffzellenfahrzeugs wird wie bei konventionellen Antrieben durch den Tankinhalt bestimmt. Aktuelle Fahrzeuge haben Reichweiten von 600–700 km, z. B. Toyota Mirai oder Hyundai Nexo. Der Energieinhalt von Wasserstoff bleibt unabhängig von der Außentemperatur immer gleich. Die Innenraumheizung des Fahrzeugs erfolgt mittels Abwärme der Brennstoffzelle ohne zusätzlichen Energieverbrauch. Die Betankungszeiten liegen zwischen drei und vier Minuten bei Pkw, ähnlich denen konventioneller Fahrzeuge, sodass keine längeren Wartezeiten entstehen. Die Betankung von Fahrzeugen mit einem Stromgenerator (EREV) und flüssigen E-Fuels unterscheidet sich nicht von klassischen Fahrzeugen. Durch die optimierte Betriebsweise reduziert sich der Verbrauch an Kraftstoff deutlich.

Die heute standardmäßige Hybridisierung des Brennstoffzellenantriebs kombiniert die Vorteile des Energiespeichers Batterie mit denen des Stromgenerators Brennstoffzelle. Sie ermöglicht gleiche Ansprechzeiten wie bei batterieelektrischen Fahrzeugen, optimiert den Systemwirkungsgrad der Brennstoffzelle, erlaubt die Rückgewinnung der Bremsenergie und gewährleistet einen optimalen Ladezustand der Batterie. Beide Stromquellen können überwiegend im jeweils günstigen Betriebsbereich eingesetzt werden. Das Hybridisierungskonzept bietet zudem vielfältige Ansätze zur Differenzierung des Antriebsstrangs.

Ein umfassender Vergleich ist wie bei allen Antrieben nur an gleichartigen Fahrzeugen sowie Betrieb im gleichen Fahrprofil aussagekräftig. Der Vergleich des Brennstoffzellenfahrzeugs Nexo von Hyundai mit dem batterieelektrischen Audi e-tron bietet so eine Möglichkeit. So wiegt der e-tron laut den Datenblättern der Hersteller mit seiner 700 kg schweren Batterie etwa 600 kg

mehr als der Nexo. Beim Verbrauch nach WLTP ist der Audi um etwa 20 %
besser. Schließt man die vorgelagerten Ketten der Strom- bzw. Wasserstofferzezeugung in die Betrachtung ein, ist der Energieverbrauch ähnlich. Kommt
der Strom aus einem thermischen Kraftwerk oder sinkt die Außentemperatur
deutlich unter 0 °C, dann ist das Wasserstofffahrzeug im Vorteil.

6.2 Herausforderung Infrastruktur

Der Strom kommt aus der Steckdose und ist in Industrieländern immer verfügbar. Ein klarer Vorteil für das batterieelektrische Fahrzeug – auf den ersten Blick. Für Wasserstoff ist eine neue Betankungsinfrastruktur nötig, eine
große Hürde für die Technologie. Auf den zweiten Blick sieht manches jedoch anders aus.

Für Autofahrer, die täglich nur überschaubare Strecken – zum Beispiel
50 km – zur Arbeit und zurück unterwegs sind und zu Hause oder beim Arbeitgeber ihr Fahrzeug laden können, entstehen keine nennenswerten Einschränkungen durch die Nutzung batterieelektrischer Fahrzeuge. Aufladen
während des Einkaufs im Supermarkt oder während des Besuchs eines Restaurants ist zeitlich meist problemlos möglich, sofern eine geeignete Ladestation zur Verfügung steht. Deutlich herausfordernder wird es für diejenigen,
die regelmäßig, meist beruflich, große Strecken in engen Zeitfenstern zurücklegen müssen. Ein Blick auf den typischen Verkehr von Nutzfahrzeugen
auf Autobahnen und insbesondere die dazugehörigen Tank- und Raststätten
zum Betanken der Fahrzeuge lässt schnell ahnen, was eine Vervielfachung
der heutigen Tankzeiten bedeuten würde (siehe Kap. 1).

Die staatliche Autobahn GmbH soll ein Lkw-Schnellladenetz mit rund
350 Standorten entlang der Bundesautobahnen errichten. Davon entfallen
ca. 220 auf bewirtschaftete und ca. 130 auf nicht bewirtschaftete Rastanlagen. Insgesamt wird an diesen Standorten die Errichtung und der Betrieb
von rund 1800 Ladepunkten, die bis zu 1,6 MW Ladeleistung ermöglichen sollen, und von 2400 Schnellladepunkten mit noch höherer Leistung angestrebt. Die Nationale Leitstelle Ladeinfrastruktur (Nationale
Leitstelle, 2025), die im Auftrag des Bundesverkehrsministeriums handelt, plant aktuell ein Deutschlandnetz mit 9000 Ladepunkten an 1000
Standorten, um eine Grundversorgung zum Laden batterieelektrischer
Pkw zu schaffen. In beiden Fällen entsteht eine staatliche Infrastruktur,
die in Konkurrenz zur privatwirtschaftlich errichteten steht. Das widerspricht allen marktwirtschaftlichen Prinzipien und stellt das ohnehin

schon problematische Geschäftsmodell für private Betreiber grundsätzlich infrage.

Bei Nutzfahrzeugen ist neben der öffentlichen Ladeinfrastruktur das Laden an Betriebshöfen eine zwingende Voraussetzung. In Deutschland gibt es etwa 15.000 Speditionen und 3000 Busbetreiber. Große Speditionen haben jeweils bis zu 100 Betriebshöfe und viele dieser Betriebshöfe müssen mehr als 100 Lkw oder Busse versorgen (Nationale Leitstelle 2025; Nefton Report 2024). In Kap. 1 haben wir die notwendigen Leistungen abgeschätzt, die im deutschen Stromnetz dafür bereitgestellt werden müssten: Es handelt sich um mehr als 100 GW zusätzlicher Übertragungsleistung.

Die Voraussetzung, dass diese Leistung erbracht werden kann, ist ein extrem teurer, gigantischer Ausbau des Stromnetzes. Für den Betrieb der Ladeinfrastruktur ist die bedarfsgerechte Verfügbarkeit von CO_2-freiem Strom Voraussetzung, um realen Nullemissionsbetrieb zu ermöglichen. Die meisten Raststätten liegen abseits der dafür geeigneten StromInfrastruktur. Um das zu ändern, wäre ein entsprechender Ausbau des Mittelspannungsnetzes erforderlich. Nicht genug damit, gibt es sogar Vorstellungen, ein Hochspannungsnetz an die Raststätten zu legen (Nationale Leitstelle 2025). Vergleicht man das mit den Erfahrungen beim Ausbau des Stromnetzes in den letzten Jahrzehnten, wird schnell klar, dass ein Vorhaben dieser Dimension mit den dafür nötigen Investitionen utopisch ist. Gleichzeitig entsteht derzeit ein Wasserstoffkernnetz, das in wesentlichen Teilen auf dem bestehenden Erdgasnetz aufbaut und nur einen Bruchteil der Kosten verursacht. Dass es sich dabei um eine komplementäre Infrastruktur handelt, wenn man die systemischen Synergien nutzt, ist vielen Akteuren offenbar entgangen.

Am 27.11.2023 veröffentlichte die Bundesnetzagentur eine Pressemitteilung, die darauf hinwies, dass das Stromnetz und dessen Kapazitäten nicht auf den erhöhten Bedarf für die Elektromobilität ausgelegt sind. Das gesamte deutsche Stromnetz hat heute eine Übertragungsleistung von etwa 80 GW. Besonders die Stromverteilernetze arbeiten am Limit, weshalb häufig die Netzkapazitäten für eine Schnellladung fehlen. Ab 2024 trat deshalb der neue Paragraf 14a) des Energiewirtschaftsgesetzes (EnWG) in Kraft, der es Netzbetreibern erlaubt, die Stromlieferung an eine Ladesäule oder Wärmepumpe auf bis zu 4,2 kW Leistung zu drosseln, wenn die elektrische Energie knapp wird. Sie sind dann jedoch dazu verpflichtet, diese Drosselung zu veröffentlichen und in den Ausbau des betroffenen Teils des Stromnetzes zu investieren. Das soll einen Zusammenbruch der Stromversorgung verhindern (meenergy 2023). Diese Vorgehensweise beleuchtet die Konflikte, mit denen die Stromnetze bereits heute, bei einer noch sehr geringen Population an E-Fahrzeugen, konfrontiert sind.

Inzwischen gibt es Schnellladesäulen, die mit einem Batteriespeicher gekoppelt sind. Für ihren Betrieb ist ein deutlich geringerer Ausbau des Stromnetzes erforderlich, der Speicher kann gleichzeitig für den Stromhandel und die Netzstabilisierung eingesetzt werden und somit das unzureichende Geschäftsmodell von Ladestationen verbessern. Mit dem ohnehin notwendigen, massiven Ausbau an Speichern zeichnet sich ein sinnvoller Weg für die Optimierung der Ladeinfrastruktur ab, der jedoch die grundsätzlichen Herausforderungen des massiven Strombedarfs einer überwiegend auf batterieelektrischen Antrieben basierenden Mobilität nicht lösen kann (siehe Kap. 1).

Nachdem zahlreichen Akteuren sehr spät bewusst wurde, dass erneuerbare Energien nicht zuverlässig und bedarfsgerecht zur Verfügung stehen, entstand die Idee, in Zeiten von Engpässen die Batterien von E-Fahrzeugen zum Einspeisen in das Netz zu nutzen (Vehicle to Grid, V2G) und so das Problem aufzulösen. Dieser Vorschlag beleuchtet schlaglichtartig die Hilflosigkeit der Protagonisten einer „Systemtransformation". Fahrzeuge werden in der Regel als Fortbewegungsmittel eingesetzt und stehen, wenn sie ihrer vorgesehenen Funktion nachkommen, nicht für die Einspeisung von Strom zur Verfügung. Werden sie aber nicht benutzt, hängen sie typischerweise selbst stundenlang an der Wallbox mit 11 kW, damit sie am nächsten Tag ausreichend geladen sind. Sie liefern in diesem Fall keinen Strom, sondern verbrauchen ihn. Natürlich kann man nicht ausschließen, dass es in Einzelfällen funktioniert, jedoch werden diese keinen nennenswerten Beitrag zur Gesamtbilanz leisten können. Dazu kommt an öffentlichen Ladesäulen die Blockiergebühr nach 4 h, die eingeführt wurde, um sie für den nächsten Kunden verfügbar zu machen. Auch das passt nicht zur V2G-Philosophie, die überhaupt nur funktionieren kann, solange das Fahrzeug mit dem Stromnetz verbunden ist. Nicht vergessen sollte man in diesem Zusammenhang, dass Laden und Entladen von Batterien Degradation bedeutet. Fahrzeugbatterien werden wie alle Antriebe auf die Lebensdauer des Fahrzeugs ausgelegt. Würde man sie regelmäßig zur Netzeinspeisung nutzen, verkürzt sich ihre Lebensdauer genau um die Anzahl dieser Zyklen. Wenn solche Argumente auch noch von Autoherstellern genutzt werden, kennen sie nicht einmal das Einmaleins ihrer Lebensdaueranforderung oder ignorieren sie.

Das Dilemma des Geschäftsmodells von Ladesäulen zeigen die unterschiedlichen Positionen des VDA und des BDEW. Die Automobilindustrie (VDA) wird nicht müde, immer mehr Ladesäulen für ihre Kunden zu fordern. Gleichzeitig betont die Energiewirtschaft (BDEW), dass die europäischen Vorgaben zur Ladeinfrastruktur in Deutschland mehr als übererfüllt sind und die Auslastung der Ladesäulen sehr gering ist. Diese beiden kontroversen Feststellungen machen den zugrundeliegenden Zielkonflikt sichtbar: Um eine zufriedenstellende Verfügbarkeit der Ladesäulen sicherzustellen, benötigt man sie flächendeckend in großer Zahl. Der Nutzungsgrad der Ladesäulen steht jedoch im umgekehrten Verhältnis zu ihrer Anzahl.

Realistisch gesehen gibt es heute und auf absehbare Zeit kein Potenzial für eine flächendeckende, nutzerfreundliche Ladeinfrastruktur (siehe Kap. 1), um eine Umstellung der gesamten Fahrzeugflotte auf batterieelektrische Antriebe zu realisieren, wie von vielen Politikern und Teilen der Industrie erträumt bzw. gewünscht. Der benötigte Flächenbedarf, die Herausforderungen des Netzausbaus und die dafür erforderliche Übertragungsleistung sind schwerwiegende zentrale Hindernisse. Auch dieses Thema findet kaum Beachtung. Die im Rahmen des EnWG vorgesehenen Drosselungen machen ein bereits volatiles System noch anfälliger und gehen zulasten der Kunden. Der Strombedarf für den gewünschten Aufwuchs von Wärmepumpen und die dafür nötige Netzübertragungsleistung sind in diesem Szenario noch nicht einmal berücksichtigt. Letztlich entscheidend ist die nötige Versorgung mit grünem Strom, der für eine komplette batterieelektrische Flotte jederzeit und in ausreichender Menge bereitgestellt werden müsste, weil sie sonst ihren Zweck nicht erfüllt. Zusätzlich zum Netzausbau würde das eine weitere deutliche Erhöhung der Erzeugungskapazitäten und den Aufbau riesiger Speicherkapazitäten nötig machen. Ein solches System wäre weder umsetzbar noch wünschenswert, denn es ist extrem teuer und ineffizient.

Der Energieträger Wasserstoff ist unverzichtbarer Bestandteil für die Stabilisierung eines von erneuerbaren Energien dominierten Erzeugungssystems, denn er ist gut speicherbar und kann deshalb jederzeit bedarfsgerecht zur Verfügung gestellt werden. Die Betankung eines Brennstoffzellenfahrzeugs mit einem 700-bar-Drucktank ist Stand der Technik und vieltausendfach erprobt. Abgesehen von einer speziellen Kupplung für die Befüllung des Gastanks erfolgt der Tankvorgang vergleichbar mit komprimiertem Erdgas (CNG) und dauert bei einem Pkw nur wenige Minuten, so wie bei konventionellen Fahrzeugen. Die H_2-Tankstationen können unter Beachtung der relevanten Sicherheitsaspekte und des Platzbedarfs der Gastanks an den meisten Standorten in das bestehende öffentliche Tankstellennetz integriert werden. Die Sicherheit der Nutzung von Wasserstoff ist nach allen Regeln der Kunst untersucht und nicht mehr oder weniger herausfordernd als bei jedem anderen Kraftstoff, soll hier jedoch nicht weiter diskutiert werden. Für weitergehendes Interesse gibt es eine gute, zusammenfassende Publikation zu diesem Thema vom Deutschen Wasserstoffverband (DWV 2023). In der Vergangenheit gab es einige Kritik in Bezug auf Zuverlässigkeit, Kosten oder Energieverbrauch der Wasserstofftankstellen (Beispiel Kalifornien).

Diese Kritik bezog sich überwiegend auf die erste Generation an Tankstellen. Mit der Industrialisierung und zunehmendem Wettbewerb wurden Zug um Zug viele Verbesserungen eingeführt, wie das bei allen Technologien auch in der Vergangenheit der Fall war.

Der Ausbau des H_2-Tankstellennetzes in Deutschland stagniert seit drei bis vier Jahren, nachdem er zuvor nur sehr langsame Fortschritte machte. Zurzeit sind etwa 80 H_2-Tankstellen in Betrieb. Die Zahlen differieren geringfügig je nach Quelle, liegen jedoch deutlich unter den ursprünglich vorgesehenen Ausbauzielen, die ihrerseits bereits nicht besonders ambitioniert waren. Verschiedene Studien haben errechnet, dass für die anfängliche flächendeckende Versorgung in Deutschland zwischen 150 und 200 H_2-Tankstellen benötigt werden. Vergleicht man die Anzahl der Autobahnraststätten als Referenzgröße für eine akzeptable Flächenverteilung, ist wohl eher von 400 bis 500 auszugehen. Um 2015 gab es fest vereinbarte Pläne bei H_2 Mobility und auch Förderzusagen, um 400 Tankstellen für Pkw aufzubauen. Mit dem politischen Wechsel hin zur batterieelektrischen Mobilität wurde dieses Vorhaben auf Eis gelegt. Erst jüngst ist der Ausbau, diesmal für 350-bar-Lkw-Tankstellen, wieder aufgenommen worden. Leider wird jedoch keine duale Nutzung, d. h. für Lkw und Pkw, vorgesehen. Die spätere Erweiterung von 700-bar-Tankstellen für Pkw auf 350-bar-Anschlüsse für Lkw ist mit überschaubarem Aufwand machbar. Der umgekehrte Weg, die Erhöhung des Befülldrucks von 350 auf 700 bar, verursacht einen erheblichen Zusatzaufwand. Durch mangelhafte Einschätzungen wird so viel Zeit und Geld verschwendet, wenn die Tankstellen später für die duale Nutzung nachgerüstet werden sollen oder zusätzlich aufgebaut werden müssen. Ein Blick in die Schweiz hätte genügt, um den besseren Weg über Doppeldrucktankstellen zu erkennen.

Trotz der bestehenden Hindernisse besitzen Funktionalität, Machbarkeit und Kosten der H2-Infrastruktur ein deutlich realistischeres Potenzial als der Aufbau einer flächendeckenden Ladeinfrastruktur. Deutschland gehörte einmal zu den Pionieren, doch das liegt inzwischen mehr als 15 Jahre zurück. Der derzeitige Stillstand verhindert ein Wachstum der Brennstoffzellenfahrzeugpopulation und ist ein kritisches Risiko für die Anschlussfähigkeit des Standorts zur kommerziellen Einführung der Technologie.

Die Stagnation wirkt sich auf die Bereitstellung grünen Wasserstoffs aus, die bisher wenig bis nicht attraktiv für Investoren ist. Würde man fossilen Wasserstoff als Übergangslösung akzeptieren, der in der Energiebilanz nicht schlechter ist als ein Verbrenner mit Benzin oder Diesel, könnte ein Ausbau der Infrastruktur pragmatisch vorangetrieben werden. Mit Verfügbarkeit des Wasserstoffkernnetzes, um die Stahl-, Chemie- und Energiewirtschaft zu versorgen, wird es in einigen Jahren die logistischen Voraussetzungen geben, ausreichende

Mengen an grünem Wasserstoff bereitzustellen. Er sollte dann auch der Nutzung im Verkehr zugeführt werden. Die Infrastruktur für seine Nutzung wäre bereits vorhanden.

Nach einer Untersuchung des Deutschen Vereins des Gas- und Wasserfachs (DVGW) werden für die Elektrolyse von 1 kg Wasserstoff je nach Wasserquelle zwischen 10 und 30 Wasser benötigt, das zunächst in Reinstwasser umgewandelt werden muss. Als Quellen kommen je nach geografischer Verfügbarkeit natürliche Süßwasservorkommen, Abwasser und entsalztes Meerwasser infrage. Bezogen auf Deutschland werden mittelfristig keine Knappheiten gesehen (DVGW 2023). In anderen Regionen, z. B. dem Sonnengürtel der Erde, wird man vorwiegend auf Entsalzung von Meerwasser zurückgreifen, was für die Trinkwasserversorgung der vielen Metropolen auf der arabischen Halbinsel ohnehin notwendig ist und bereits in großem Stil praktiziert wird. Auch für die Förderung von Rohöl werden heute riesige Mengen an Süßwasser benötigt (Enhanced Oil Recovery).

Die wenigen und sehr groben Überlegungen, die wir zu diesem Thema angestellt haben, zeigen eines ganz deutlich: Es fehlt an einem übergreifenden Verständnis der Zusammenhänge und einem realistischen Entwicklungskonzept für die Elektromobilität, das auf diesem Verständnis aufbaut. Die extreme Fokussierung auf eine Technologie und die fragmentierte Herangehensweise in der Energiewende sind fundamentale und sehr teure Fehler, nicht nur für den Steuerzahler, sondern auch für die beteiligten Unternehmen und ein Risiko für den Standort Deutschland.

6.3   Betrachtungen zur Wirtschaftlichkeit

Der Allgemeine Deutsche Automobil-Club (ADAC) hat 2024 einen Kostenvergleich zwischen batterieelektrischen Fahrzeugen, Plug-in-Hybriden, Benzinern und Dieselfahrzeugen durchgeführt. Batterieelektrische Fahrzeuge waren danach im Anschaffungspreis zwischen 10 und 30 % teurer als vergleichbare Benziner oder Diesel. Die Werte variieren stark zwischen den einzelnen Herstellern, in Abhängigkeit von ihrer Preispolitik.

Mit den rasant steigenden Produktionsmengen haben sich die Kosten für Fahrzeugbatterien in den vergangenen Jahren dramatisch reduziert. Von etwa 1000 €/kWh vor 15 Jahren sind die Preise auf etwa 60 €/kWh für Zellen und 100 €/kWh für Batteriesysteme gefallen. Ausschlaggebend für die Kosten der Zellen ist die gesamte Wertschöpfungskette von den Rohstoffen, deren Aufbereitung zu batterietauglichen Materialien bis hin zu technologisch entscheidenden Komponenten und der Beherrschung voll automatisierter Produktionsprozesse mit minimalen Ausschussraten. Mit den heutigen Batteriekosten nähern sich die Kosten für die Herstellung von E-Fahrzeugen den Kosten konventioneller Fahrzeuge an.

Die Fahrzeughersteller spezifizieren für alle Pkw-Antriebe eine maximale Degradation von 10 % nach einer Betriebsdauer von 6000 h. Das entspricht deutlich weniger als 1000 Lade-/Entladezyklen. Es ist das sogenannte End-of-Life-Kriterium (EoL-Kriterium) jeder Fahrzeugspezifikation. Es bedeutet, dass am Ende der Lebensdauer des Antriebs noch 90 % der ursprünglichen Leistung verfügbar sein müssen. Dieses Spezifikationsziel gibt es aus guten Gründen, denn es handelt sich bei Pkw um hochwertige und teure Investitionen, deren Eigenschaften verlässlich garantiert werden müssen. Die durchschnittliche Fahrleistung eines Pkw beträgt in Deutschland ca. 12.000 km pro Jahr. Bei einer Durchschnittsgeschwindigkeit von 45 km/h sind das etwa 267 Betriebsstunden. Daraus ergibt sich eine Lebensdauer von etwas mehr als 20 Jahren mit einer Gesamtlaufleistung von 240.000 km. Deutlich anders sind die Anforderungen bei Nutzfahrzeugen, die häufig Jahreslaufleistungen von 100.000 Kilometer haben. Wenn das noch mit häufigem Schnellladen verbunden ist, bedarf es deutlich besserer Batterien, als sie heute im Pkw zum Einsatz kommen.

Öffentlich zugängliche Untersuchungen zur Lebensdauer von Antriebsbatterien sind dünn gesät. Den besten Zugang zur Thematik bietet eine aktuelle Studie der Beratungsfirma P 3, die Daten von 7000 batterieelektrischen Fahrzeugen analysiert hat. Nach dieser Analyse beträgt die verfügbare Batteriekapazität nach 100.000 km Fahrleistung im Durchschnitt 90 % und degradiert danach nur noch wenig, sodass auch nach 200.000–300.000 km noch etwa 87 % der Kapazität zur Verfügung stehen (electrive 2024). Sofern das zutrifft, ergibt sich ein geringfügiger Lebensdauernachteil für Batterien, der jedoch bei den angegebenen Fahrleistungen kaum ins Gewicht fallen sollte.

Glaubt man der öffentlichen Debatte zu Brennstoffzellen, sind sie viel zu teuer und werden es immer bleiben. Überraschenderweise hört man dieses Vorurteil auch aus einigen Automobilfirmen, die es aufgrund der ihnen zugänglichen Informationen besser wissen sollten. Wahr ist, dass die Suche nach aussagefähigen Herstellkosten für Brennstoffzellen auf viele Hindernisse stößt. Das größte Hindernis ist eine Blackbox, die von den meisten Autoherstellern um ihre Kostenanalysen errichtet wird. Die Gründe seien dahingestellt. Auch sonst gibt es nur wenige, meist vage Veröffentlichungen aus der Industrie zu diesem Thema. Also beschäftigen wir uns ein wenig mit den uns bekannten Fakten.

Zunächst ist wichtig zu verstehen, dass der Vergleich von Verkaufspreisen der Analyse nicht weiterhelfen würde, da es gegenwärtig nur wenige internationale Hersteller (Toyota, Hyundai) mit geringen Fertigungsstückzahlen und entsprechend hohen Fertigungskosten gibt. Infolge der Preispolitik (Quersubventionierung) der Hersteller lassen sich aus den Verkaufspreisen keine unmittelbaren Schlüsse auf die Fertigungskosten ziehen. Die internationale Referenz für alle an der Thematik Interessierten bilden seit vielen Jahren die Fertigungskostenanalysen, die im Auftrag des DOE durchgeführt wurden. In der letzten veröffentlichten Analyse von 2017 wurden für den Brennstoffzellenstack bei einer Fertigungsrate von 50.000 Einheiten pro Jahr Kosten von 24,75 US$/kW ermittelt und 27,79 US$/kW für die sogenannte Balance of Plant (BoP), d. h. das benötigte Systemumfeld. Die Gesamtkosten des Brennstoffzellensystems belaufen sich danach auf 52,54 US$/kW (James et al. 2017). Mit diesen Kosten, die im Bereich der uns bekannten Zielkosten der Autoindustrie liegen, ist die Technologie wettbewerbsfähig im Vergleich zum Verbrenner.

Unter Beteiligung von vier großen deutschen Autoherstellern und renommierten Zulieferern wurde im Projekt AutoStack Industrie (ASI) eine fortgeschrittene Stacktechnologie mit der heute höchsten, international bekannten Leistungsdichte von 7,6 kW/l für den Zellstapel entwickelt. Ein zentrales Thema war die Entwicklung einer Hochleistungs-MEA (Membran-Elektroden-Assembly) (siehe Kap. 2), die hohe Stromdichten ermöglicht und gleichzeitig die Robustheits- und Lebensdaueranforderungen erfüllt. Die Platinbeladung der Elektroden und die Materialkombinationen der MEA wurden mit hohem Versuchs- und Materialaufwand validiert und optimiert. Entscheidend für die Kostenreduktion war eine substanzielle Erhöhung der Stromdichte, die im Maximum 2,5 A/cm^2 beträgt. Funktionalität und Lebensdauer des Stacks wurden in mehr als 40.000 h Testbetrieb zahlreicher Versuchsmuster nachgewiesen. Die Degradation der Stackleistung von $\leq 10\,\%$ nach 6000 Betriebsstunden erfüllt das EoL-Kriterium der Autoindustrie. Die direkten Herstellkosten des Stacks liegen bei 47,00 €/kW auf Basis einer Fertigungsmenge von 30.000/Jahr. Trotz erheblicher Materialkostensteigerungen der letzten Jahre liegen sie bereits heute, ohne Berücksichtigung der zukünftigen Lernkurven, nur 20 % über dem Kostenziel der Autohersteller.

Die Kraftstoffkosten, die ganz wesentlich die Betriebskosten eines Fahrzeugs bestimmen, bedürfen ebenfalls einer differenzierten Betrachtung. Für jeden Kraftstoff wird heute eine andere Einheit verwendet: Bei Benzin und Diesel sind es Liter, bei Wasserstoff kg und bei Strom kWh. Während die Herstellkosten für fossile Kraftstoffe im Bereich von 20 bis 40 ct/l (2–4 ct/kWh) liegen, muss an der Zapfsäule aktuell zwischen 1,55 und 1,80 €/l (oder 18 ct/kWh) bezahlt werden. Der Verbrauch liegt je nach Fahrzeuggröße und Fahrstil zwischen fünf und deutlich mehr als 10 l/100 km (50 bis mehr als 100 kWh/100 km). Daraus resultieren Kraftstoffkosten im Bereich von 7,75 bis weit über 18 € pro 100 km. Ein Brennstoffzellenfahrzeug (Oberklasse) verbraucht nach heutigem Stand zwischen 0,8 und 1,0 kg/Wasserstoff/100 km (oder 26–33 kWh/100 km). Der aktuelle Wasserstoffpreis beträgt in Deutschland 12,85 € (oder 39 ct/kWh). Bis Juni 2022, d. h. vor Beginn der allgemeinen Energieverteuerung kostete ein Kilogramm 9,50 €. Es war die erste Preiserhöhung durch H2 Mobility seit 10 Jahren. Bei einem Verbrauch von 0,8 kg liegen die Wasserstoffkosten für 100 km danach bei 10,28 € (insideevs 2024) bei aktuellen Herstellkosten von 6 bis 8 €/kg.

Der Preis für das Stromtanken an einer eigenen Photovoltaikanlage ist unschlagbar günstig. Für einen Vergleich zu den beiden anderen Technologien ist es sinnvoll, die Preise der öffentlichen Ladesäulen heranzuziehen. Sie liegen im Bereich von 50 bis über 80 ct/kWh für Schnellladen, das aber immer noch mindestens 10-mal so lange dauert wie das Tanken von Benzin oder Wasserstoff. Für Schnellladen und einen realen Verbrauch zwischen 20 und 30 kWh pro 100 km entspricht das Kosten von 16 bis 24 €/100 km.

Die Amortisation der Ladeinfrastruktur und des Netzausbaus für batterieelektrische Fahrzeuge ist kaum machbar, da die typische Auslastung von Tanksäulen bei 10–15 % liegt. Als Geschäftsmodell kann sich das nur tragen, wenn dauerhaft subventioniert wird oder sehr hohe Preise für das Laden erzielt werden können, was jedoch prohibitiv für den Absatz batterieelektrischer Fahrzeuge wäre. Tesla operiert dagegen mit einem integrierten Geschäftsmodell von der Batterie über das Auto bis zum Ladepark und Stromspeicher. Der dafür nötige wirtschaftliche Spielraum entsteht vermutlich auch aus den Einnahmen für den Verkauf von CO_2-Zertifikaten, den das Unternehmen bei der Gestaltung der Preise nutzt und für einige Modelle sogar kostenloses Laden anbietet.

Ähnlich wie beim Strompreis sind die Kosten des Wasserstoffs von mehreren volatilen Variablen abhängig. Verglichen mit dem Verbrauch von konventionellen Kraftstoffen bewegt sich der gesamte Verbrauch von Wasserstoff für den Transportbereich heute noch im homöopathischen Bereich. Das hat Folgen für die Herstellkosten und die Fixkosten der Infrastruktur. Andererseits wird Wasserstoff bisher nicht als Kraftstoff versteuert und hat daher einen politisch gewollten Kostenvorteil. Wichtiger für die Beurteilung ist jedoch die zukünftige Entwicklung der Produktionskosten von Wasserstoff.

In einer informativen Metastudie der Universität Münster wurden insgesamt 7000 Veröffentlichungen der letzten zwei Jahrzehnte zu diesem Thema analysiert (Münster 2024). Bereits 2020 lagen die Herstellkosten pro kg danach zwischen 3,98 (Median) und 5,35 € (Average). Für 2030 werden Kosten von 2,83 und 3,48 € erwartet und sollen laut der Studie bis 2050 auf 2,28 und 2,75 € sinken. Dabei sind die Aussichten für alle Herstellpfade und Methoden trotz einer gewissen Varianz ähnlich günstig, einschließlich des Pfads über Elektrolyse. Da ein größerer Teil dieses Wasserstoffs zukünftig aus sonnen- oder windreichen Gegenden importiert werden muss, fallen geringfügig höhere Logistikkosten in der Größenordnung von 10 Cent pro kg an, die das Gesamtbild jedoch nicht grundsätzlich ändern.

Zusammenfassend kann festgehalten werden, dass die angeblich hohen Kosten von Wasserstoff im Vergleich zu Strom einer faktischen Analyse nicht standhalten. Die Aussichten für eine kostengünstige Bereitstellung grünen Wasserstoffs und seine zukünftige Wettbewerbsfähigkeit sind durchaus vielversprechend.

6.4   Ressourcenverbrauch und -verfügbarkeit

Für den Bau moderner Fahrzeugbatterien werden mineralische Rohstoffe wie Lithium, Nickel, Kobalt, Grafit, Aluminium und Mangan benötigt. „Eine durchschnittliche NMC-Batterie (Nickel-Mangan-Kobalt) enthält beispielsweise 11 kg Mangan, 4,5 kg Lithium und 12 kg Nickel und Kobalt" (BWZE 2024). Es handelt sich nicht um geringfügige Mengen, sondern um einen hohen und aufgrund der steigenden Produktionszahlen wachsenden Bedarf an diesen Rohstoffen. Nach Schätzungen wird der Bedarf an Nickel bis 2035 um 476 % und für Lithium um 650 % verglichen mit 2018 steigen. Nach anderen Schätzungen wird sich der Bedarf an Kobalt bis 2030 verzwanzigfachen.

Kobaltförderung: Sie wird mit einem Anteil von 69 % seit über 10 Jahren von der Republik Kongo dominiert, die diesen in Zukunft sogar noch ausbauen könnte. Danach folgt Kanada mit 16 %. Eine Reihe weiterer Länder teilen sich in die verbleibenden 15 %. Die Weiterverarbeitung von Kobalt findet zu 60 % in China statt (DERA 2024).

Nickel: Der mit Abstand größte weltweite Nickelbergwerksproduzent ist Indonesien. Um die Energiedichte von Batterien zu erhöhen, werden die Nickelanteile in optimierten Zellen zukünftig deutlich erhöht. Jedoch ist aus wirtschaftlichen Gründen nur bei etwa der Hälfte des weltweit geförderten Nickels die Weiterverarbeitung zu batterietauglichem Nickelsulfat möglich. In der Gewinnung und Weiterverarbeitung von Nickel spielen Flächennutzung, Wasser- und Energieeinsatz, Emissionen und der Umgang mit Bergbaureststoffen eine kritische Rolle (DERA 2024).

Mangan ist ebenfalls ein wesentlicher Bestandteil der Fahrzeugbatterien. Es wird in Form von Mangansulfat oder Manganoxid als Vorprodukt eingesetzt. Dessen Herstellung findet ebenfalls zu über 90 % in China statt, das

70 % des weltweiten Manganerzes importiert. Die Versorgung mit Mangan wird aktuell als unkritisch angesehen (DERA 2024).

Lithium-Eisen-Phosphat (LFP) als Kathodenmaterial kommt seit wenigen Jahren verstärkt zum Einsatz. Damit können die Rohstoffprobleme entschärft werden. Auch die Ökobilanz und das Sicherheitsverhalten verbessern sich mit diesem Material deutlich. Der Nachteil ist die geringere Energiedichte im Vergleich zu den nickel- und kobalthaltigen Batterien. LFP-Batterien eignen sich für Fahrzeuge mit geringeren Ansprüchen an die Reichweite und vor allem für die vielen stationären Stromspeicher. Alle modernen Antriebsbatterien sind auf Lithium als Bestandteil des Kathodenmaterials angewiesen. Die Förderung ist auf drei Länder konzentriert. Australien ist größter Bergwerksproduzent, gefolgt von China und Südamerika, insbesondere Chile und Argentinien. Vier Unternehmen kontrollieren die globale Produktion. Der Lithiumpreis hat sich seit Mitte 2016 verdreifacht. Chinesische Firmen suchen über strategische Beteiligungen zunehmend Einfluss auf den Lithiummarkt zu nehmen (DERA 2024). Ein Beispiel dafür ist der von China finanzierte Bau eines Megahafens in Peru, mit dem der direkte Zugriff auf die großen Lithiumvorkommen in Südamerika gesichert werden soll.

Nach jahrelangen intensiven Forschungsarbeiten haben inzwischen erste Natrium-Ionen-Batterien den Einzug in den Markt gefunden. Diese erreichen derzeit noch nicht die Energiedichte und Kosten der etablierten Fahrzeugbatterien. Wie bei allen neuen Batterietechnologien sind Asien und insbesondere chinesische Hersteller führend in der Entwicklung und beherrschen auch hier die Märkte.

Grafit ist mengen- und wertmäßig ein sehr wichtiger Bestandtei der Batterieanoden. Chinas Anteil an der Förderung von Flockengrafit beträgt ca. 70 %. Seine Aufbereitung erfordert energie- und chemikalienintensive Prozessschritte und findet ebenfalls größtenteils in China sowie Japan statt. Auch bei der Anodenproduktion bestimmen chinesische Unternehmen den Markt. Neue Grafitlagerstätten werden in Mosambik, Tansania und Madagaskar erschlossen, sodass in Zukunft eine gewisse Diversifizierung erwartet werden kann.

Die Märkte für diese Rohstoffe, insbesondere für Lithium und Kobalt, verzeichneten seit 2016 eine extreme Volatilität (bei Kobalt zwischen 21.000 und 95.000 US$/Tonne), die die Unsicherheiten der zukünftigen Nachfrage zum Ausdruck brachte. Die Nachfragesteigerung durch die Elektromobilität war gleichzeitig Ausgangspunkt für einen weltweiten Explorationsboom. Nach wie vor weisen viele Batterierohstoffe hohe Kosten- und Versorgungsrisiken auf. Die Deutsche Rohstoffagentur (DERA) sieht wegen der politischen Unsicherheit im Kongo aktuell die größten Risiken bei der Versorgung mit Kobalt (DERA 2024).

Das **Recycling** von Traktionsbatterien für industrielle Serienanwendungen steht noch am Anfang der Entwicklung. Eine wachsende Anzahl von Projekten widmet sich diesem Thema, jedoch zeitverzögert zum Markthochlauf. Batterierecycling ist aufwendig und erfordert unterschiedliche Prozesskombinationen. Die leichte Brennbarkeit und Toxizität einiger Materialien sowie die Komplexität infrage kommender Trennverfahren in Kombination mit einer Vielzahl von Batteriemodellen lassen kaum Standardisierung zu (DERA 2024). Die Aktivitäten zum Recycling haben inzwischen an Dynamik zugenommen. Es dauert jedoch etwa 10–15 Jahre, bis die Produkte an ihr Lebensende kommen und zum Recyceln zur Verfügung stehen. Der Markthochlauf, der sich über Jahrzehnte hinziehen wird, muss zunächst mit neuen Rohstoffen bedient werden. Auch asiatische Konzerne werden versuchen, einen starken Einfluss auf das Recyclinggeschäft zu nehmen. Jedoch öffnet sich hier ein Fenster für europäische Recyclingfirmen, die einseitige Rohstoffabhängigkeit zukünftig zu verringern.

Kupfer ist der vielleicht kritischste, aber öffentlich am wenigsten diskutierte Rohstoff. In den Elektrofahrzeugen kann der Einsatz durch die 800-Volt-Technologie reduziert werden. Für den geplanten Ausbau des Stromnetzes und der Ladeinfrastruktur wird der Bedarf extrem hoch bleiben. Aufgrund der jahrzehntelangen Nutzung dieser Infrastruktur spielt Recyceln keine unmittelbare Rolle und kann nicht zur Entlastung beitragen.

Deutlich anders stellt sich die Situation bei Brennstoffzellen dar: Der wichtigste und einzige seltene Rohstoff und zugleich ein wesentliches Kostenelement von Brennstoffzellen ist Platin. Verglichen mit dem Einsatz von Rohstoffen in Batterien handelt es sich bei der Beladung der Elektroden von Brennstoffzellen um Kleinstmengen. Für eine 100-kW-Brennstoffzelle kommen je nach Konstruktion etwa 20–30 g Platin zum Einsatz. Die Menge ist etwas höher als für Abgaskatalysatoren konventioneller Motoren; demnach handelt es sich nicht um neue Größenordnungen und absolut gesehen um nach wie vor geringe Mengen, die in vielen Fällen als Substitution des Einsatzes heutiger Abgaskatalysatoren betrachtet werden können.

Der mit Abstand größte Bergwerksförderer ist Südafrika mit etwa 73 %, gefolgt von Russland mit 13 % und Simbabwe mit 6 % Anteil an der Gesamtförderung. Auch 95 % der Reserven befinden sich in Südafrika. Die Förderung befindet sich zu 43 % in den Händen britischer Unternehmen wie Anglo-American und Lonmin. Weitere 25 % entfallen auf südafrikanische Firmen. Der Rest verteilt sich auf Russland mit 11 %, Australien mit 3 %, die Schweizer Glencore mit knapp 3 % sowie eine Anzahl weiterer Unternehmen. Die weltweite Fördermenge betrug 2015 etwa 190 t/Jahr und lag seitdem etwas darunter. Etwa ein Viertel des Gesamtbedarfs wird, anders als noch bei Batterien, bereits heute aus Recycling befriedigt. Die weltweiten förderfähigen Reserven werden auf 70.000 t geschätzt (BGR 2016).

Platin: Der Bedarf an Platinmetallen wächst. Die wesentlichen Treiber dafür sind Wasserstofftechnologien, Abgaskatalysatoren und natürlich Brennstoffzellen. Es gibt jedoch gegenläufige Substitutionseffekte, z. B. der Ersatz von Verbrennern durch batterieelektrische Fahrzeuge, die kein Platin benötigen, oder der Ersatz von Verbrennern durch Brennstoffzellen, wodurch der Bedarf für Abgaskatalysatoren entfällt. Das Recycling von Platin ist seit Langem etabliert. Die größte Menge des Edelmetalls wird heute aus Abgaskatalysatoren recycelt. Zukünftig kann die Brennstoffzelle diese Rolle übernehmen. Einer der Vorreiter ist Bosch, die als etablierter Serienhersteller von Brennstoffzellen beabsichtigen, die Brennstoffzellen am Ende der Nutzungsdauer im Fahrzeug zurückzukaufen und das Platin durch Spezialisten recyceln zu lassen. Es wird erwartet, dass mindestens 95 % des Platins zurückgewonnen werden können. Der bei der Förderung entstehende CO_2-Abdruck wird mit wachsenden Recyclingmengen deutlich verringert.

In der Gesamtschau zeigt sich, dass die Wertschöpfungskette bei Batterierohstoffen in weiten Teilen von China dominiert wird. Bei Lithium gehört China nach Australien zu den größten Förderern und sichert sich über strategische Beteiligungen exklusiven Zugang zu Förderquellen. Der Import und die Weiterverarbeitung von Grafit liegen ebenfalls zum größten Teil in China. Dasselbe trifft für Kobalt und Mangan zu. Bereits der Ausfall eines dieser Rohstoffe kann ganze Lieferketten gefährden. Inzwischen gibt es deutliche Hinweise dafür, dass China diese Dominanz nutzt, um Druck auf westliche Wettbewerber auszuüben. Die unlängst eingeführten Exportkontrollen für seltene Erden sind dafür ein deutlicher Beleg. Die bereits stattfindende und absehbare Entwicklung von Recyclingkapazitäten wird zu einer größeren Robustheit der Nachfragesituation führen. Um wenigstens in diesem Bereich den übergroßen Einfluss Chinas zu begrenzen, wäre es strategisch sinnvoll, dass europäische bzw. deutsche Firmen im Recyclingmarkt zukünftig eine wichtige Rolle spielen. Die einseitige Abhängigkeit verlangt eine strategische Risikoanalyse für die zukünftige Technologieschwerpunktsetzung, um der chinesischen Dominanz etwas entgegensetzen zu können.

Die Entwicklung des Platinmarkts für Brennstoffzellen ist eng mit dem Aufwuchs der neuen Technologien im Energie- und Transportsektor verbunden. Die entstehende und in Teilen bereits vorhandene Kreislaufwirtschaft für große Mengen des Gesamtbedarfs wird überschießende Entwicklungen in Verfügbarkeit oder Kostenentwicklung eher unwahrscheinlich machen. Zwar ist auch der Platinmarkt regional hoch konzentriert, jedoch wird ein Großteil der Förderung durch westliche Firmen kontrolliert. Es fällt auf,

Rang	Firma	Herkunft	Kapazität	Marktanteil
1	CATL - Contemporary Amperex Technology	China	308 GWh	35,6%
2	BYD	China	135GWh	15,6%
3	LG Energy Solution	Südkorea	129GWh	14,9%
4	SK on	Südkorea	57GWh	6,6%%
5	SDI Samsung	Südkorea	49GWh	5,7%
6	Panasonic	Japan	41GWh	4,7%
7	China Aviation Lithium Battery Technology - CALB	China	34GWh	3,9%
8	Guoxuan High Tech Power Energy	China	25GWh	2,9%
9	EVE Energy	China	21GWh	2,4%
10	Farasis Energy	China	15GWh	1,7%

Abb. 6.1 Die zehn wichtigsten Hersteller von Batteriezellen für Traktionsbatterien – Stand 2023. (Quelle: technik-einkauf 2024)

dass China – im Gegensatz zu seiner dominierenden Rolle bei Batterierohstoffen – nicht vorkommt. Die Versorgungslage wird als weitgehend unkritisch eingestuft (BMWi 2015). Trotzdem konnte auch beim Platinpreis eine Kostenerhöhung beobachtet werden. In den letzten 20 Jahren stieger von 15 auf 30 €/g. Die Auswirkungen dieser Kostensteigerungen konnten jedoch durch stetige Reduzierung der Platinbeladung der Katalysatoren weitgehend begrenzt werden.

6.5 Wertschöpfung oder die Arbeitsplätze der Zukunft

Der zentrale Teil der Wertschöpfung von Traktionsbatterien, die Zellfertigung, wird durch asiatische Hersteller dominiert. Die 10 größten Unternehmen haben ihren Sitz in Asien. Chinesische Unternehmen haben daran einen Anteil von 60 %, gefolgt von Südkorea mit 32 %. Die einzige verbliebene japanische Firma in diesem Ranking ist Panasonic. Europa kommt darin nicht vor (siehe Abb. 6.1).

Diese Firmen beliefern neben lokalen Fahrzeugherstellern u. a. Mercedes-Benz, BMW, VW, aber auch Tesla, Toyota, Renault, GM, Ford, Stellantis und Hyundai. Sie versorgen die gesamte Automobilwelt mit dem elektrochemischen Herzstück der Technologie, den Zellen. Die großen westlichen Autohersteller sind nicht nur bei Rohstoffen, sondern auch bei Batteriezellen ganz wesentlich von China abhängig. Ein wesentlicher Teil des Antriebs-Know-how liegt damit nicht mehr bei den heimischen Autoherstellern.

Einige Akteure wie Volkswagen versuchen inzwischen, sich durch den Bau eigener Zellfabriken aus dieser Abhängigkeit zu befreien. Das Fraunhofer-Institut für System- und Innovationsforschung (Fraunhofer ISI) sagt bis 2030 jährliche Fertigungskapazitäten für Traktionsbatterien von fast 400 GWh in Deutschland voraus (ISI 2024).

Das Bundesministerium für Bildung und Forschung (BMBF) reagierte bereits 2011 auf die neuen Technologien zur Elektromobilität und führte einen Richtungswechsel in der Forschungslandschaft herbei. Sehr schnell entstand in der Folge eine Pilotfertigung für Batteriezellen. Experten aus der deutschen Produktionsforschung engagierten sich intensiv bei der Optimierung der einzelnen Prozessschritte. Was schließlich fehlte, war die industrielle Umsetzung. Außer Firmen der Automatisierungstechnik hatte die deutsche Industrie sehr lange kein Interesse an einer heimischen Zellfertigung.

Im Jahr 2023 entstand ein neues „Dachkonzept-Batterieforschung", in dem Maßnahmen zur Entwicklung fortgeschrittener Elektroden- und Zellkonzepte enthalten sind, die bis 2026 das Technology Readiness Level 4 (TRL 4, TRL 4 bedeutet: Konzeptnachweis durch Versuchsaufbau im Labor) erreichen sollen. Es geht dabei u. a. um den Ersatz kritischer Rohstoffe wie Kobalt und Nickel. Von TRL 4 werden weitere fünf Entwicklungsschritte bis zur Serienfähigkeit benötigt. Der beabsichtigte Ersatz zentraler, aktuell genutzter Materialien erhöht die Komplexität und die Herausforderungen des Unterfangens erheblich. Es handelt sich um jahrelange Entwicklungen mit großem Mittel-, Ressourcen- und Zeitaufwand. Ob die technologische Aufholjagd erfolgreich sein wird, ist deshalb ungewiss. Es wäre nicht der erste Versuch dieser Art, der scheitert, weil er zu teuer, zu langwierig und zu unsicher ist.

Durch die Einführung batterieelektrischer Antriebe werden zahlreiche Systemkomponenten überflüssig, die heute die Wertschöpfungstiefe im Bereich der Verbrennungsmotoren ausmachen und die Antriebsarchitektur z. T. maßgeblich mitbestimmen. Diese Wertschöpfungstiefe ist eine Stärke der deutschen Automobil- und Zulieferindustrie. Sie ermöglicht innovative Lösungen, hohe Qualität und konkurrenzfähige Kosten. Darüber hinaus bietet sie vielfältige Differenzierungsmöglichkeiten für den Antriebsstrang. Die batterieelektrische Mobilität macht viele dieser Arbeitsplätze überflüssig, ohne dass daraus ein Vorteil für die deutsche Wirtschaft generiert werden kann. Damit stirbt auch eine industrielle Kultur, die heute noch eine große Stärke der deutschen Wirtschaft ist. Übrig bleiben Elektromotoren, bei denen die deutsche Industrie mit Zulieferern wie ZF, Mahle, Valeo, Bosch und Siemens zwar gut aufgestellt ist, die jedoch nur wenig Differenzierungspotenzial für den Antriebsstrang ermöglichen.

Die Entwicklung der Brennstoffzellentechnologie für Transportanwendungen in Deutschland hat eine mehr als 30-jährige Geschichte. Daimler-Benz mit seinem Partner Ballard Power Systems war neben Toyota einer der weltweiten Pioniere und viele Jahre unangefochtener internationaler Technologieführer. Aus dieser Kooperation stammten die ersten Brennstoffzellen-Pkw- und

-busflotten weltweit, die damals sensationelle Fortschritte demonstrierten. Doch Mercedes und die gesamte deutsche Autoindustrie haben sich unter dem Eindruck der Tesla-Erfolge und dem regulatorischen Druck der Politik Mitte des letzten Jahrzehnts für den Weg des scheinbar geringsten Widerstands entschieden, die batterieelektrische Mobilität. Einzige Ausnahme unter den deutschen Autoherstellern ist BMW, die die Brennstoffzelle über ihre Kooperation mit Toyota immerhin im Programm haben und kürzlich die Serienfertigung für 2028 ankündigten.

Trotz des geringen Interesses von Autoindustrie und Politik ging die Entwicklung von Brennstoffzellen für Transportanwendungen in Deutschland weiter. Viele industrielle Akteure sind von ihrem Potenzial überzeugt. Zu ihnen zählen u. a. Bosch, cellcentric, DANA – Victor Reinz, EKPO, Freudenberg, Greenerity, Umicore und seit einigen Jahren auch Schaeffler. Eine wichtige Rolle in der Technologieentwicklung spielten u. a. zwei Entwicklungsprojekte, AutoStack Core und AutoStack Industrie, über die wir bereits berichteten. Im Projekt AutoStack Core wurde die Technologie der heutigen Stackgeneration von Bosch entwickelt. Die Ergebnisse von AutoStack Industrie gehen funktional und von der Leistungsdichte deutlich darüber hinaus und sind international bisher unerreicht (vgl. Abb. 6.2, ASI Projektabschlussbericht 2023).

Deutsche Zulieferer verfügen über das Kern-Know-how für die Zell- und Stackentwicklung und spielen trotz Passivität der heimischen Autoindustrie international nach wie vor eine führende Rolle in der Technologieentwicklung. Sie besitzen die industriellen Fähigkeiten für die serielle Fertigung von Brennstoffzellen und führen sie wie Bosch und seine Zulieferer bereits durch.

Für den Betrieb im Fahrzeug benötigen Brennstoffzellen ein Systemumfeld, auch „balance of plant" genannt. Es dient zur funktions- und leistungsgerechten Versorgung der Brennstoffzelle mit Luft und Wasserstoff unter

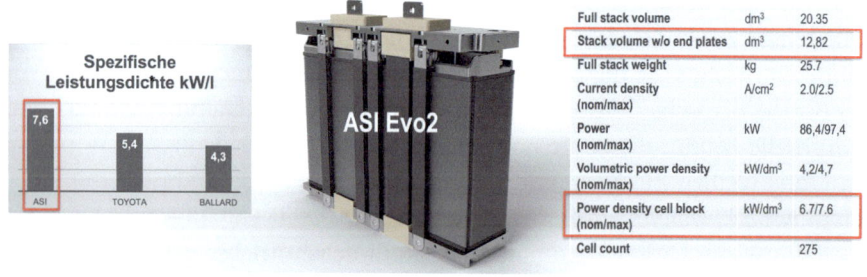

★ Sources:
https://www.bing.com/search?q=New+Mirai+Hydrogen+Fuel+Cell+Electric+Vehicle+-+Under+The+Skin+-+FuelCellsWorks&go=Suche&qs=n&form=QBRE&sp=1&pq=new+mirai+hydrogen+fuel+cell+electric+vehicle+-+under+the+skin+-+fuelcellsworks&sc=1-79&sk=&cvid=09026BC6DDB04DB4973981FB53E12546&ghsh=0&ghacc=0&ghpl=
https://www.ballard.com/about-ballard/newsroom/news-releases/2020/09/14/ballard-launches-industry-leading-high-power-density-fuel-cell-stack-for-vehicle-propulsion

Abb. 6.2 AutoStack Industrie – Evo2-Stack und internationaler Vergleich der Leistungsdichte. (Quelle: AutoStack Industrie, alle Rechte vorbehalten)

Fahrzeugbedingungen sowie zur Gewährleistung der Betriebssicherheit. Zu diesem System gehören neben dem Stack weitere Komponenten wie Luftverdichter, Befeuchter, H_2-Gebläse, elektrische Hilfsantriebe, Sensoren, Druckregler, Gussteile/Gehäuse, Rahmen, Halterungen, Leistungselektronik, Lüfter, Ventile, High-Voltage-/Low-Voltage-Stecker (HV/LV-Stecker), Kabelbäume, Formschläuche, Tankbehälter, Hochdruckleitungen und Filter. Ein solches System ist in der Fertigungstiefe vergleichbar mit dem Verbrennungsmotor und erfordert eine leistungsfähige Zulieferindustrie, die in Deutschland, ungleich besser als in den meisten anderen Ländern, vorhanden ist. Das Systemumfeld erlaubt vielfältige Differenzierungen des Antriebsstrangs, woraus Wettbewerbsvorteile generiert werden können. Die Stärke der deutschen Autoindustrie war in der Vergangenheit auf diese Expertise, die Stärke der Zulieferindustrie und die damit verknüpfte industrielle Kultur aufgebaut.

Die Batterietechnologie ist von der Förderung über die Entwicklung der Zelltechnik und die dazugehörigen Rechte bis hin zur Verarbeitung durch China dominiert und kontrolliert. Ihre Fertigungstiefe in Deutschland und Europa ist bisher und auf absehbare Zeit gering. Aufgrund der technologischen Abhängigkeit und der einseitigen Fokussierung auf batterieelektrische Mobilität entstehen erhebliche Risiken für die deutschen Autohersteller, die Zulieferindustrie und den Standort Deutschland. Die Pleite des schwedischen Herstellers Northvolt (s. Kap. 5) ist ein anschauliches Beispiel dafür, wie Wunschträume von der Realität eingeholt werden können und zweifelhafte Subventionen verpuffen. In der Entwicklung von Brennstoffzellen gehört Deutschland trotz weitgehender Passivität der Autoindustrie immer noch zu den Technologieführern. Die Fertigungstiefe ist vergleichbar mit konventionellen Antrieben. Die Versorgung mit den benötigten Rohstoffen wird als unkritisch eingeschätzt. Jedoch ist die industrielle Skalierung Voraussetzung dafür, auch in Zukunft wettbewerbsfähig zu bleiben. Dafür benötigt es rechtzeitige, strategische Entscheidungen.

6.6   Lifecycle-Analysis-Vergleich Batterie- zu Brennstoffzellenfahrzeug

Die Lifecycle Analysis (deutsch: Ökobilanz) befasst sich mit der Betrachtung der Energieaufwände und der daraus resultierenden Emissionen von Klimagasen, d. h. von CO_2, im gesamten Lebenszyklus von Batterien und Brennstoffzellen. In diesem Bereich herrscht eine Menge Verwirrung, die auf unterschiedliche und zum Teil intransparente Annahmen für die Datenerhebung und/oder fragmentarische Betrachtungsweise und Argumentation zurückzuführen sind. Eine weitere Schwierigkeit besteht darin, dass die Datenbasis nicht immer vollständig zur Verfügung steht, sodass solche Vergleiche auch im besten Fall immer nur Näherungen sein können. Auf einige der Schwierigkeiten haben wir bereits auf den vorangegangenen Seiten hingewiesen. Die Diskussion zu diesen Aspekten ist hoch brisant, weil das Thema Treibhausgase oft unter Vernachlässigung der so wichtigen systemischen Aspekte behandelt und beurteilt wird.

Das Fraunhofer ISE hat 2019 im Auftrag von H2 Mobility einige interessante Untersuchungsergebnisse publiziert (ISE 2019). In ihnen werden für den Vergleich der Antriebssysteme von Batterie- und Brennstoffzellenelektrofahrzeugen unterschiedliche Herstellungspfade für den Kraftstoff betrachtet, die deutlich machen, wie wichtig die eindeutige und transparente Kontextualisierung von Technologien im Energiesystem ist. Die Ergebnisse unterscheiden sich substanziell je nach Herstellungspfad. Betrachtet wurden der Betrieb beider Systeme sowie Herstellung und Entsorgung von Batterien und Brennstoffzellen einschließlich der H_2-Tanks auf Grundlage einer Fahrleistung von 150.000 km sowie der Erzeugung von Strom und Wasserstoff. Die Ergebnisse für den Zeitraum 2020–2030 zeigen, dass bei Zugrundelegung realistischer Annahmen keine der beiden Antriebsarten einen nennenswerten Vorteil bei Treibhausgasemissionen erreicht. Tendenziell ergeben sich leichte Vorteile für Brennstoffzellen. Ähnlich sieht es im Zeitraum 2030–2040 aus, wo einige Pfade eine leicht bessere Tendenz für Batterien zeigen. Alles in allem kann aus dem Vergleich keine Priorisierung für die eine oder andere Antriebsart abgeleitet werden, da die Unterschiede gering sind und sich beide technisch ergänzen und nicht ausschließen.

Eine Studie des International Council on Clean Transportation (ICCT) betrachtet den zwanzigjährigen Zeitraum von 2021 bis 2038 und kommt zu dem Ergebnis, dass beide Technologien, d. h. Batterie- und Brennstoffzellenelektrofahrzeuge, deutliche Vorteile im Ausstoß von Treibhausgasen gegenüber allen anderen Antriebsarten besitzen. Nach Ansicht dieser Studie sind batterieelektrische Fahrzeuge dreimal und Brennstoffzellenfahrzeuge doppelt so effizient wie Fahrzeuge mit Verbrennungsmotoren. Für den kurz- und mittelfristigen Zeitraum, in dem erneuerbare Energien noch knapp seien, gibt man zu bedenken, dass Brennstoffzellenfahrzeuge mit Wasserstoff, der über Elektrolyse erzeugt wird, im Vergleich zu batterieelektrischen Fahrzeugen die dreifache Strommenge pro Kilometer benötigen. Das Resümee der ICCT-Analyse wird in der ausführlichen Studie so zusammengefasst: „Only battery electric *and* hydrogen fuel cell electric vehicles have the potential to achieve the magnitude of Lifecycle GHG emission reductions needed …"[1] (ICCT 2021).

Beide Studien kommen danach grundsätzlich zu einer ähnlichen Einschätzung, wenn sich die Ergebnisse der Datenerhebung auch im Detail unterscheiden. Einer der Gründe für die Unterschiede könnte sein, dass im ICCT-Bericht ein globaler Strommix unterstellt wird, während die ISE-Studie den deutschen Strommix zugrunde legt. Weitere Unterschiede könnten nur durch tiefgehendere Analyse aller Annahmen ermittelt werden, die jedoch nicht wesentlich zum Erkenntnisgewinn hinsichtlich der Rolle beider Technologien für die Reduzierung von Treibhausgasen beitragen würde.

Beiden Studien scheint jedoch die Annahme zugrunde zu liegen, dass eine direkte Nutzung des aus erneuerbaren Energien erzeugten Stroms zum Laden von batterieelektrischen Fahrzeugen erfolgt. Für das Fraunhofer ISE wurde das auf Rückfrage bestätigt (ISE 2024). Diese Annahme ist für einen großen Teil des Verbrauchs von Ladestrom jedoch nicht realistisch, da zunächst Speicherung des Stroms oder seine Erzeugung aus anderen Quellen unterstellt werden muss, wie wir bereits im Abschn. 1.5 „Die irreführende Diskussion zu den Wirkungsgraden" gezeigt haben. Sofern wir diese Annahme als gesichert betrachten, halbiert sich die Effizienz der Stromerzeugung für Ladestrom bzw. muss ein anderer Strommix unterstellt werden. Die Effizienzbetrachtung verschiebt sich dann deutlich zugunsten von Brennstoffzellenfahrzeugen.

Angesichts der Tatsachen ist es müßig, ideologische Grabenkämpfe zu führen, welche der beiden Technologien die bessere ist. Beide sind gut, beide mit ihren jeweils spezifischen Vor- und Nachteilen. Für die strategischen Entscheidungen der deutschen Autoindustrie und der deutschen Politik sollten deshalb vor allem Kundennutzen und volkswirtschaftliche Aspekte der Wettbewerbsfähigkeit im Vordergrund stehen.

6.7 Die Vielfalt der Antriebskonzepte

Neben batterieelektrischen und brennstoffzellenelektrischen Antrieben wollen wir noch einen kurzen Blick auf einige wenige andere Technologieoptionen werfen. Eine dieser Optionen sind sogenannte EREV.[2] Sie haben die

---

[1] Nur batterieelektrische und Wasserstoffbrennstoffzellenfahrzeuge besitzen das Potenzial, die benötigte Größenordnung zur Senkung von Grünhausgas-Emissionen zu erreichen.

[2] Reichweitenverlängerte elektrische Fahrzeuge.

Aufgabe, die Reichweitenlimitierung von batterieelektrischen Fahrzeugen zu verringern, indem sie die Batterie im Betrieb nachladen. Sie sind besonders interessant für Fahrzeuge im Regional- und Stadtverkehr, wo sich die hohe Effizienz des batterieelektrischen Antriebs vorrangig zeigt. Derartige Systeme gibt es sowohl auf verbrennungsmotorischer Basis als auch mit Brennstoffzellen. Sie reduzieren das hohe Batteriegewicht und die damit verknüpften Kosten auf etwa ein Viertel und ermöglichen trotzdem hohe Reichweiten. Je nach eingesetzter Technologie, Verbrennungsmotor mit Generator oder Brennstoffzelle, ergeben sich Auswirkungen auf den Gesamtwirkungsgrad des Antriebs, die den typischen Eigenschaften beider Technologien folgen.

Verbrennungsmotoren werden dabei im optimalen Effizienzpunkt betrieben, was einen Wirkungsgrad von immerhin 40 % ermöglicht. Die Technologie verbindet die attraktiven Eigenschaften des batterieelektrischen Fahrens mit einem Wegfall der Reichweitenlimitierung bei gleichzeitiger Nutzung der heutigen Betankungsinfrastruktur. Durch den niedrigen Verbrauch im Vergleich zum verbrennungsmotorischen Antrieb reduzieren sich die CO_2-Emissionen merklich und entfallen bei Umstieg auf klimaneutrale E-Fuels vollkommen. Erste Fahrzeuge kamen vor etwa 10 Jahren von BMW (i3) und von Opel (Ampera) auf den Markt. Die Aktivitäten wurden allerdings bald wieder eingestellt. Inzwischen setzen viele asiatische Unternehmen, allen voran Geely und Leapmotor, auf diese Technologie. Leapmotor hat Anfang 2025 gemeinsam mit Stellantis die Vermarktung in Europa begonnen.

Für Pkw besonders populär sind die sogenannten Plug-in-Hybride, die eine Kombination von verbrennungsmotorischem Antrieb und Antriebsbatterie darstellen. Die grundlegende Aufgabe dieser Kombination ist das emissionsfreie Fahren in urbaner Umgebung bzw. auf Kurzstrecken, d. h. nach Herstellerangaben für Entfernungen zwischen 40 und 90 km. In China werden mindesten 100 km elektrische Reichweite gefordert. Die von den Herstellern beworbenen Reichweiten werden unter praktischen Bedingungen meistens jedoch nicht erreicht und liegen eher bei 30–50 km. In einigen Topmodellen wird die Batterie zusätzlich auch als Leistungsbooster für die Beschleunigung verwendet. Das Gewicht der Plug-in-Hybrid-Batterien liegt typischerweise zwischen 50 und 60 kg. Dazu kommen der Elektromotor und das Systemumfeld, sodass sich das Gesamtgewicht der zusätzlichen Aggregate schnell auf 100–200 kg erhöhen kann. Die Batterie kann wie bei einem normalen batterieelektrischen Fahrzeug an der Steckdose oder an öffentlichen Ladestationen geladen werden.

Die Technik bietet Vorteile für den urbanen bzw. Kurzstreckenbetrieb, erhöht jedoch infolge des zusätzlichen Leistungsgewichts den Verbrauch des Verbrenners auf längeren Distanzen bzw. immer dann, wenn die Batterie nicht oder nicht ausreichend geladen ist. Je nach Einsatzprofil des Fahrzeugs kann die Gesamtbilanz dieses Antriebs daher besser oder schlechter ausfallen. Die deutsche Autoindustrie setzt bis heute stark auf diese Technologie, um Verbrennungsmotoren weiter einsetzen zu können. Ihre Akzeptanz ist aber aufgrund der höheren Verkaufspreise von mehreren Tausend Euro und der im realen Betrieb begrenzten Einsparungen im Spritverbrauch und bei den CO_2-Emissionen eher gering.

Eine weitere, bisher grundsätzlich unterschätzte Option sind E-Fuels. Dabei handelt es sich um synthetische Kraftstoffe, die aus Wasserstoff (mit grünem Strom aus Wasser erzeugt) und CO_2 hergestellt werden. Je nach Zielkraftstoff durchlaufen sie mehrere Verfahrensschritte und werden dann für den Betrieb von Verbrennungsmotoren, idealerweise den sehr sparsamen EREV, eingesetzt. E-Fuels sollen zukünftig in den vielen, sehr wind- und sonnenreichen Regionen der Welt erzeugt werden (siehe Kap. 1, Abb. 1.6). Die irreführende Wirkungsgraddebatte geht davon aus, dass E-Fuels in Deutschland erzeugt werden, was aus vielen Gründen tatsächlich nur sehr eingeschränkt der Fall sein wird. Die Kosten für Solarstrom liegen in den sonnenreichen Wüstenregionen heute schon bei etwa 1 Cent/kWh und erlauben die Herstellung von E-Fuels für 8 Cent/kWh, bieten also eine sehr attraktive Option für deren Erzeugung (Concawe Studie 2024). Der große Vorteil: E-Fuels ermöglichen aufgrund ihrer Herstellung den Betrieb von Verbrennungsmotoren mit Nettonull-CO_2-Emissionen. Die heutige Infrastruktur für den Transport des Kraftstoffs und das Tankstellennetz könnte weiter genutzt werden und das weltweit. Die Erschließung dieses Potentials für eine nachhaltige Kraftstoffversorgung würde das Verbot von Verbrennungsmotoren ab 2035 obsolet machen.

6.8 Die Erkenntnisse aus dem Faktencheck

Der Faktencheck macht deutlich, dass für die Beurteilung von Technologien ein ganzheitliches, möglichst vorurteilsfreies und faktenbasiertes Herangehen entscheidend ist. Folgt man diesem Konzept, kommt man zu belastbaren Aussagen, die gute technische, wirtschaftliche und politische Entscheidungen ermöglichen.

In Bezug auf reale Reichweite und Tankzeiten sowie Berechenbarkeit des Energieverbrauchs besitzen Brennstoffzellenfahrzeuge Vorteile gegenüber batterieelektrischen Fahrzeugen und ähnlich positive Nutzereigenschaften wie konventionelle Fahrzeuge. Mit größerer Reiseentfernung und höherem Nutzungsgrad von Fahrzeugen nimmt die Bedeutung dieser Vorteile zu. Analoges gilt für Elektrofahrzeuge mit Range Extender (EREV).

In den vergangenen 20 Jahren wurden sowohl in der Batterie- als auch in der Brennstoffzellentechnologie enorme Fortschritte erreicht. Technologische Quantensprünge, wie sie bei Batterien gerne prognostiziert werden, sind jedoch auf absehbare Zeit nicht zu erwarten. Diese Zusammenhänge und Fakten sind den Fahrzeugherstellern bekannt. Sie verfügen darüber hinaus, entweder über eigene Experten oder über spezialisierte Zulieferer, über sehr viel mehr Informationen zu den verschiedenen Antriebstechnologien, die der Öffentlichkeit nicht zur Verfügung stehen.

Der Vergleich von batterieelektrischen Fahrzeugen und Brennstoffzellenfahrzeugen führt im Ergebnis nicht zu Priorisierung oder Ausschluss einer der Technologien. Selbst ihre CO_2-Bilanz weist über die Lebensdauer betrachtet keine großen Unterschiede auf. Die differenzierte Sicht auf ihre technischen und wirtschaftlichen Eigenschaften zeigt vielmehr Vor- und Nachteile aller Optionen und räumt mit einseitiger Prioritätensetzung auf, wenn man Kundennutzen und industrielle Wettbewerbsfähigkeit in den Mittelpunkt stellt. Die Vor- und Nachteile des einen oder anderen Konzepts werden vor allem durch das Einsatzprofil der Fahrzeuge und ihre Kosten bestimmt. Alle drei Optionen spielen technisch und wirtschaftlich eine komplementäre Rolle. Zum Gesamtbild gehören die strategischen Abhängigkeiten von China in der Wertschöpfungskette von Antriebsbatterien und die damit verknüpften kritischen Risiken für die Wettbewerbsposition der heimischen Fahrzeughersteller. Dieser Aspekt ist deshalb bei allen Entscheidungen zu berücksichtigen.

Die bisherige Auslegung von batterieelektrischen Fahrzeugen tendiert dazu, dass sie ähnlich konventionellen Fahrzeugen universell und unter allen Bedingungen, für Lang- oder Kurzstrecken, einsetzbar sein sollen. Das gilt besonders für Nutzfahrzeuge. Eine solche Auslegung macht die Fahrzeuge schwer und teuer. Hinzu kommen grundsätzliche Limitierungen für den Aufbau einer flächendeckenden Ladeinfrastruktur, die wir im Detail beschrieben haben. Das sind Argumente, die Kunden davon abhalten, ein batterieelektrisches Fahrzeug zu kaufen. Vor allem aber stellen sie schwerwiegende Hindernisse für die beabsichtigte breite Marktdurchdringung dar.

Paradoxerweise werden diese Aspekte in der Konzeption der Fahrzeuge bzw. in der Modellpolitik der Hersteller kaum oder nicht berücksichtigt. Will man die Kosten und das Gewicht von batterieelektrischen Fahrzeugen senken, muss man das Batteriepaket reduzieren. Das bringt eine Reichweitenbegrenzung mit sich, die jedoch bei reiflicher Überlegung kein Hindernis sein muss, wenn man den optimalen Einsatzfall für batterieelektrische Fahrzeuge zugrunde legt, d. h., sie vorzugsweise für kürzere Distanzen einsetzt.

Wichtig wäre ein Ende der heutigen Reichweitenmaximierung für einen großen Teil der Flotte. Fahrzeugtypen mit 300 km Reichweite wären ideal geeignet für regionale oder städtische Logistikdienstleister, die ihre eigene Ladeinfrastruktur betreiben können, für Pendler, die in der Firma laden oder eine eigene Wallbox besitzen, wie auch für Zweitwagen, die fast ausschließlich im Kurzstreckenbetrieb unterwegs sind. Neben der Kostensenkung würde ein solches Konzept den Druck auf eine unwirtschaftliche, flächendeckende Ladeinfrastruktur nehmen. Ergänzt werden könnte dieses Konzept durch den Einsatz von Range Extendern bei gleichzeitiger Reduzierung der Batteriegröße, jedoch Aufrechterhaltung größerer Reichweiten.

Brennstoffzellenfahrzeuge sind für häufige, intensive Nutzung auf langen Strecken ähnlich konventionellen Fahrzeugen geeignet, bieten kurze Betankungszeiten und benötigen weder Millionen von Ladepunkten noch einen unbezahlbaren Ausbau des Stromnetzes und der Erzeugungskapazitäten für grünen Strom. Die deutsche Industrie verfügt über alle Voraussetzungen zur wettbewerbsfähigen Entwicklung und Fertigung von Brennstoffzellenfahrzeugen und bestimmt heute noch die Technologieentwicklung mit. Die Fertigungstiefe von Brennstoffzellensystemen ist mit der konventioneller Antriebe vergleichbar. Sie ist daher auch aus industrieller Sicht eine interessante Option zur zukünftigen Sicherung der Wettbewerbsfähigkeit und qualifizierter Arbeitsplätze bei den Fahrzeugherstellern und in der Zulieferindustrie.

In Deutschland werden alle drei Technologien von vielen Interessengruppen vor allem als Gegenspieler angesehen bzw. in Stellung gebracht. Leider folgen viele Medien diesem unproduktiven Spiel. Die Analyse macht jedoch deutlich, dass sie eine komplementäre Rolle im Produktportfolio der Fahrzeughersteller spielen können und müssen. Der weltweite Fahrzeugmarkt verlangt differenzierte Angebote und ist so groß, dass für alle Technologien und Kraftstoffe hoch attraktive Produktionsmengen erreicht werden können. Hersteller wie Toyota oder Hyundai zeigen, wie es geht. Batterieelektrische Antriebe werden vor allem in Klein- und Mittelklassefahrzeugen sowie Transportern für kürzere Reichweiten eingesetzt, während für den häufigen und anspruchsvollen Langstreckenbetrieb Brennstoffzellenfahrzeuge zum Einsatz kommen, die ihre Vorteile besonders im Premiumsegment ausspielen können und in allen schweren, intensiv genutzten Anwendungen wie Lkw, Bussen oder Spezialfahrzeugen von Vorteil sind. Mit dem Ansatz der asiatischen Hersteller, die gleiche Brennstoffzelle mit unterschiedlichen Leistungen in möglichst vielen Anwendungen einzusetzen, erreichen sie zusätzliche Skaleneffekte und die damit einhergehende Kostenreduktion.

Eine solche Produktstrategie bietet den Kunden eine zum jeweiligen Fahrprofil passende Lösung zu einem fairen Preis-Leistungs-Verhältnis. Sie zeigt einen Weg zur Stärkung der Wettbewerbsfähigkeit und der industriellen Wertschöpfung in Deutschland, wäre ein Beitrag zu höherer Resilienz der Lieferketten und ein wichtiger Schritt zur Verringerung der technologischen Abhängigkeit der Automobil- und Zulieferindustrie von China.

Literatur

ASI Projektanschlussbericht, 2023: https://www.greenerity.com/wpcontent/uploads/PROJEKTABSCHLUSSBERICHT-ASI.pdf

BGR, 2016: Bundesanstalt für Geowissenschaften und Rohstoffe, 2016, Rohstoffwirtschaftliche Steckbriefe, Platin

BMWi, 2015: Asja Mrotzek-Blöß et al, Recyclingpotential Technologiemetalle, im Auftrag des BMWi, 2015

BWZE, 2024: Bundesministerium für wirtschaftliche Zusammenarbeit und Entwicklung, Batterien in E-Fahrzeugen – Was steckt drin? https://rue.bmz.de/rue/veroeffentlichungen/batterierohstoffe-uebersicht-78850

Concawe Studie, 2024: https://www.concawe.eu/publication/e-fuels-a-techno-economic-assessment-of-european-domestic-production-and-imports-towards-2050-update/

DERA, 2024: https://www.deutscherohstoffagentur.de/DERA/DE/Downloads/DERA%20Themenheft-01-21.pdf?__blob=publicationFile&v=2, S. 10

DVGW, 2023: „Genügend Wasser für die Elektrolyse" – Factsheet

DWV, 2023: https://dwv-info.de/wp-content/uploads/2023/04/DWV-Wasserstoff-Sicherheits-Kompendium-1.pdf

electrive, 2024: https://www.electrive.net/2024/11/20/neue-studie-zeigt-elektro-auto-batterien-halten-deutlich-laenger-als-gedacht/

EU, 2010: „A portfolio of power-trains for Europe: a fact-based analysis"

ICCT, 2021: Bieker, „A global comparison of the life-cycle greenhouse gas emissions of combustion engine and electric passenger cars", ICCT 2021

insideevs, 2024: https://insideevs.de/news/591331/wasserstoff-preis-tankstelle-h2mobility/batterien-halten-deutlich-laenger-als-gedacht/

ISE, 2019: Sternberg, Hank, Hebling, GHG for BEV and FCEV with Ranges over 300 Kilometers, Freiburg 2019

ISE, 24: Telefonat mit André Sternberg, ISE, am 6.11.24.

ISI, 2024: https://www.deutschland.de/de/topic/wirtschaft/batterien-aus-deutschland-produktion-wird-massiv-erhoeht

James et al, 2017: Brian D. James et al, Mass production cost estimation of direct H2 PEM fuel cell systems for transportation applications: 2017 Update

meenergy, 2023: https://meenergy.earth/magazin/strombedarf-de

Münster, 2024: Florian Frieden, Jens Leker, Future costs of hydrogen: a quantitative review, 2024, https://pubs.rsc.org/en/content/articlelanding/2024/se/d4se00137k

Nationale Leitstelle, 2025: https://nationale-leitstelle.de

Nefton Report, 2024: https://nefton.de/assets/NEFTON_report.pdf

technik-einkauf, 2024: https://www.technik-einkauf.de/einkauf/id-10-batteriehersteller-mit-besten-zukunftschancen-129.html

7

Staatswirtschaft oder Markt – das Strategiedilemma in Politik und Industrie

Die Folgerungen zusammengefasst von André Martin

Die in diesem Buch beschriebenen Entwicklungen, die mehr als drei Jahrzehnte umfassen, wären unvollständig, wein wir nicht versucht hätten, aus unseren Erfahrungen und Erlebnissen weitergehende Schlüsse zu ziehen. Unsere Aufmerksamkeit wollen wir dabei auf die Aspekte lenken, die den Erfolg oder Misserfolg disruptiver Innovationen bestimmen, denn diese grundlegenden Neuerungen sind der Indikator für die Vitalität einer Volkswirtschaft.

Bei Erscheinen der ersten Auflage dieses Buches vor mehr als vier Jahren war in zahlreichen Unternehmen und der Politik eine größere Zuwendung zum Thema Wasserstoff und Brennstoffzelle erkennbar. Der von uns damals erhoffte Innovationsschub ist jedoch ausgeblieben. Die Entwicklungen der letzten Jahre haben Probleme verstärkt und strukturelle Mängel offengelegt, die zu schärferer Analyse zwingen. Dieser Aufgabe haben wir uns für die zweite Auflage gestellt.

Disruptive Innovationen sind die Frischzellenkur der Wirtschaft

Die Fahrzeugindustrie mit ihren langen und teuren Entwicklungszyklen ist eine deutsche Kernindustrie in einem globalen und hoch regulierten Markt mit einer über mehr als 100 Jahre gewachsenen Zulieferindustrie und der dazugehörigen Infrastruktur. Der Fahrzeugmarkt unterliegt starken politischen Einflüssen durch Emissionsregulierung und immer weitergehende Forderungen der Umweltverträglichkeit und Nachhaltigkeit. Die Politik nimmt immensen Einfluss auf die Geschäftsperspektiven dieser Industrie.

Die Fahrzeugbranche ist auch eines der besten Beispiele dafür, was Deutschland und die deutsche Industrie besonders gut können: die kontinu-ierliche Optimierung bestehender, im Markt etablierter Technologien oder mit anderen Worten – inkrementelle Innovation. Es ist dieser Drang nach Perfektion, der unter dem Begriff German Engineering die globale Stärke der deutschen Wirtschaft und den Ruhm der deutschen Ingenieurskunst be-gründet hat.

Die deutsche Fahrzeugindustrie setzt allein in ihrem Heimatland viele Hundert Milliarden Euro um und beschäftigt etwa 800.000 Menschen. Sie gibt für F&E weltweit jährlich über 42 Mrd. € aus, womit sie mehr als ein Drittel der Gesamtausgaben für F&E in der globalen Autoindustrie und 37 % aller F&E-Ausgaben in Deutschland bestreitet (VDA 2019). Sie hat deshalb auch enormen Einfluss auf die Politik. Der Begriff Kernindustrie wird anhand dieser wenigen Zahlen aus etwas Abstraktem zu etwas Vorstell-barem.

Es ist selbstverständlich, dass eine solche Industrie mit großer Umsicht und Solidität, in einer wohlabgewogenen Balance zwischen Kontinuität und Veränderung geführt werden muss. Es ist jedoch ebenso klar, dass Größe und Potenz im Markt behauptet werden müssen, denn sie sind nichts Sta-tisches und keineswegs Ewiges. Neue Entwicklungen verändern den indust-riellen Handlungsrahmen. Hinauszögern von Entscheidungen oder strategi-sche Untätigkeit vermeiden keine Risiken, sondern erzeugen oder verstärken sie häufig erst. Die aktuelle, tiefgreifende Krise der deutschen Autoindustrie ist eine Langzeitfolge strategischer Wankelmütigkeit. Sie hat den Erfolg von Tesla ermöglicht und die asiatische Konkurrenz gestärkt. Vor den Werktoren „überflüssiger" VW-Werke stehen heute chinesische Investoren und interes-sieren sich für ihre Übernahme (Heise 2025).

Disruptive Innovationen sind per Definition mit Risiken behaftet. Sie unterbrechen oder beenden eine gewohnte, häufig sogar traditionsbehaftete Entwicklung. Eine alte Methode oder ein altes Produkt werden in radikaler Weise durch etwas Neues ersetzt. Alte Stärken zählen nicht mehr und wer-den zu Schwächen. Das Denken in gewohnten Bahnen löst keine Probleme mehr, sondern verschärft sie. Ganze Industrien geraten in Gefahr und verlie-ren im Extremfall ihre Existenzberechtigung.

Ein klassisches Beispiel für eine disruptive Innovation und ihre Folgen ist die Digitalfotografie, die das Ende von Traditionsfirmen wie Kodak oder Agfa bedeutete. Bei Fahrzeugen war es historisch gesehen die Ablösung der Dampfmaschine und Pferdekraft durch den Verbrennungsmotor vor mehr als 100 Jahren (siehe Abb. 7.1). Interessanterweise ähneln die historischen

> "A new source of power... called gasoline has been produced by a
> Boston engineer. Instead of burning the fuel under a boiler, it is
> exploded inside the cylinder of an engine...
>
> The dangers are obvious. Stores of gasoline in the hands of people
> interested primarily in profit would constitute a fire and
> explosive hazard of the first rank. Horseless carriages propelled
> by gasoline might attain speeds of 14, or even 20 miles per hour.
> The menace to our people of this type hurtling through our
> streets and along our roads and poisoning the atmosphere would
> call for prompt legislative action even if the military and
> economic implications were not so overwhelming... the cost of
> producing (gasoline) is far beyond the financial capacity of
> private industry... In addition the development of this new power
> may displace the use of horses, which would wreck our
> agriculture."
>
> **Congressional Record 1875**

Abb. 7.1 Kongressniederschrift zur Einführung von Verbrennungsmotoren (USA 1875)

Argumente manchen aktuellen Diskussionen. Dass selbst die Innovatoren die Folgen ihrer Innovation häufig nicht abschätzen können, ist dabei besonders faszinierend. Erst einmal in der Welt, entwickeln disruptive Innovationen ihr eigenes Moment und ziehen Veränderungsprozesse nach sich, die schwer zu erahnen und noch schwerer vorauszusagen sind. Es ist ziemlich sicher, dass Henry Ford oder Bill Gates am Anfang ihrer Entwicklung nicht vorausgesehen haben, welche Revolution sie auslösen würden. Computer, Mobiltelefone und das Internet haben unser Leben und die Art, wie wir Dinge tun, in den letzten drei Jahrzehnten komplett verändert. Für Ältere bedarf das keiner Erklärung. Die Jüngeren kennen keine andere Welt.

Übersetzung Abb. 7.1:

„Eine neue Energiequelle ... Benzin genannt, ist von einem Bostoner Ingenieur hergestellt worden. Anstatt den Kraftstoff unter einem Kessel zu verbrennen, wird er in den Zylindern eines Motors entzündet ... Die Gefahren sind offensichtlich. Lager, voll mit Benzin und in den Händen von Leuten, die in erster Linie an Profit interessiert sind, würden eine Brand- und Explosionsgefährdung ersten Ranges schaffen. Pferdelose Wagen, angetrieben mit Benzin, könnten Geschwindigkeiten von 14 oder sogar 20 Meilen in der Stunde erreichen. Die Bedrohung unserer Bevölkerung durch derartige Geräte, die auf unseren Wegen und entlang unserer Straßen rasen und die Luft verdrecken, würde sofortige gesetzliche Regelungen erfordern, auch wenn die militärischen und wirtschaftlichen Konsequenzen nicht überwältigend wären ... die Kosten für die Herstellung des Benzins liegen weit außerhalb der finanziellen Möglichkeiten der privaten Industrie ... Außerdem würde die Entwicklung dieser neuen Antriebskraft den Gebrauch von Pferden verdrängen, was unsere Landwirtschaft zerstören würde. "

In vielen dieser radikalen Veränderungen spielt die deutsche Industrie nur noch eine Nebenrolle und das schon seit Jahrzehnten. Diese Tatsache wurde sehr lange durch expandierende Märkte und wachsende Globalisierung überdeckt. Amerikanische und in wachsendem Maße asiatische Unternehmen bestimmen die Entwicklung und kontrollieren die Märkte. Produkte aus China haben sich in den letzten zwanzig Jahren in vielen Technologiebereichen an die Spitze gesetzt. Die Brennstoffzelle in Fahrzeugen und die Elektromobilität als Ganzes sind aktuelle Beispiele dafür, wie die deutsche Fahrzeugindustrie trotz einer frühen technologischen Führerschaft den radikalen Umbruch verpasst, der die zukünftigen Machtverhältnisse in den Märkten bestimmen wird und massiven Einfluss auf Deutschlands Wohlstand haben könnte.

Für eine industrielle Innovation reicht es nicht, sich auf Intuition oder Genie zu verlassen. Das kann allenfalls ein erster Schritt sein. Industrielle Produkte und besonders Fahrzeuge benötigen lange und teure Entwicklungszyklen, bis aus der Idee ein Produkt wird, das alle Anforderungen der Funktionalität, Robustheit und Langlebigkeit erfüllt. Für die Einführung neuer Technologien in Fahrzeugen sind viele externe, darunter viele politische Faktoren (Gesetzgebung) zu berücksichtigen. Vor Beginn einer Entwicklung ist deshalb eine umfassende, langfristig orientierte Potenzialanalyse unter Berücksichtigung aller maßgeblichen Implikationen für die Entwicklung und den Markterfolg nötig. Zentrales Beurteilungskriterium einer Innovation ist der erwartete Kundennutzen. Zur Beurteilung gehören physikalische, technische und wirtschaftliche Eigenschaften ebenso wie externe Zusammenhänge, die wie in unserem Fall z. B. ein neuer Kraftstoff (Energiequelle) oder eine neue Infrastruktur sein können. Zu einer solchen Betrachtung gehört, die systemischen Zusammenhänge der Anwendung und des Marktumfelds zu analysieren und zu bewerten, Treiber und Risiken herauszuarbeiten und ihre potenzielle Wirkung auf das Vorhaben zu beurteilen.

Aus einer solchen Analyse kann eine Strategie entwickelt werden, die robust genug ist, den Risiken zu begegnen, die unvermeidlich in Kauf genommen werden müssen, und die Wege aufzeigt, diejenigen Risiken zu vermeiden oder zu verringern, für die das möglich ist. Gute Strategien sind deshalb zugleich kühn und pragmatisch. Das alles ist immer noch keine Garantie für den Markterfolg. Aber ohne eine solche ganzheitliche Analyse ist ein Scheitern vorprogrammiert.

Wie viele Entwicklungen und unsere Erfahrungen zeigen, ist diese Forderung nicht einfach umzusetzen. Eine der wichtigsten Voraussetzungen für ihre Umsetzung ist offene Kommunikation und unvoreingenommene Beurteilung der maßgeblichen Fakten. Nichts ist riskanter, als unbequeme Wahrheiten auszublenden oder Risiken zu bagatellisieren. Die Realität wird sie zurückbringen. Zu Beginn einer Entwicklung ist vieles unbekannt, was sich erst aus nachfolgenden Entwicklungsschritten oder externen Entwicklungen erschließen wird. Es reicht deshalb nicht, Strategien zu entwickeln, sondern sie bedürfen einer regelmäßigen Überprüfung und Schärfung mithilfe und unter Berücksichtigung dieser fortgeschrittenen Erkenntnisse.

Die anfängliche Entwicklung bei Dornier und bei Ballard bot gute Voraussetzungen für diese Vorgehensweise. Die grundsätzliche Bewertung des Technologiepotenzials, die damals erfolgte, ist bis heute gültig (vgl. Kap. 6), auch wenn die aktuellen Entwicklungen daran Zweifel wecken könnten. In anderen Bereichen, z. B. der Kraftstoffstrategie, waren im Laufe der Entwicklung Korrekturen nötig, u. a. aufgrund neuer Gesetzgebung – 1990 war es die Luftreinhaltung, heute ist es der Klimaschutz. Die Herausforderungen einer neuen Infrastruktur wurden anfänglich überwiegend technisch betrachtet und auch danach lange unterschätzt. Der Aufbau des benötigten Tankstellennetzes geriet zu einer quälend langsamen Übung, die der Entwicklung ihre Dynamik raubte. Der Einfluss der Portfoliopolitik der Autohersteller, die sich eher an kurzfristiger Umsatzrendite orientieren, und undurchdachte politische Regulierungskonzepte taten ein Übriges. Sie sorgten dafür, dass die Markteinführung schließlich auf die lange Bank geschoben wurde.

Wagniskapital ist der Schlüssel für den industriellen Transfer von Innovationen

Zu einer Potenzialanalyse gehören die Abschätzung der Ressourcenanforderungen und die Beantwortung der Frage, wo diese Ressourcen herkommen können. Die Entwicklung eines neuen Motors in der Automobilindustrie kostet typischerweise mehrere Hundert Millionen Euro. Die Entwicklung einer komplett neuen Antriebstechnologie kostet jedoch deutlich mehr. Das dafür nötige Investment hat zunächst keine gesicherte Verwertungsperspektive. Ein Unternehmen, das eine solche Entwicklung durchführt, muss deshalb eine kritische Größe haben oder Kapitalgeber mit der nötigen Finanzkraft. Nichts ist sinnloser als unterkritische Entwicklungen mit unzureichenden Ressourcen. Ihr Scheitern ist absehbar. Es liegt in der Natur der Sache, dass derartige Investitionsentscheidungen auch bei allerbester Vorbereitung niemals risikofrei sein können.

Daimler, Ford und Ballard verfügten über die nötige Finanzkraft. Während die Fahrzeughersteller strategisch investierten, finanzierte sich Ballard erfolgreich am Finanzmarkt. Mittelverfügbarkeit war lange kein Problem. Der rasante Technologiefortschritt der ersten Jahre, der den Börsenwert von Ballard nach oben trieb, zeigte, dass es gut angelegtes Geld war. Zu schnelles Wachstum und strategische Korrekturen sorgten für einen anhaltend hohen Kapitalbedarf, der sich erst zu einem Problem auswuchs, als zunächst die fokussierte Produktentwicklung vernachlässigt und dann die Kommerzialisierung auf viele Jahre hinaus verschoben wurde.

Will man die Frage beantworten, warum es immer wieder amerikanischen Firmen gelingt, sich an die Spitze von Technologieentwicklungen zu setzen, muss man zuallererst ihre Finanzierungsstrategien und die finanzmarktpolitischen Rahmenbedingungen in den USA betrachten. Beispiele wie Tesla zeigen den großen Vorteil des US-amerikanischen Kapitalmarkts. Bei Investitionen in Technologiefirmen steht das Potenzial an erster Stelle. Obwohl die Verwertungschancen mit erheblichen Risiken behaftet sind, werden bei ausreichendem Potenzial einer Geschäftsidee Milliarden von Dollar für ein Start-up bereitgestellt. Wie gut dieses Modell funktioniert, zeigte die Kursentwicklung von Tesla (Finanzen.net 2021), mit der es gelang, bereits in der Frühphase der Kommerzialisierung eine Refinanzierung des Investments zu erreichen. So geht Big Tech.

Im Jahr 2019 wurden in den USA insgesamt 117 Mrd. Dollar Risikokapital in Start-ups investiert. In Asien waren es immerhin noch 63 Mrd., in Europa 35 Mrd. und in Deutschland 6 Mrd. (BSZ 2020). Vier Jahre später, im Jahr 2022, betrugen die Risikokapitalinvestitionen in den USA 173 Mrd. Dollar. Der Wert der Exits von Start-ups, d. h. der realisierte Verkaufswert vorangegangener Investitionen bei Ausstieg der Finanzinvestoren, betrug im selben Jahr sagenhafte 797 Mrd. Dollar (finews 2023). In Asien wurden immerhin 51,3 Mrd. Risikokapital bereitgestellt. In ganz Europa waren es jedoch nur 24,5 Mrd. und in Deutschland klägliche 1,11 Mrd., der niedrigste Stand seit 2014 (KPMG 2023).

Das Bruttoinlandsprodukt (BIP) der USA beträgt etwa das Fünffache des deutschen. Gemessen am Jahr 2022 hätten die deutschen Venturecapitalinvestitionen etwa bei 35 Mrd. US$ liegen müssen, um im Verhältnis gleichzuziehen. Auch innerhalb Europas agiert Deutschland eher unterdurchschnittlich. Die große Diskrepanz, die Jahr für Jahr zu beobachten ist, liefert einen Hinweis, woran es fehlt.

Will man in dieser Liga spielen, helfen keine wohlfeilen Forderungen. Man behandelt Big Tech auch nicht angemessen, wenn die einzige Perspektive der Politik die Regulierung der Marktmacht großer Akteure oder von neuen Technologien ist, denn zunächst haben Google, Microsoft, Amazon und Apple die Welt zu unser aller Nutzen verändert. Dass sie zu mächtig geworden sind, ist die Konsequenz ihres Erfolgs. Die deutsche/europäische Debatte klingt häufig jedoch so, als sei Big Tech per se etwas Negatives. Die entscheidende Frage ist jedoch nicht, wie wir Big Tech beschränken können, sondern wie wir Big Tech ermöglichen, um wieder an der Spitze mitspielen zu können. Das Beispiel des amerikanischen Finanzmarkts zeigt, wie attraktive Rahmenbedingungen in einer Marktwirtschaft Investoren veranlassen, in riskante Technologieprojekte zu investieren, und welche wirtschaftliche Kraft daraus generiert werden kann. Das Geld ist da, auch und besonders in Deutschland.

In einem ausgezeichneten Policy Paper des Instituts der deutschen Wirtschaft wurden bereits 2014 die Haupthindernisse für Risikokapital (Venturecapital, VC) in Deutschland analysiert und Vorschläge für eine Verbesserung der Finanzierungsrahmenbedingungen entwickelt. Die zentrale Schlussfolgerung des Papiers wollen wir deshalb hier wiedergeben (DIW 2014):

Während viele andere Länder steuerliche Anreize entwickeln, „erweist sich das deutsche Steuersystem als Hürde für VC-Investitionen und -Investoren und belastet letztlich die Start-up-Szene. Die wenigen erfolgreichen Exits – sei es per IPO (Börsengang, d. V.), sei es durch Verkauf an ein etabliertes Unternehmen – müssen die vielen Verlustexits (gescheiterte Investitionen, d. V.) mehr als aufwiegen, damit VC-Investoren erfolgreich agieren können. Die Begrenzung von Verlustvorträgen und Einschränkungen bei ihrer Verrechnung mit Gewinnen bilden daher ein veritables Hindernis für einen florierenden Wagniskapitalmarkt, denn mindestens fünf von sechs Investitionen enden mit einem (Total-)Verlust."

Weiter heißt es dort: „Aus Furcht vor Einnahmeverlusten ist die Kumulierung von Verlustvorträgen und ihre Verrechnung mit anderweitigen Gewinnen begrenzt worden. So führen Kapitalerhöhungen durch VC-Fonds bei den finanzierten Unternehmen zum Wegfall ihrer Verlustvorträge, was innovative Start-ups gegenüber Konzernen sogar schlechter stellt, statt sie steuerlich zu begünstigen. Der Entwicklung eines blühenden Wagniskapitalmarktes erweist diese fiskalisch begründete Maßnahme einen Bärendienst. Denn dadurch sind die Chancen, die vielen mit Verlust endenden Engagements mit einzelnen erfolgreichen Gewinnexits zu kompensieren und noch einen Gesamtgewinn der VC-Gesellschaftzu erreichen, stark eingeschränkt."

Trotz zahlreicher Sonntagsreden zur Stärkung der Innovationskraft erweist sich die deutsche Steuerpolitik als ein zentrales Hindernis für eine erfolgreiche, zukunftsorientierte und privat finanzierte Entwicklung innovativer Unternehmen. Dass eine Kapitalerhöhung aus privaten Mitteln zum Wegfall von Verlustvorträgen führt, ist eine Facette, die den missgünstigen Geist des fiskalischen Konzepts mehr als deutlich macht. Wenn Investoren die Liquidität eines Start-ups sicherstellen, um die Entwicklung fortsetzen zu können, d. h. weiter ins Risiko gehen, werden sie steuerlich bestraft. Gleichzeitig verweigert man die Verrechnung von Verlusten aus gescheiterten Investments mit erfolgreichen ihres eigenen Portfolios. Ein solches fiskalisches Konzept führt das Geschäftsmodell von Venturecapitalfirmen ad absurdum, denn nur etwa jedes sechste Investment in dieser Branche ist erfolgreich. Man muss sich also nicht wundern, wenn sie um Deutschland einen Bogen machen oder innovative Start-ups gleich in die USA abwandern.

Es ist deshalb offensichtlich, dass es grundsätzlichen Veränderungsbedarf gibt, wenn wir auch in Zukunft eine führende Industrienation bleiben wollen. Die Politik, gemeinsam mit Finanzfachleuten und der Industrie, ist gefordert, politische und insbesondere steuerliche Rahmenbedingungen zu entwickeln, die Venturecapitalinvestments attraktiv machen. Dazu gehören ggf. auch Garantien der KfW, um die Kreditfähigkeit von Start-ups zu verbessern. Zu einem attraktiven Umfeld für Investoren gehören schließlich systemisch durchdachte, transparente politische Rahmenbedingungen und eine Förderpolitik, die tatsächliche Technologieoffenheit praktiziert und auf strategische Innovationspotenziale zielt.

Systematische Entwicklung von Innovationspotenzialen sichert nachhaltige Wettbewerbsfähigkeit

In der Zusammenarbeit mit amerikanischen und kanadischen Kollegen fiel uns immer wieder auf, dass Versuch und Irrtum zentrale Elemente ihrer

Arbeitsweise sind. Während wir im Vorfeld von Entscheidungen gründlich analysieren und eine Fehlervermeidungsstrategie entwickeln, korrigieren Amerikaner Fehler über einen „nachträglichen" Lernprozess – Learning by Doing.[1] Auch in China ist dieses Vorgehen üblich. Es ermöglicht größeres Tempo und mehr Dynamik. Risiken werden als normaler Bestandteil des Lebens betrachtet. Sie sind da und man muss mit ihnen umgehen. Sie sind aber keinesfalls ein Hinderungsgrund, etwas nicht zu tun. „Think big!"[2] Amerikaner sind gute Verkäufer, nehmen ihre eigenen Argumente ernst und tragen sie überzeugend vor, auch wenn sie nach unserem Geschmack häufig nicht ausreichend belegt und begründet sind. Dadurch entsteht ein positives Moment, das mehr Überzeugungskraft entwickelt als quälerische Zweifel und Bedenken. Wenn Perfektion das Maß aller Dinge ist wie in Deutschland, sind Fehler Ausdruck von Oberflächlichkeit und Versagen. Sie sind mit einem Makel behaftet. Es ist daher wichtig, Fehler zu vermeiden. Es ist das Streben nach Gewissheit in einer ungewissen Welt, die sich ständig verändert. Der mentale Faktor hat einen großen Einfluss auf die Akzeptanz von Risiken und die Fähigkeit, mit ihnen umzugehen, bis hin zu Investitionsentscheidungen.

Die erfolgreiche Implementierung von Strategien benötigt daher neben guter Analyse vor allem Mut, Zuversicht und Kontinuität. Tempo und Dynamik sind wichtiger als Perfektion, um die Wucht entfalten zu können, die Veränderungen in Gang setzt und Zweifeln oder Gegenkräften wenig Entfaltungsraum lässt. Dazu gehört auch ausreichende finanzielle Schlagkraft. Voreilige Änderungen von Strategien sind häufig fehlerbehaftet. Alternativen kosten Zeit und Geld und ihr Gelingen ist meistens nicht weniger riskant. Das Wechseln der Pferde während des Rennens ist deshalb Ausdruck von Orientierungslosigkeit und in vielen Fällen identisch mit vollkommenem Scheitern.

Die erste Phase der Entwicklung bei Daimler und Ballard war ein gutes Beispiel, wie viel Kraft eine Strategie entwickeln kann. Die spätere Entwicklung zeigte, wie strategische Handlungsunfähigkeit dazu führt, einen großen Entwicklungsvorsprung sukzessive zu verschenken. Die öffentlichen Äußerungen von Vorständen der deutschen Autoindustrie zur Antriebsstrategie – egal ob zu Hybrid, batterieelektrischen Konzepten oder Wasserstoff – zeigen einen Mangel an inhaltlicher Durchdringung des Themas und daraus folgende Sprunghaftigkeit im Umgang damit. Bis heute gibt es Zweifel zur Bedeutung

---

[1] Sinngemäß: Lernen in der Tätigkeit.
[2] Sinngemäß: Setz Dir große Ziele.

von Brennstoffzellen für das zukünftige Antriebsportfolio (Motor1 2021). Unterschiedliche Positionen kommen z. T. sogar aus demselben Konzern (Stimme.de Heilbronn 2021). Lange waren die angeblich zu hohen Kosten der Technologie ein beliebtes Argument. Das ist seit vielen Jahren widerlegt. Nachlesen kann man das u. a. in den Kostenstudien, die Strategic Analysis im Auftrag des U.S. Department of Energy (DOE) durchgeführt hat (Osti.gov 2019). Die Ergebnisse der Studien werden durch die weltweiten Entwicklungsaktivitäten inzwischen bestätigt. Einige Spitzenmanager bemühen die vermeintlich zu hohen Kosten des Wasserstoffs und die mangelnde Effizienz seiner Nutzung im Fahrzeug als Grund für ihre Skepsis (manager magazin 2021). Auch dieses Argument trägt nicht, wie wir in Abschn. 6.3 gezeigt haben. Ähnliche Zweifel wurden zur batterieelektrischen Mobilität ins Feld geführt, als vor vielen Jahren strategische Entscheidungen anstanden. Die spürbare Folge der Versäumnisse war ein massiver Verlust der technologischen Wettbewerbsfähigkeit, der sich zu einer veritablen Krise der deutschen Autoindustrie auswuchs.

Ein schönes Beispiel für strategische Wankelmütigkeit ist die Beteiligung von Daimler an Tesla. Im Jahr 2009 kaufte die Daimler AG zu einem Spottpreis 10 % von Tesla, die damals in erheblichen finanziellen Schwierigkeiten steckten. Ingenieure von Mercedes-Benz entwickelten gemeinsam mit Tesla-Ingenieuren das Model S, das 2012 auf den Markt kam. Wegen deutlicher Unterschiede in den Entwicklungsphilosophien und konzeptioneller Zweifel entschied Daimler jedoch im Jahr 2014, die Anteile zu verkaufen (bw 2024). Kurze Zeit später begann die Erfolgsstory von Tesla. Zwar behielten die Mercedes-Ingenieure bei einigen konstruktiven Bedenken recht, die später korrigiert wurden, jedoch war der inzwischen entfachte Boom stärker als konstruktive Zweifel.

Wie man es anders und vor allem besser macht, zeigen zwei asiatische Wettbewerber, Toyota und Hyundai. Beide verfolgen seit mehr als zwei Jahrzehnten strategisch angelegte Elektrifizierungsstrategien, die auf Batterien und Brennstoffzellen sowie verschiedene Spielarten von Hybridantrieben setzen. Als globale Unternehmen entwickeln und produzieren sie ein breites Angebot verschiedener Antriebsarten, um unterschiedlichen Marktanforderungen gerecht zu werden. Bemerkenswert daran ist nicht nur die langfristige Kontinuität, die unbeeinflusst von Führungswechseln an der Spitze beibehalten wird, Toyota hat auch sehr früh auf die Risiken von Versorgungsengpässen bei Batterierohstoffen aufmerksam gemacht und die alleinige Fokussierung auf diese Technologie in Zweifel gezogen. Auch für Verbrennungsmotoren sehen beide Unternehmen unbeirrt eine Zukunft.

Um Hindernisse für Basisinnovationen besser verstehen zu können, lohnt es sich auch, einen Blick auf typische Karrieremodelle und Führungsstrukturen in Großunternehmen zu werfen. Dort findet man Hinweise, warum in diesem Umfeld Strategiefindung und Implementierung von Änderungsprozessen so schwierig sind.

Das Ziel von Großunternehmen ist die wirtschaftliche Nutzung und Absicherung des bestehenden Portfolios. Das typische Instrument dafür ist die inkrementelle Innovation, die stetige Optimierung der Produkte und Produktionsprozesse. Grundsätzliche Veränderungen des Portfolios erzeugen Zielkonflikte und stören die organisatorische Balance, die für reibungslose Abläufe sorgt. Sie erzeugen internen Wettbewerb um Ziele, Posten und Ressourcen und sie erzeugen deshalb Abwehr. Diese Abwehr beruht zum Teil auf guten Gründen, denn die wirtschaftliche Kraft des Unternehmens entsteht aus dem, was man bisher so erfolgreich getan hat.

Die schiere Größe und Marktmacht von Großunternehmen verleiten zur Unterschätzung neuer Entwicklungen. Sie erzeugen den Glauben, man könne das alles schon irgendwie beherrschen und steuern. Das Management agiert in einer Käseglocke vermeintlicher Sicherheit vor Risiken. Der Markt ist für viele Handelnde nur eine Abstraktion, weil sie keine direkte Berührungsfläche mit Kunden oder Anwendungen haben. Die Sensibilität für Neues geht verloren oder weicht Geringschätzung.

In einem solchen, tendenziell feindlichen Umfeld werden sich viele Argumente finden, warum Veränderungen nicht möglich sind. Häufig werden sie in Kombination mit völliger Abwesenheit der nötigen Beurteilungskompetenz vorgetragen. Administrative Hürden und die organisatorische Struktur großer Unternehmen generieren Entscheidungswege, in denen viele mitreden dürfen, ohne Verantwortung zu übernehmen. Unternehmenspolitik und ein hierarchisches Karrieremodell erzeugen eine Tendenz zur Anpassung.

Dieses System gibt Führungskräften den Vorzug, die problemlos funktionieren. Strategisches Denken ist nicht gefragt, denn es passt nicht in ein solches Modell. Die konstruktive Auseinandersetzung um Ziele und Alternativen wird eingeschläfert und in vielen Fällen verhindert. Die Folgen sind strategische Orientierungslosigkeit bis in die höchsten Hierarchieebenen, fehlendes Bewusstsein für Veränderungszwänge und Unterschätzung der daraus entstehenden Potenziale und Risiken. Die inhärenten Kräfteverhältnisse erzeugen so eine Tendenz, die Freiheit der Ideen zu begrenzen. Typisch für Großunternehmen ist deshalb die Verfolgung einer defensiven Portfoliostrategie. Sie sind kein geeignetes Umfeld für Basisinnovationen.

Aber die Welt bleibt nicht stehen. Gleichgültig wie groß ein Unternehmen in einer freien Marktwirtschaft ist, es kann globale Entwicklungen nicht aufhalten. Neue Technologien entstehen, neue Wettbewerber wachsen heran. Es vergeht Zeit, bis ein Punkt erreicht ist, an dem Änderungen erzwungen werden, die man lange ignoriert, belächelt oder torpediert hat. Aber der Tag kommt. Der optimale Zeitpunkt für Veränderungen ist dann bereits lange überschritten. Die Handlungsoptionen sind erheblich eingeschränkt und häufig von negativen wirtschaftlichen Folgen begleitet. Die Kritik von Aufsichtsräten inklusive der Arbeitnehmervertreter (meist Gewerkschaften) erwacht oft erst, wenn bereits Arbeitsplätze gefährdet sind, und ist auch dann in der Regel nur ein Akt der Verweigerung ohne intellektuellen Beitrag zur Strategieentwicklung.

Die aktuellen Krisenmeldungen illustrieren diese bereits vor vier Jahren gemachten Überlegungen bis ins Detail. Gewinneinbrüche, Werksschließungen und Entlassungen stehen auf der Tagesordnung der deutschen Automobil- und Zulieferindustrie und schließen selbst den bislang starken und robusten deutschen Maschinenbau ein. Die chinesische Fahrzeugindustrie ist neben den schon länger sehr erfolgreichen Wettbewerbern aus Japan und Südkorea in allen Bereichen zu einem ernst zu nehmenden Wettbewerber geworden. Die Antworten vieler Topmanager der Autoindustrie auf diese Herausforderung werden dem Ernst der Lage nicht gerecht. Die gefährlichen Risiken einer vollkommenen Umstellung auf batterieelektrische Fahrzeuge für die Wettbewerbsfähigkeit der deutschen Autoindustrie werden nicht thematisiert. Außer einer halbherzigen Kurskorrektur, die darin besteht, Verbrenner nun doch länger zu bauen, hört man nichts aus Stuttgart oder Zuffenhausen. Die Versäumnisse in der Entwicklung zukunftsfähiger Antriebsstrategien setzen sich fort und geben einen Hinweis darauf, woran es in der deutschen (Auto-)Industrie zunehmend mangelt, an unabhängigem strategischem Denken und an Mut zum Handeln. Daran nicht unschuldig sind auch die kurzfristigen Renditeerwartungen von Finanzinvestoren, die als mächtige Anteilseigner und Kreditgeber in vielen Fällen eines der größten Hindernisse für den strategischen Wandel sind. Erst diese Schwächen ermöglichen die zunehmende technologische Dominanz asiatischer Hersteller.

Vor den deutschen und europäischen Autoherstellern steht inzwischen eine vergleichbare Fragestellung wie vor China Anfang der 2000er-Jahre: Veränderung der technologischen Prioritäten für die Antriebsentwicklung oder anhaltender Verlust der Wettbewerbsfähigkeit. Die Unternehmen und ihre Investoren müssen sich fragen, ob sie in die Zukunftssicherung investieren wollen oder dauerhafte Verluste im Preiskampf gegen China und die anderen asiatischen Hersteller akzeptieren, die zu einem schrittweisen Abstieg in die zweite Liga führen. Beides kostet viel Geld, aber nur ein Weg verspricht Erfolg.

Wie die Leser dieses Buches inzwischen wissen, nehmen die Vorteile von Brennstoffzellen- gegenüber Batteriefahrzeugen mit größerer Reiseentfernung und höherem Nutzungsgrad von Fahrzeugen, unabhängig von der Fahrzeug-kategorie, tendenziell zu. Sie besitzen wie konventionelle Antriebe ein deut-lich größeres technisches Differenzierungspotenzial und eine ähnliche Ferti-gungstiefe. Sie bieten sich daher als prioritäre Lösung der Elektrifizierung für die deutsche Auto- und Zulieferindustrie an, da sie erheblich mehr verlangen, als Standardmodule zu bauen, und ihre Vorteile ganz besonders im Premi-umsegment ausspielen können. Das Gleiche gilt, wie wir gezeigt haben, für die EREV. Die deutsche Industrie verfügt über das gesamte Know-how und die nötigen Fertigungsfähigkeiten für den Bau von Brennstoffzellenantrieben oder Range Extendern und kann bei schneller Weichenstellung auf diesem Weg kompetitive Vorteile erreichen. Gebraucht werden alle Antriebsformen für jeweils unterschiedliche Kundenbedürfnisse und die vielfältigen Anforde-rungen der globalen Märkte. Die Annahme, dass batterieelektrische Mobilität die allein selig machende Technologie sein kann, ist ebenso falsch wie irrefüh-rend.

In einer solchen Welt würden batterieelektrische Fahrzeuge vorrangig im urbanen und suburbanen Bereich genutzt. Das hätte mehrere wichtige Vor-teile. Durch eine Reichweitenbegrenzung auf etwa 300 km könnte das Bat-teriegewicht deutlich gesenkt, in vielen Fällen halbiert werden. Die Zwänge zum Erreichen ultimativer Reichweiten für das Fahrzeugdesign könnten ent-fallen. Beides zusammen würde die Herstellkosten von batterieelektrischen Fahrzeugen deutlich reduzieren und wettbewerbsfähig mit anderen An-triebsarten machen. Es wäre ein neues Fahrzeugsegment, das auf spezifische Nutzungskonzepte abzielt, in denen es seine Vorteile ausspielen kann. Es ist nicht der ganze, aber ein großer Markt. Für alle, die es anders wollen und zu zahlen bereit sind, kann es weiterhin die schweren Batteriepakete geben oder als Alternative Elektrofahrzeuge mit Reichweitenverlängerung (EREV).

Das strategische Technologiescreening, mit dem die Autoindustrie die globalen Entwicklungen verfolgt, ist ein geeignetes Instrument, um zu-künftige Trends zu erkennen und Innovationspotenziale zu identifizieren, sofern es seinem Zweck entsprechend genutzt wird. Doch das allein reicht nicht. Sind vielversprechende Entwicklungen erkennbar, ist es sinnvoll, eine Vorentwicklung anzustoßen, die bis zum Konzeptnachweis geführt wird, um das Potenzial zu bewerten. Gelingt der Nachweis, ist eine Ausgründung der Entwicklung aus der hierarchischen Konzernorganisation der nächste zweck-mäßige Schritt, um die für eine schnelle und schlagkräftige Entwicklung nö-tige Bewegungsfreiheit herzustellen. Großen Firmen fällt eine solche Vorge-hensweise naturgemäß schwer, weil sie Kontrolle behalten wollen. Zu Ende gedacht, geht es jedoch darum, durch diesen Schritt die internen Hemm-nisse zu beseitigen.

Eine Organisation wie das damalige Joint Venture Xcellsys, die solche Entwicklungen erfolgreich durchführen will, benötigt Unabhängigkeit von sachfremden Zwängen, insbesondere jeder Art von (firmen-)politischer Einflussnahme. Ihr Geschäftsmodell ist die technologische Veränderung und sie darf nur diesem Ziel verpflichtet sein. Der Gesamtprozess von der Erfindung bis zur frühen Markteinführung gehört in eine Hand, um in der direkten Konfrontation mit der Realität zu agieren. Entschlossene Schritte sind wichtiger als Perfektion, denn nur so gelingt ein ausreichend hohes Entwicklungstempo.

Das Technologiescreening ist darüber hinaus geeignet, interessante externe Entwicklungen bzw. Start-ups zu identifizieren, durch Beteiligungen zu unterstützen und zu beobachten – eine Vorgehensweise, die Bosch sehr erfolgreich praktiziert.

Für die Finanzierung solcher Projekte, seien es Ausgründungen oder Beteiligungen, empfiehlt sich eine Mischung aus strategischem Investment und Wagniskapital, um über die Drittbeteiligung von Investoren bereits in dieser Phase den Marktmechanismus wirken zu lassen.

Erst die Serienentwicklung kann wieder unter oder in einer Großorganisation stattfinden, da für sie Fähigkeiten und Abläufe benötigt werden, die kleine dynamische Wachstumsfirmen nicht besitzen. Auf diese Weise kann man das Entwicklungstempo und die organisatorische Flexibilität kleiner Organisationen nutzen, um das Entwicklungstempo von Großunternehmen deutlich zu erhöhen, was heute neben der mangelhaften strategischen Ausrichtung einer der größten Nachteile gegenüber der asiatischen Konkurrenz ist. Gleichzeitig bleibt die Entwicklung unter dem Schirm der Hersteller mit allen Vorteilen der finanziellen Schlagkraft und des Marktzugangs.

Technologieoffener Wettbewerb ist der effizienteste Weg zur Mobilisierung von Innovationspotenzialen

Die Emissionsgesetzgebung der letzten Jahrzehnte zwang die Autoindustrie zu immer neuen Anstrengungen bei der Verringerung der Flottenemissionen. Nach der Verabschiedung von Euro 6, ab etwa 2007, war für Fachleute absehbar, dass die Emissionsziele zukünftig aus technischen und wirtschaftlichen Gründen nicht mehr mit konventionellen Antrieben, sondern nur noch mit alternativen Technologien (Antriebe und Kraftstoffe) erreicht werden würden. Die aktuellen Schwierigkeiten der großen Autofirmen, die Flottenemissionsziele zu erreichen, belegen diese Einschätzung. Bereits zu diesem Zeitpunkt wäre eine technologieoffene, politische Rahmensetzung für alle beteiligten Industrien nötig gewesen, da inkrementelle Verbesserungen langfristig keine ausreichenden Lösungsoptionen mehr ermöglichten. Das geschah jedoch nicht und ist bis heute nicht geschehen. Die Europäische Kommission entwickelte stattdessen eine „All electric"-Strategie, die ausschließlich auf batterieelektrische Mobilität setzte und von der deutschen Industrie zunächst nicht ernst genommen wurde.

Während man die Autoindustrie auf die politischen Ziele zur Emissionsreduzierung verpflichtete, blieb die Mineralölindustrie weitestgehend ohne solche Verpflichtungen. Sie hatte deshalb keinerlei Grund, Änderungen vorzunehmen. Man erinnere sich, dass die letzten wichtigen Beiträge dieser Industrie zur Emissionssenkung bei Fahrzeugen die Einführung von bleifreiem Benzin ab 1984 und die Einführung schwefelfreier Kraftstoffe ab etwa 2000 waren.

Aus der mangelnden politischen Koordinierung der Infrastrukturentwicklung entstanden über die Jahre gesamtwirtschaftliche Zielkonflikte, die ein anhaltendes Schwarzer-Peter-Spiel nach sich zogen. Sollte die Autoindustrie erst Autos liefern, damit sich die H_2-Tankstellen lohnten, oder sollten erst Tankstellen gebaut werden, damit die Autos betrieben werden konnten. Auf „höherer philosophischer Ebene" wurde es das Henne-Ei-Problem genannt, d. h., brauchen wir erst die Henne oder kommt erst das Ei? Wie häufig in solchen Debatten entwickelten sich zwei Lager zum Nutzen derjenigen, die mit der Interpretation von Problemen ihr Geld verdienen und nicht mit deren Lösung.

Seit einiger Zeit müssen die Kraftstoffhersteller inzwischen eine geringe Treibhausgasquote (THG-Quote) erfüllen, tun das aber mit begrenzt verfügbarem, hydriertem Frittenfett (HVO 100). Dass für die Aufbereitung der pflanzenbasierten Öle und Fette fossiler Wasserstoff verwendet wird, interessiert pikanterweise niemanden. Das klimaschädliche Beimischen von frischem Palmöl sorgt nur für wenige Schlagzeilen und wird nicht mit ausreichender Konsequenz verhindert. Über viele Jahre und bis heute wurde versäumt, den systemischen Zusammenhang für die politisch geforderten Veränderungen zu berücksichtigen und Wettbewerbsgleichheit für alle in der Wertschöpfungskette relevanten Akteure herzustellen.

Warum die Autoindustrie mit ihrer starken Lobby, die seit vielen Jahren unter diesem politischen Druck steht, bis heute nicht in der Lage war, diese Betrachtungsweise in der Politik zu verankern, bleibt ein Rätsel. Möglicherweise waren es die Beharrungskräfte dieser Industrie selbst, die nicht an einer konsequenten Lösung des Problems interessiert waren und weiterhin auf vermeintlich kostengünstigere konventionelle Lösungen setzen wollten. Der Dieselskandal lieferte dafür ein deutliches Indiz. Die vermeintlich billigeren Lösungen erwiesen sich jedoch als Bumerang, denn Strafzahlungen führten zu hohen wirtschaftlichen Belastungen der Unternehmen. Dieses Geld fehlte dann auch noch für Technologieentwicklung. Darüber hinaus sorgte der Betrug in der Politik für massiven Vertrauensverlust.

In einer Marktwirtschaft sind Unternehmen wirtschaftlichen Zielen unter den Bedingungen des freien Wettbewerbs verpflichtet. Eine der Hauptaufgaben des Managements ist es dabei, wirtschaftliche Risiken zu vermeiden, die die Wettbewerbsposition verschlechtern oder das Unternehmen gefährden können. Die großen etablierten Akteure werden deshalb alles tun, um ihr Portfolio zu schützen. Wenn die Politik Wirtschaftsunternehmen auf politische Ziele wie Emissionssenkung verpflichtet, muss sie es so tun, dass solche Risiken vermieden oder wenigstens gemindert werden, denn Unternehmen können nicht für politische Ziele haften. Es verbietet sich jedoch, ohne tiefgehendere Analyse Regelungskonzepte eines staatskapitalistischen Systems zu übernehmen, die unter den dortigen Bedingungen (massive Subventionen, staatliche Technologielenkung …) durchaus erfolgreich sein können, in einer freien Marktwirtschaft jedoch nicht systemkompatibel sind.

Der politische Rahmen muss Wettbewerbsgleichheit herstellen und die Lösung von Problemen dort einfordern, wo sie in der Wertschöpfungskette angesiedelt sind. Simpel gesagt ist die Autoindustrie weder für die Herstellung von Wasserstoff verantwortlich noch für das Betreiben von Tankstellen. Wenn diese aber Voraussetzung für den Markthochlauf einer Technologie sind, dann muss das Regulierungskonzept so ausgerichtet werden, dass es eine möglichst effiziente Steuerungswirkung auf alle beteiligten Marktakteure entfaltet, denn die beabsichtigte Transformation übersteigt den Handlungsrahmen einzelner Unternehmen.

Die deutsche Autoindustrie weiß seit vielen Jahrzehnten, wie man neue Technologien ohne außergewöhnliche wirtschaftliche Risiken in Fahrzeugen einführt. Die Einführung beginnt im Premiumsegment, wo ein Kundenkreis existiert, der bereit und in der Lage ist, für neue Funktionen und mehr Kundennutzen einen höheren Preis zu bezahlen. Dieses Vorgehen hat mehrere Vorteile. Die Einführung ist kein Verlustgeschäft, die Technologie kann in die benötigten Skaleneffekte hineinwachsen, der Preis als Indikator der Wettbewerbsfähigkeit kann seine Wirkung entfalten und technische Mängel können frühzeitig adressiert werden. Allerdings benötigt es Zeit. Das Konzept eignet sich nicht für Transformationskampagnen. Es ist außerdem darauf angewiesen, dass eine ausreichende Infrastruktur vorhanden ist, um die Fahrzeuge ohne größere Einschränkungen betreiben zu können. Es funktioniert jedoch sehr gut ohne Subventionen und daher ohne Fehlanreize.

Der Staat kann nicht beurteilen, ob eine Technologie wettbewerbsfähig ist, und entsprechend soll er das auch nicht. Die Absatzentwicklung von batterieelektrischen Fahrzeugen, die lange mit Subventionen gefüttert wurde, zeigt die Risiken dieses Vorgehens. Nach Beendigung der staatlichen Subventionen brachen die Verkäufe in Deutschland massiv ein. Viele Kunden

entscheiden sich bei einem Neukauf wieder für Verbrenner. Diese offensichtliche Fehlentwicklung hat keinerlei Reflexion provoziert, stattdessen wird
von politischer Seite sogar über eine erneute Kaufprämie nachgedacht. Doch
inzwischen sind die schmerzlichen Wirkungen der Fehlanreize bei den Autofirmen wirtschaftlich angekommen und die Begeisterung ist Nachdenk-
lichkeit gewichen. Der Staat soll sich auf seine Aufgabe der Koordination
aller Akteure konzentrieren: Verfügbarkeit der CO_2-freien Kraftstoffe bzw.
des Stroms und Aufbau der Infrastruktur für die Markteinführung der Fahrzeuge. Dafür ist eine langfristige, strategische Planung Voraussetzung, bevor
Milliarden in ein Konzept versenkt werden, das deutliche Limitierungen besitzt.

Es sind allerdings nicht regulatorische Mängel allein, die die Innovations-
schwäche der deutschen Industrie begründen, es ist auch fehlender unter-
nehmerischer Mut, denn selbst unter unzulänglichen politischen Rahmenbedingungen gibt es alternative Handlungsoptionen. Eine solche Option ist
die Einführung einer neuen Technologie in einem dafür besonders geeigneten Umfeld. In unserem Fall ist das der Betrieb von Brennstoffzellenfahrzeugen in Fahrzeugflotten. Damit sind zahlreiche Vorteile verbunden. Ein solches Vorgehen ermöglicht die Konzentration auf bestimmte Standorte und
ein abgegrenztes Marktsegment. Die nötige Infrastruktur kann an zentralen
Punkten errichtet und so ausgelegt werden, dass ein wirtschaftlicher Betrieb
schnell ermöglicht wird. Flottenfahrzeuge können zentral gewartet und repariert werden. Auf technische Mängel kann daher schneller reagiert und ihre
Wirkung im Ausmaß begrenzt werden. Fahrer und Instandhaltungspersonal
können für den Umgang mit den Fahrzeugen speziell geschult werden. „H2
Energy" in der Schweiz (vgl. Kap. 5) hat vorbildlich demonstriert, wie gut
ein solches Konzept funktionieren kann.

Die dafür nötigen Erfahrungen wurden bereits in den Flottenerprobun-
gen Anfang und Mitte der 2000er-Jahre gesammelt, in denen wir noch dafür
verantwortlich waren. Es gab und gibt zahlreiche Transportunternehmen,
die solche Projekte bei ausreichender Unterstützung durchführen würden
und in neuerer Zeit auch durchführen, allerdings nicht mit deutschen Fahrzeugherstellern (Busplaner 2021). Mit der Finanzierungskraft von Großunternehmen hätte so eine Vorgehensweise leicht realisiert und auch den Investoren als Maßnahme der Zukunftssicherung erklärt werden können. Offensichtlich war die Profitabilität der einzelnen Unternehmenssparten jedoch
das einzige Führungsinstrument.

Asiatische Firmen, aber auch einige kleinere europäische wie Van Hool
(heute Wright Bus) oder Solaris nutzen eine solche Strategie inzwischen,
um Märkte zu erobern, in denen sie früher nicht den Hauch einer Chance

gehabt hätten. Sie bauen Brückenköpfe durch große Flottenprojekte mit Schlüsselkunden. Keiner der großen deutschen Hersteller ist diesen Weg gegangen, denn es implizierte lange Zeit keine wirtschaftlichen Nachteile. Erst spät wurden Allianzen geschmiedet, wie die zwischen Daimler Truck und Volvo (Edison.media 2020). Aber selbst wenn die bisherige Behäbigkeit überwunden werden sollte, wofür es wenig Anhaltspunkte gibt, bleibt es schwierig, einmal verlorene Marktpositionen zurückzugewinnen, wie jeder Vertriebsexperte weiß.

Einzelne aggressive Akteure, deren Geschäftsmodell auf Verdrängungswettbewerb mit einer innovativen Technologie abgestellt ist, können bzw. müssen jedoch deutlich über das hinausgehen, was etablierte Spieler bereit sind zu tun. Hersteller wie Tesla zeigen, dass es in der Frühphase der Markteinführung sinnvoll, ggf. sogar überlebensnotwendig sein kann, auch solche Aufgaben zu übernehmen, um Vermarktungshindernisse aus dem Weg zu räumen. Tesla hat Anfang 2021 seine Produktionsstätte für Supercharger in Shanghai in Betrieb genommen (Electrive.net 2021). Elon Musk überließ es nicht dem Zufall, ob und wann eine ausreichende Ladeinfrastruktur für seine Fahrzeuge aufgebaut würde. Er tat es selbst. Es war die pragmatischste Lösung, wenn er erfolgreich sein wollte.

Wie wir inzwischen wissen, ging das Abenteuer gut aus. Auch dieses Beispiel zeigt erneut, dass Tempo und kritische Masse entscheidende Erfolgselemente für den Markterfolg disruptiver Innovationen sind. Dahinter steht immer eine überzeugende Kommunikation, die den Kapitalgebern das Vertrauen gibt, dass ihr Geld trotz aller Risiken gut angelegt ist.

An der Notwendigkeit für eine schlüssige Regulierung aller Marktteilnehmer ändert das aus den bereits genannten Gründen nichts. Infrastruktur ist eine systemische Voraussetzung, die von vielen genutzt und vielen bereitgestellt wird. In Phasen des disruptiven technologischen Wandels ist sie ein risikoreiches Investment, das über längere Zeit keinen oder negativen Ertrag abwirft. Es gibt deshalb in der Regel keinen einzelnen Anbieter oder Nutzer, der das Problem im Alleingang lösen kann oder will, da ein solches Unterfangen ein Abenteuer mit ungewissem Ausgang wäre. Der Staat hat infolge der von ihm mandatierten politischen Zielsetzung zur CO_2-Reduzierung die objektive Pflicht, eine aktive Koordinierungsrolle und neutrale Mittlerposition zu übernehmen, da der Marktmechanismus in Fällen wie diesem versagt. Noch dazu ist er der einzige Akteur, der nicht am Wettbewerb teilnimmt. Zu dieser Koordinierungsrolle kann auch gehören, wirtschaftliche Nachteile angemessen zu mildern oder zu kompensieren, wenn die Umstände es erfordern. Es ist jedoch nicht Aufgabe der Politik, spezifische Technologieoptionen zu privilegieren. Diese Auswahl ist die ureigene Aufgabe der Industrie, denn sie allein muss auch die wirtschaftlichen Folgen tragen.

Batterieelektrische Fahrzeuge wurden in Deutschland durch Kaufprämien und werden weiterhin durch Gesetzgebung privilegiert. Der Staat verwendet große Summen für den Aufbau der Ladeinfrastruktur, zum Teil sogar parallel zu privaten Anbietern. Brennstoffzellenelektrische Fahrzeuge werden in der Gesetzgebung benachteiligt. Der Aufbau der Betankungsinfrastruktur ist bisher mit allen erkennbaren strukturellen Nachteilen Privatinitiativen überlassen. Die lange Zeit ausgezeichnete Dienste leistende Programmkoordinierung durch das NOW wurde stark eingeschränkt. Fahrzeuge mit Verbrennungsmotoren sollen per EU-Gesetzgebung verboten werden. Bis 2030 sollen nach den Wünschen der Politik 15 Mio. batterieelektrische Autos auf deutschen Straßen fahren. Prognosen in der jüngeren Vergangenheit gingen von etwa 11 Mio. aus. Der Absatzeinbruch nach Wegfall der staatlichen Kaufprämien signalisiert, dass sich auch diese Prognosen nicht annähernd erfüllen werden. Der Markt kehrt zurück.

Folgt man unseren Überlegungen zur zukünftigen Rolle von batterieelektrischen Fahrzeugen, das heißt ihrem bevorzugten Einsatz im urbanen und suburbanen Bereich, könnte der Aufbau der Infrastruktur von zwei wesentlichen Komponenten bestimmt werden: der privaten Wallbox und privater Ladeinfrastruktur für alle Spielarten von Logistikdienstleistern und anderen Transportaufgaben. Ergänzt werden könnte sie mit einer angemessenen Anzahl öffentlicher Ladepunkte, zum Beispiel an Supermärkten, um andere Nutzungsarten zu ermöglichen. Der Bedarf für eine flächendeckende Schnellladeinfrastruktur und die dafür benötigte Netzübertragungsleistung würde entfallen.

Im Fall der H_2-Betankungsinfrastruktur wäre ein Sofortprogramm zum Aufbau von 500 H_2-Tankstellen innerhalb von zwei Jahren ein geeigneter erster Schritt. Damit würde eine für den Beginn der Markthochlaufphase hinlängliche Verfügbarkeit in der Fläche entstehen. In der Folge sollten mindestens 200 weitere Tankstellen jährlich dazu gebaut werden, bis der Grundbedarf im Gleichklang mit dem Hochlauf der Fahrzeugflotte vollständig gedeckt werden kann. Unterstellt man Kosten von 1 Mio. € für den Aufbau einer Station, was nach unserer Kenntnis eine gute Näherung ist, reden wir von einem anfänglichen Investment von 500 Mio. € und danach jährlich von weiteren 200 Mio. €. Die Finanzierung des Investments sollte bis zum Erreichen der Wirtschaftlichkeit durch alle relevanten Akteure, d. h. Autohersteller, Mineralölfirmen und Staat zu je einem Drittel erfolgen. Ein solches Investment kann von den Beteiligten leicht erbracht werden, sofern der Wille vorhanden ist. Auch hier hat die Politik eine zentrale

Koordinierungsrolle. In Kombination mit einem Wasserstoffpreis von 9,00 €/kg wird man sehen, wie schnell der Markt die Verhältnisse ordnet und wirtschaftliche Vernunft zurückkehrt.

Die Politik und Teile der Industrie haben sich allerdings inzwischen darauf festgelegt, dass Brennstoffzellen nur eine Option für den Schwerkraftverkehr (Lkw und ggf. Busse) sind. Für diese Exklusivität gibt es keine überzeugenden Argumente. Entscheidend ist nicht die Größe eines Fahrzeugs, sondern der Fahrzyklus und der Energiebedarf, wie wir in den vorangegangenen Kapiteln gezeigt haben. Der Aufbau der Infrastruktur für dieses Segment wird durch Subventionen unterstützt. Das Fatale daran ist: Anstatt von guten Beispielen wie „H2 Energy" oder von Weltkonzernen wie Toyota und Hyundai zu lernen, wird getreu der vorherrschenden Ideologie ausschließlich auf 350-bar-Technologie gesetzt, die für Pkw kaum genutzt wird und dadurch die nächste Hürde für ein sinnvolles Vorgehen errichtet. Die zu erwartende Nachbesserung für Pkw, wenn auch Deutschland irgendwann seine Scheuklappen ablegt, wird dann wieder viele Millionen Euro kosten, die im Sinne der Steuerzahler an anderer Stelle besser investiert wären.

Basisinnovationen entstehen aus der effizienten Verzahnung von Forschung und Industrie

Forschung ist Risikovorsorge, sowohl für Unternehmen als auch für eine Volkswirtschaft, um für die Zukunft gewappnet zu sein. In den vergangenen Jahrzehnten war die sehr breit aufgestellte deutsche Forschungslandschaft ein wesentlicher Teil des Erfolgs unserer Volkswirtschaft. Anwendungsnahe Forschungsergebnisse konnten einfach und schnell im Sinne einer kontinuierlichen Optimierung vorhandener Produkte oder Produktionsanlagen umgesetzt werden. Das komplette Ökosystem – beispielsweise für eine Motorenforschung, -entwicklung, -produktion und Vermarktung – war vorhanden und hat funktioniert. Es ist das Prinzip der inkrementellen Innovation. Die Forschung, ob öffentlich oder privatwirtschaftlich in den Unternehmen, kann dabei nur die ersten Schritte zu einem neuen Produkt gehen, meist bis zur Demonstration eines Prototyps (Technology Readiness Level 4 oder 5). Für die Qualifikation und Markteinführung sind Kompetenzen und Routinen notwendig, die Forschern meist unbekannt sind und weit weg von ihrem Kompetenzbereich liegen.

Für Basisinnovationen funktioniert dieses Konzept nicht mehr so einfach: Es gibt kein bestehendes Ökosystem für eine Produktentwicklung und auch keinen bestehenden Markt, an dem sich Entwicklung und Produktion orientieren können, sondern diese müssen neu entwickelt werden. Forschung kann aber weder eine Produktentwicklung noch eine Markteinführung übernehmen, allenfalls kann sie diese Aktivitäten, die im Verantwortungsbereich der Industrie liegen, unterstützen.

Eine Differenzierung zwischen diesen beiden Welten wird weder in Politik noch Öffentlichkeit gemacht. Viele glauben, dass durch neue Forschungsprogramme oder neue Institute Innovation sichergestellt ist, vergessen jedoch, dass die industrielle Umsetzung entscheidend ist, um aus der Idee eine reale Innovation zu machen. Etablierte Konzerne beteiligen sich gerne an Demonstrationsprojekten gemeinsam mit Forschungsinstituten, um Technologiescreening zu betreiben. Das ist jedoch keine Produktentwicklung, sondern bestenfalls eine Vorstufe.

Sehr viel flexibler sind mittelständische Unternehmen, die meist im Familienbesitz sind und langfristiger denken. In globalen Märkten haben sie aber oft nicht die notwendigen Ressourcen, um Forschungsergebnisse erfolgreich in den Markt zu bringen. Ein schönes Beispiel dafür ist die Photovoltaik, bei der deutsche Forschungsinstitute gemeinsam mit mittelständischen Unternehmen zu den Pionieren gehörten und dank geeigneter Markteinführungsinstrumente im Heimmarkt erfolgreich starteten. Nachdem die Politik vor etwa 12 Jahren die Unterstützung für das Thema einstellte, wurde diese aufstrebende Industrie, eine Schlüsseltechnologie der Zukunft, durch den massiv subventionierten chinesischen Wettbewerb mithilfe deutscher Hersteller von Produktionsanlagen zerstört.

Während die exzellente Grundlagenforschung in Deutschland, vor allem an den Universitäten und Max-Planck-Instituten, weitestgehend unabhängig von der Industrie und sehr langfristig orientiert arbeitet, orientiert sich die angewandte Forschung an den Trends in der Wirtschaft. Sie ist deshalb von Aufträgen aus der Industrie und entsprechenden Forschungsprojekten abhängig. Bis in die 80er-Jahre des letzten Jahrhunderts hatten Batterien in der deutschen Forschung und Industrie einen hohen Stellenwert. Nachdem in den 1990er-Jahren neue Batterietechnologien nur für die Elektronikindustrie (Handy, MP3-Player etc.) zu Bedeutung kamen, verlagerten sich die Batterieforschung zunehmend nach Asien und mussten in Deutschland, ab etwa 2010, erst wiederaufgebaut werden – was allerdings recht gut gelang. Die deutsche Industrie nutzte die neu entstandene Expertise jedoch kaum. Das Beispiel zeigt, dass milliardenschwere Forschungsprogramme nur begrenzte Erfolge für die Volkswirtschaft haben, wenn sie nicht in innovative industrielle Produkte überführt werden.

Auch in diesem Bereich findet man gute Beispiele in den USA und in Asien. Tesla startete sehr früh eine enge Zusammenarbeit mit einem der renommiertesten Batterieforschungsinstitute (University of Dalhousie, Canada) und erlangte dadurch Zugang zu entscheidendem Know-how. Außerdem nutzten sie das Fahrzeug-Know-how der Daimler-Ingenieure für ihre anfäng-liche Fahrzeugentwicklung, das Daimler aufgrund seiner Beteiligung an Tesla zur Verfügung stellte. China hat zu Beginn der Entwicklung in wenigen Jah-ren, über die eigenen Universitäten und mit Unterstützung von Experten aus dem Westen, ein enormes Know-how zur Lithium-Ionen-Batterie aufgebaut und damit eine der Grundlagen für ihre heutige Batterieindustrie errichtet. Den Rahmen dafür bildete das Hightechprogramm 863, auf das wir noch zu-rückkommen. In Korea und Japan gibt es eine sehr ausgeprägte und langfris-tig orientierte Zusammenarbeit zwischen Industrie und Forschung, die durch staatliche Organisationen wie das NEDO koordiniert wird.

Ein Beispiel für die Effizienz der Koordinierungtätigkeit des NEDO ist der frühe, beeindruckende Hochlauf von Brennstoffzellen für die Strom- und Wärmeerzeugung im Haus, wo bereits 2013 etwa 40.000 Einheiten ins-talliert waren (heute sind es 400.000), während es in Deutschland zum glei-chen Zeitpunkt 200 Einheiten waren.

Durch eine sehr viel engere Verzahnung von Forschung und Industrie könnte auch in Deutschland und Europa eine deutlich schnellere Umset-zung und eine erhebliche Steigerung der Wettbewerbsfähigkeit bei den Tech-nologien der Zukunft erreicht werden. Einer der Dreh- und Angelpunkte dafür ist Venturecapital, das für die Transmission aus der Forschung in die Industrie eine entscheidende Rolle spielt, wie wir zu Beginn des Kapitels ge-zeigt haben. Nicht zuletzt braucht die Industrie einen mutigeren und sys-tematischeren Umgang mit Innovationspotenzialen. Nur so können wir ein gesellschaftliches Klima schaffen, das Basisinnovationen die Chance gibt, die sie verdienen.

Systemisches Verständnis ermöglicht nachhaltige wirtschaftliche und politische Entscheidungen

Die deutsche Innovationslandschaft ist kein verheißungsvoller Garten Eden, auch wenn manche Akteure das immer noch meinen. Sie gleicht eher dem schlecht gepflegten Grundstück einer zerstrittenen Erbengemeinschaft, in dem die Claims mit vielen Zäunen abgesteckt sind, aber kaum noch etwas wächst. Der Gartengestalter lackiert manche Zäune in glänzenden Farben, lässt andere grundlos verrotten und bezeichnet das als Gestaltungskonzept der Zukunft.

Die strukturelle Krise der deutschen Autoindustrie hat die Versäumnisse der letzten zwei Dekaden brutal offengelegt. Als Gründe werden von den Firmen die „Absatzprobleme in China" und die „Umstellung auf die Elektromobilität" genannt. Die Wahrheit ist jedoch, dass die deutsche Automobilindustrie, sym-ptomatisch für viele Konzerne, massiv an Wettbewerbsfähigkeit eingebüßt hat.

Die Ursachen dafür sind vielfältig. In diesem Buch sind mangelnde Innovationskraft und -schnelligkeit als Hauptgründe gezeigt, die dazu führten, dass im Fall der Elektromobilität die Umstellung zu spät, technologisch einseitig und zu langsam erfolgte. Ein großer Teil der Wertschöpfungskette batterieelektrischer Antriebe liegt deshalb heute in China und nicht mehr in Deutschland. Die strategische Abhängigkeit wird zur Falle für die deutsche Volkswirtschaft. Die Autoindustrie der aufstrebenden Konkurrenz hat vieles besser und schneller gemacht und ist zu einem ernst zu nehmenden und gefährlichen Wettbewerber geworden.

Einen der Grundsteine dafür haben ironischerweise westliche Konzerne, allen voran deutsche, über mehr als zwei Jahrzehnte naiven Technologietransfers nach China selbst gelegt. Die Gier nach dem riesigen chinesischen Absatzmarkt hat alle Bedenken des Risikomanagements beiseite gewischt und die erzwungenen Kooperationen mit chinesischen Herstellern haben den Weg für diesen Transfer geebnet. Das alles ist weder Zufall noch Schicksal. Es ist strategische Naivität. Sie wurde begleitet von einem Verlust an strategischer Handlungsfähigkeit der deutschen Autohersteller, die lieber Dieselmotorenabgassysteme manipulierten, als die zur gleichen Zeit entwickelten und verfügbaren neuen Technologien reif zu machen und in den Markt zu bringen. Vieles könnte heute ganz anders aussehen.

Das Streben des chinesischen Staats nach wirtschaftlicher Dominanz und Vorherrschaft zeigt sich in vielen Bereichen. In den frühen 2000er-Jahren wuchs in China die Erkenntnis, dass die Dominanz der westlichen Firmen in der Verbrennungsmotorentechnik aufgrund des technologischen Vorsprungs nicht gebrochen werden konnte. Man initiierte und finanzierte deshalb über 20 Jahre das Hightechprogramm 863, das den technologischen Durchbruch in der Batterietechnologie ermöglichte. Grundlage dafür war die Abkehr von einer etablierten Technologie (Verbrennungsmotoren) hin zu einer neuen, d. h. ein disruptiver Ansatz in der Technologieentwicklung.

Der Erfolg bestätigt die Veränderungskraft disruptiver Innovationen. Er zeigt gleichzeitig, dass Langfristigkeit, strategische Robustheit und ausreichende finanzielle Schlagkraft Schlüssel für ihren Erfolg sind. Er beweist jedoch nicht, dass der Staat der bessere Unternehmer ist, was auch viele deutsche Politiker zu denken scheinen, deren wichtigstes wirtschaftspolitisches Instrument Subventionen sind. Nach Hochrechnungen hat der chinesische Staat den monströsen Betrag von 231 Mrd. US$ an Subventionen (CSIS 2024) für die Entwicklung und Einführung der Batterietechnologie aufgewendet. Wie viele Beispiele beweisen, können solche Entwicklungen deutlich effizienter am Markt finanziert werden. Voraussetzung dafür ist jedoch, dass die Steuergesetzgebung nicht einen Strich durch das Geschäftsmodell von Venturecapitalfirmen macht und der Regulierungsrahmen Investitionen anzieht, anstatt Technologien auszuschließen oder zu privilegieren, wie es in Deutschland bzw. Europa (z. B. RED) der Fall ist.

Subventionen sind ein zweifelhaftes und deshalb sorgfältig abzuwägendes und vor allem sparsam einzusetzendes Mittel politischer Einflussnahme, weil sie den marktwirtschaftlichen Wettbewerb verzerren und deshalb regelmäßig Fehlanreize setzen. Wenn man sie dennoch in einer frühen Markteintrittsphase politisch für nötig hält, um industrielle Aktivitäten im internationalen Kontext zu unterstützen, und nur dann, sollten sie spätestens mit Erreichen des Produktreifegrads und der frühen Markteinführung überflüssig werden. In einem bildhaften Vergleich kann man ihre Wirkung so beschreiben, als würde man einem Läufer bei Beginn eines Rennens einen deutlichen Vorsprung einräumen, um ihn dann, wenn er als Erster ins Ziel kommt, als Sieger auszuzeichnen. Dass man auf diese Weise vermutlich nicht den besten Läufer findet, leuchtet jedem ein. Bei Subventionen scheint es auf den ersten Blick komplizierter, ist es jedoch nicht.

Den Sonderfall Infrastruktur haben wir bereits ausreichend behandelt und erklärt, weshalb der Staat an dieser Stelle eine Rolle als zentraler Koordinator innehat, da volkswirtschaftliche Problemlösungen einzelne Unternehmen überfordern. Zur Ehrenrettung der Industrie muss auch auf die vielfältigen planwirtschaftlichen Vorgaben und politischen Interventionen durch europäische oder deutsche Regulierung hingewiesen werden, die das Geschehen beeinflussen und in politisch beabsichtigte Richtungen zu lenken versuchen. Einige Beispiele dafür haben wir in den vorangegangenen Kapiteln behandelt. In Wirklichkeit erweisen sich viele dieser Maßnahmen als Rohrkrepierer, weil sie den Marktgesetzen zuwiderlaufen, wie das Beispiel Subventionen für batterieelektrische Mobilität zeigt, nach deren Einstellung der Absatz kollabierte. Selbst die Autoindustrie möchte inzwischen keine erneute Auflage dieser Maßnahme mehr, denn sie muss mit den wirtschaftlichen Folgen des Absatzeinbruchs umgehen.

Das mangelnde systemische Verständnis in Politik und Teilen der Wirtschaft geht jedoch weit darüber hinaus. Wie wir gezeigt haben, gibt es kein realistisches Potenzial für den Aufbau einer flächendeckenden Ladeinfrastruktur und die ausreichende Erzeugung von CO_2-freiem Strom für das direkte Laden und den Betrieb großer Zahlen batterieelektrischer Fahrzeuge. Wir haben außerdem gezeigt, dass die Wirkungsgradbetrachtung, die der Privilegierung dieser Technologie zugrunde liegt, mangelhaft, in Teilen falsch und deshalb irreführend ist. Bei korrekter Betrachtung der systemischen Zusammenhänge kommt man zu anderen Schlussfolgerungen.

Die einseitige Privilegierung und Subventionierung einer Technologie bei gleichzeitiger Benachteiligung oder Vernachlässigung von Alternativen behindert Innovation und untergräbt eine marktkonforme Entwicklung. Planwirtschaftliche Zielstellungen von vielen Millionen Fahrzeugen zu einem Zeitpunkt x sind nur ein weiterer Baustein des fehlerhaften Konzepts. Zur Durchsetzung von politischen Agenden werden viele Milliarden Euro in zweifelhafte Projekte gesteckt. China, das aufgrund seiner Dominanz in der Batterietechnik scheinbar allen Grund dafür hätte, setzt nicht nur auf dieses Pferd. In großem Tempo werden alternative Technologien, z. B. Brennstoffzellen und EREV entwickelt. Ob ein Weltrekordversuch im Rückwärtsfahren mit dem E-ACTROSS von Mercedes-Benz Trucks (mbpassion 2025) ein geeignetes Mittel ist, den Rückstand zu egalisieren, scheint uns allerdings eher zweifelhaft.

Die Technologiepolitik des deutschen Staates ist eingebettet in ein höheres, umfassenderes politisches Ziel. Bis 2045 soll das deutsche Energiesystem auf Nettonullemissionen CO_2 umgebaut werden. Erreicht werden soll dieses Ziel durch einen massiven Zubau der Erzeugungskapazität erneuerbarer Energien und den Ausbau der Übertragungsnetze, um diese Energie vom Ort ihrer Erzeugung zum Ort ihres Verbrauchs zu bringen.

Der bisher kaum adressierte Fehler im System ist die mangelnde stabile und bedarfsgerechte Verfügbarkeit dieser Energien über lange Zeiten des Jahres, der die Installation einer ebenso großen Back-up-Erzeugungskapazität zur Folge hat, die im Falle von Dunkelflaute bzw. Unterangebot einspringen muss. Dass diese Back-up-Kapazität heute und mittelfristig im Wesentlichen aus konventionellen Quellen besteht, ist ein weiterer Mangel, der die Vision von der CO_2-Neutralität deutlich eintrübt, aber nur selten öffentlich diskutiert wird. Auf der anderen Seite steht bereits heute und zukünftig in wachsendem Maße ein zeitweiliges, massives Überangebot an Strom, das die Marktpreise in den negativen Bereich treibt und zu Abschaltungen bzw. im Extremfall zu Netzüberlastungen führt. Stabilisieren kann man das System in beiden Fällen nur durch tageszeitliche und saisonale Energiespeicherung, die entweder Strom puffert oder abgibt. Der Ausbau der Netzübertragungskapazität sorgt für eine bessere geografische Gleichverteilung, aber nicht für die Lösung des Volatilitäts- und Speicherproblems.

Das Mittel der Wahl für die Speicherung neben Batterien ist Wasserstoff. Dieser kann während der Zeiten des Überangebots produziert und muss zusätzlich aus geografischen Gegenden mit günstigen Voraussetzungen importiert werden, da die heimische Kapazität nicht ausreichen wird und die Stromausbeute in sonnenreichen Gegenden mehrfach besser ist. Auch heute werden etwa 70 % unseres Bedarfs an Energie importiert. Dagegen findet sich kein stichhaltiges Argument, sofern die Lieferquellen ausreichend diversifiziert sind. Im Bedarfsfall kann der Wasserstoff wieder verstromt werden. Der Wirkungsgrad spielt für die Beurteilung der Sinnhaftigkeit dieses Konzepts nur eine untergeordnete Rolle, denn die Alternative ist das Wegwerfen oder Verschleudern großer Energiemengen in Zeiten des Überangebots (wie heute üblich), die anhaltende Erzeugung durch konventionelle Quellen im Fall des Unterangebots oder im Extremfall die Drosselung oder das Abschalten von Verbrauchern. Entscheidend sind allein die Erzeugungskosten und die Speicherfähigkeit. Wie wir gezeigt haben, besitzen alle bekannten Herstellungspfade nach Hochskalierung ein mehr als interessantes Kostenpotenzial von wenigen Cent pro Kilowattstunde und bieten damit eine kostengünstige, nachhaltige und wirtschaftliche Alternative zur Versorgung mit dem Energieträger Wasserstoff.

Das geplante Wasserstoffkernnetz in Deutschland soll große Verbrauchs- und Erzeugungsregionen sowie Importkorridore im Land verknüpfen. Es ist ein guter Anfang und wird die effiziente regionale Verteilung von Wasserstoff ermöglichen. Berücksichtigt man die Notwendigkeit der Energiespeicherung und die Speicherfunktion des Wasserstoffs für die ausreichende Stabilität des Energiesystems, kann bzw. sollte der Transport von Wasserstoff aus den Speichern über das Kernnetz in Zukunft auch große Teile des Stromtransports ersetzen. Der Strom würde dann lokal und dezentral durch Gasturbinen oder besser über Blockheizkraftwerke (Kraft-Wärme-Kopplung) erzeugt, die die Verbraucher über das Verteilernetz versorgen können. Damit würden die extrem hohen Netzausbaukosten von 500 bis 700 Mrd. Euro, die heute in der Planung sind, deutlich reduziert werden. Die parallelen Netze, in dann deutlich geringerem Umfang, könnten zusätzlich zu einer ausreichenden Systemredundanz beitragen.

Alle diese Überlegungen machen eines sehr klar: Systemisches Verständnis ist Voraussetzung für den Erfolg disruptiver Innovationen. Das gilt für die Technologieebene, aber noch viel mehr für die volkswirtschaftliche Ebene, denn die beabsichtigte Transformation des deutschen Energiesystems ist nichts anderes als eine disruptive Innovation. Sie erfordert deshalb ein noch viel höheres Maß an systemischer Durchdringung und Konzeption als einzelne Technologieentwicklungen, denn eine ganze Volkswirtschaft kann nicht als Versuchslabor politischer Visionen herhalten. Im Mittelpunkt muss auch hier der Kundennutzen stehen, d. h. Sicherheit und Bezahlbarkeit der Energieversorgung für alle Bürger sowie die Wettbewerbsfähigkeit der deutschen Wirtschaft.

Um Deutschland erneut zu einem Land der Innovationen zu machen, braucht unsere Gesellschaft einen offenen Diskurs ohne ideologische Scheuklappen, denn nur ein freies Spiel der Gedanken und Ideen produziert die nächste bessere Idee. Bürokratische Hemmnisse und politische Gängelei kosten Geld, Zeit und Ressourcen und sind dabei vollkommen unproduktiv. Medien mit opportunistischem Halbwissen oder ideologiegetriebenen Vorurteilen sorgen für Konfusion anstelle von Aufklärung. Dieses Land muss sich von der Vorstellung lösen, dass maximale „Wellness" für alle und jeden ohne eigene Leistung ein zentrales gesellschaftspolitisches Instrument sein kann, denn es ist das Gegenteil, ein Palliativ, das eine Gesellschaft einschläfert und ihren Behauptungswillen raubt. Auf diese Weise werden enorme gesellschaftliche Ressourcen fehlgeleitet und dem gesellschaftlichen Wertschöpfungsprozess entzogen. Wir brauchen eine neue Leistungsethik, die diejenigen belohnt, die Anstrengungen nicht scheuen und Risiken eingehen, um den nächsten Schritt in der Entwicklung zu tun.

Literatur

24auto, 2021: https://www.24auto.de/news/politik-wirtschaft/vw-volkswagen-herbert-diess-tesla-fighter-elon-musk-transformation-elektro-wolfsburg-macht-kampf-90118110.html

BMWi-NPE, 2011: https://www.bmwi.de/Redaktion/DE/Downloads/P-R/regierungsprogramm-elektromobilitaet-mai-2011.pdf?__blob=publicationFile&v=6

BSZ, 2020: https://www.bayerische-staatszeitung.de/staatszeitung/politik/detailansicht-politik/artikel/csu-will-digitale-investitionen-foerdern.html?tx_felogin_pi1%5Bforgot%5D=1#topPosition

Busplaner, 2021: https://www.busplaner.de/de/news/brennstoffzellen_aktuelle-brennstoffzellenbusprojekte-europa-die-grosse-uebersicht-60755.html

bw, 2024: https://www.bw24.de/auto/mercedes-benz/daimler-ag-elon-musk-tesla-stuttgart-model-s-mercedes-benz-s-klasse-e-auto-start-up-aktie-silicon-valley-90015570.html#:~:text=Dass%20der%20Fahrzeughersteller%20aus%20Stuttgart

CSIS, 2024: https://www.csis.org/blogs/trustee-china-hand/chinese-ev-dilemma-subsidized-yet-striking

DIW, 2014: Venture Capital – Ein neuer Anlauf zur Erleichterung von Wagniskapitalfinanzierungen, Köln 2014

Ecomento, 2021: https://ecomento.de/2021/01/28/deutscher-produktionschef-stolz-auf-arbeit-bei-lucid-motors/

Edison.media, 2020: https://edison.media/daimler-trucks-startet-2023-ins-wasserstoff-zeitalter/25209873/

Electrive.net, 2021: https://www.electrive.net/2021/02/04/tesla-nimmt-supercharger-werk-in-china-in-betrieb/

Finanzen.net, 2021: https://www.finanzen.net/aktien/tesla-aktie

Finews, 2023: https://www.finews.ch/news/finanzplatz/60812-venure-capital-usa-fundraising-2023-pitchbook-ncva

Heise, 2025: https://www.heise.de/news/Bericht-Chinesische-Investoren-haben-Interesse-an-VW-Werken-10247489.html

IPHE, 2011: IPHE 15th Steering Committee Meeting, Country Update Japan, May 2011,

KPMG, 2023: https://kpmg.com/de/de/home/media/press-releases/2024/02/risikokapital-investitionen-in-deutsche-fintechs-fallen-2023-auf-niedrigstes-niveau-seit-zehn-jahren.html

Manager Magazin, 2021: https://www.manager-magazin.de/unternehmen/autoindustrie/brennstoffzelle-herbert-diess-im-twitter-gefecht-mit-dem-bund-um-wasserstoff-a-c0500ba2-e0c1-4928-b4c2-c0144b253cc8

mbpassion, 2025: https://mbpassion.de/2025/04/rueckwaerts-zur-weltspitze-weltrekordversuch-mit-dem-eactros-600/

Motor1, 2021: https://de.motor1.com/news/403772/vw-elektroauto-brennstoffzelle-wasserstoff/

NREL.gov: https://www.nrel.gov/hydrogen/facilities.html

Osti.gov, 2019: https://www.osti.gov/servlets/purl/1346414

Stimme.de/Heilbronn, 2021: https://www.stimme.de/heilbronn/wirtschaft/aktuell/VW-Chef-Diess-watscht-Wasserstoff-ab;art140955,4249905

USA, 1875: https://www.hydrogen2000.com/sfty_booklet.pdf

VDA, 2019: https://www.vda.de/de/presse/Pressemeldungen/20190514-Deutsche-Automobilindustrie-investiert-ber-42-Milliarden-Euro-in-Forschung-und-Entwicklung.html

Stichwortverzeichnis